《史記》……「讀此，則為王者師矣！」【全本典藏版】

指人心，逆轉人生

用之修身，可以明志益壽；用之治國，可以位極人臣；經商，可以富埒王侯；用之軍事，可以百戰百勝。

《素書》由秦漢奇人黃石公所著，這部奇書只有六章，共一百三十二句、一千三百三十六字。但其博大精深的智慧與謀略，在為人、處事、職場、管理等方面運用的出神入化。

黃石公——原著
雅瑟——編著

前言

關於《素書》，有一個精彩的傳說。

漢代司馬遷在《史記·留侯世家》中說，秦末韓國貴族張良流亡下邳（今江蘇邳縣）時，在一座橋上遇見一位衣著奇異的老人。老人將《太公兵法》傳授給張良，告訴他：「讀了這部書可以做帝王的老師……十三年後，你將在濟北見到我，穀城山下的黃石就是我的化身。」張良認真研讀，後來真的做了漢高祖劉邦的老師。十三年後，張良跟隨劉邦經過濟北，果然見到穀城山下有一黃石。後人便尊稱這位授書老人為黃石公。而這本《太公兵法》，就是《黃石公素書》，簡稱《素書》。

雖然故事頗有傳奇色彩，但確實可以看出這位黃石老人是一位精通兵法的反秦隱士。宋代學者蘇軾指出：「黃石公，秦之隱君子也。」

中國自古以來就有一些奇人異士，隱居山林，通常被人們稱為「隱士」。他們雖然神龍見首不見尾，看似不食人間煙火，但每逢亂世，必定現身。或傳奇書，或授弟子，藉以助人成就霸業。如春秋戰國時代的鬼谷子，身逢動亂之際，教授的五個學生蘇秦、張儀、孫臏、龐涓、尉繚子，各佐有稱霸雄心的諸侯，上演了一段波瀾壯闊的歷史。黃石公就是這類隱士中最著名的人物之一。

《素書》原文雖然不到兩千字，但內容豐富、思想深邃，對現代人的啟示意義重大。全書共講了五個問題：

一、闡明了作者的思想體系，即道、德、仁、義、禮五位一體，密不可分，以及「潛居抱道，以待其時」的處世哲學。暗示讀者，只要具備道、德、仁、義、禮五種品格，再逢機遇，定可建絕代之功，極人臣之位。

二、闡明了作者的用人原則。作者依據才學不同，將人才分為俊、豪、傑三類。是故其無異於儒家的理性意識及道德準則。作者認為「任材使能，所以濟物」、「危莫危於任疑」、「既用不任者疏」、「用人不正者殆，強用人者不畜」等，都是來自生活的總結，並且有著指導性意義。

三、從思想和行為兩方面提出了如何加強個人修養的意見。「博學切問」、「恭儉謙約」、「近恕篤行」、「親仁友直」等，反映了儒家的道德意識；「絕嗜禁欲」、「抑非損惡」、「設變致權」「安莫安於忍辱」、「吉莫吉於知足」等，又具有道家思想的成分，儒、道兼收並蓄，反映出作者的思想包羅萬象。

四、總結安邦治國的經驗。作者認為「短莫短於苟得」、「足寒傷心，人怨傷國」、「有道則吉，無道則凶。吉者百福所歸，凶者百禍所攻。非其神聖，自然所鍾」，這些，對於後人參政議政有一定的啟示。

五、闡述了作者的處世之道。作者提出「好眾辱人者殃，戮辱所任者危」、「慢其所敬者凶」、「輕上生罪，侮下無親」、「上無常守，下多疑心」、「近臣不重，遠臣輕之」等，都為如何處理好各種關係提供了借鑑。

由此可知，《素書》是為從政者如何加強自身的政治素養、如何把握道德與謀略的關係而寫，但又不僅僅局限於此。書中這些效法天道地道，以格言形式表述的最高智慧，用之修身，可以明志益壽；用之治國，可以位極人臣；用之經商，可以富埒王侯；用之軍事，可以百戰百勝。

目錄

前言

原始章第一：立身成名的根本

構建人生的五種思想　/12

道是宇宙最高法則　/18

有德者必有所得　/23

仁者愛人　/27

有道義者可立功立世　/31

禮是為人處世的規矩　/35

為人之本，缺一不可　/39

賢人君子的明通審達　/42

潛居抱道，以待其時　/46

乘勢而行，待時而動　/50

道高而名重　/53

正道章第二：功成名就的坦途

德以懷遠 /58

信義服人 /62

鑑古察今，人中才俊 /65

行智信廉，人中豪傑 /71

可守本分，捨生取義 /76

身正不怕影子斜 /81

見利不忘義，人中之傑 /85

求人之志章第三：安身立命的修養

無欲則剛 /90

不為惡事，自然無過 /95

戒絕酒色，潔身自好 /100

遠離是非，明哲保身 /104

博學多聞，增長見識 /108

言行清高乃修身之道 /114

深謀遠慮才不會陷入困境 /119

慎重選擇朋友 /124

寬恕容人是美德 /126

任用人才要知人善任 /130

讒言止於智者 /132

凡事三思而後行 /137

靈活通變可解死結　／143

慎言可避禍　／147

堅守信念才能立功　／152

本德宗道章第四：道德乃人生之根本

長於謀劃，才能有所成就　／160

忍辱方能身安　／164

進德修業乃首要之事　／167

多做好事就會快樂　／171

心志專一者能成大事　／173

細微之處察本質　／178

知足是福，多願則苦　／183

不貪不義之財　／187

自滿者敗，自恃者孤　／189

用人忌疑心太重　／193

自私自利終致敗局　／196

遵義章第五：成大事者須遵循的規律

大智若愚　／202

有過不知為蔽　／207

謹防禍從口出　／212

令出如山，切忌朝令夕改　／216

樹立權威，不等於發怒　／221

辱人、自辱，不可怠慢所敬之人　／226

明辨親疏賢惡　／231

貪戀女色使人昏聵　／236

私心重者不可委以重任　／240

忌以權勢欺壓人　／246

名不副實者，無善終　／250

厚己薄人不得人心　／253

內訌毀基業　／259

人才不可用而不任　／265

論功行賞留人心　／270

賞識人才要言行一致　／272

施恩莫望報　／276

不可貴而忘賤　／280

用人不可計前嫌　／284

用人不當，後患無窮　／289

明瞭自身的「強」與「弱」　／291

決策宜仁、宜密　／297

毋讓奮勇之士窮困　／303

嚴防腐敗　／308

用人而疑是昏聵　／312

刑罰不可濫用　／315

賞罰要分明　／319

喜歡讒言、排斥忠諫者必亡　　/323

貪人之有必遭敗亡　　/330

安禮章第六：禮為立身之本

常懷寬容之心　/336

凡事預則立　/340

積善者福，積惡者禍　/345

勤勞是富強的根本　/348

人才是成功的關鍵　/352

節儉才能真正富有　/355

為上者忌反覆無常　/361

上下級之間的相互尊重　/367

自信信人，自疑疑人　/370

邪僻之人無正直朋友　/375

上梁不正下梁歪　/381

厚待賢能之士　/383

吸引人才需要良好的環境　/386

功成之後切勿自滿　/389

鑑別人才需要慧眼　/394

有規則有法度才會秩序井然　/399

人才好比棟梁　/402

民心是根本　/404

選擇正確的道路　/406

居安思危，有備無患　/409

有道則吉、無道則凶　/413

同志相得，同仁而憂　/417

臭味相投　/421

美女善妒　/424

智者多謀　/428

同官同利易相殘　/432

物以類聚，人以群分　/436

志同道合則大業可成　/440

同行是冤家　/445

教人者須先正己　/451

順「道」而行則萬事可行　/454

附錄

附錄一：黃石公傳　/458

附錄二：《素書》原文　/460

原始章第一
立身成名的根本

　　此章論述為人處世的基礎和根本法則，所以稱其為「原始章」。黃石公認為，為人處世應該具備天道、德行、仁愛、正義、禮制這五者，這五者統而言之囊括了東方文明整體思想的原始理論。這裡的「道」，精微玄妙，並不完全等同於自然規律；這裡的「德」，瑰偉高超，也不等同於現今的文明禮貌。「以道為體為因，以德為用為果，濟世以仁，處事以義，待人以禮」，可以說這就是經世治國的根本，是謀仕、權變的準繩，也是涉世、立身的起點。所以為人者就要在時機未到之時，加強自身德行與能力的修養，審時度勢。一旦時機成熟，則可進取天下，成就一番偉業。

構建人生的五種思想

【原文】

夫道、德、仁、義、禮，五者一體也。

【譯文】

天道、德行、仁愛、正義、禮制，這五種品德，本為一體，不可分離。

【名家注解】

張商英注：離而用之則有五，合而渾之則為一；一之所以貫五，五所以衍一。

王氏注：此五件是教人正心、修身、齊家、治國、平天下的道理；若肯一件件依著行，乃立身、成名之根本。

【經典解讀】

黃石公是道教史上的傳奇人物，其著作《素書》是一部韜略奇書，但本書開篇講的卻是似乎與謀略無關的道、德、仁、義、禮。這是因為在黃石公眼裡，道、德、仁、義、禮是統攝一切權謀的綱領，是最高境界的韜略。

在中國傳統思想中，道、德、仁、義、禮是一個互相依存、互相

作用的體系，應該有系統地去認知。老子在《道德經》第38篇有曰：「故失道而後德，失德而後仁，失仁而後義，失義而後禮。夫禮者，忠信之薄，而亂之首。」意思就是說：天地化生萬物，有一定規律，如道路一般，是之為道；由於世風日下，人們距離天道原有的和諧、完美越來越遠，人心日益喪失先天的淳樸、自然，矯情、偽飾成了人們必備的假面，所以才不得不用倫理道德教育世人，當道德教育也沒有作用的時候，只好提倡仁愛。當人們的仁愛之心也日益淡薄之時，就呼籲要用正義，在正義感也喪失殆盡後，就只能用法規性的禮制來約束民眾了。因此，道、德、仁、義、禮，這五個方面是天道因時勢之不同而權變使用的結果。

【處世活用】

中國傳統思想博大精深，但影響最大的還是道家和儒家，儒道二家最核心的就是這幾個基本概念：道、德、仁、義、禮。這幾個核心概念是一個相互依存、作用和演化的體系。同時，它也是中國浩瀚淵博的傳統倫理道德文化的核心內容。

在傳統儒家知識份子看來，修身是齊家、治國、平天下的基礎和前提。因此，為使修養境界不至於節節敗退，君子還需要「三省吾身」。

曾子「三省吾身」

仲夏的一天晚上，孔子與幾名弟子在一處練兵場上步行賞月。

孔子對弟子們說：「我已經69歲了，今後與你們一起走動的時間不多了。今晚風涼月朗，我們隨便走走談談。」

子柳問：「老師，我是您的新弟子，個人修養遠不及師兄們，我想在修養方面多努力。請老師談一下『格言』和『座右銘』的確切含

義。」

孔子說：「『格言』是含有勸誡和教育意義的精練語言，『座右銘』則是寫出來放在座位旁邊的格言。」孔子接著說：「一個君子應當有自己的座右銘，以之警戒、激勵自己。」

孔子說完，問曾參：「你時常考慮什麼？」曾參說：「學兄顏回德高學深，然而，他有時常向不如自己的人請教美德，他真正做到了『以能問於不能，以多問於寡』。我時常考慮的是從多方面學習顏回的美德。」

孔子說：「『以能問於不能，以多問於寡』，這句話自然是顏回的座右銘了。」

孔子接著問曾參：「你的座右銘是什麼？」曾參恭恭敬敬地說：「吾日三省吾身。」曾參接著解釋說：「我每天以三件事反省自己：第一，自己幫別人辦事是否盡心盡力了？第二，自己和朋友交往是否講誠信了？第三，自己是否認真複習了老師傳授的學業了？」

孔子滿意地說：「你這三點做得很好，想要做一個真正的君子，必須做到『吾日三省吾身』！」

修身應該是人一生的課題，古今同然。古人講修齊治平，修身是安身立命、建功立業的前提和基礎；今人講「德才兼備、以德為先」，說到底，也就是看身修得如何的問題。「三省吾身」的修養精神不只是儒家知識份子的精神追求，對於一個有志於建設社會的人而言，也是一種難能可貴的自律、自省精神。在物欲橫飛的今天，我們同樣需要這種「三省吾身」的道德修養。

魯迅曾經感慨過：「中國是古國，歷史長了，花樣也多，情形複雜，做人也特別難。」當然，一個人想要保持良好的人際關係的確不容易，在與別人相處的過程中，應不斷檢討自己的過失、提高個人的修

養，這樣，擁有好人緣也不算太難。可見處世不是八面玲瓏的圓滑，也不是左右逢源的奉承，而要有自省的過程與自省的高尚精神。

【職場活用】

自省是認識自我、發展自我、完善自我和實現自我價值的最佳方法。心平氣和地正視自己，客觀地反省自己，既是一個人修身養德必備的基本功之一，又是增強人之生存實力的一條重要途徑。自省其實是一種學習能力，反省過程就是學習過程。如果能夠不斷自我反省，並努力尋求解決問題的方法，從中悟到失敗的教訓和不完美的根源，盡力糾正，這樣就可以在反省中清醒，在反省中明辨是非，在反省中變得更加睿智。

松下幸之助的自省

曾子的「省」身說告訴我們，金無足赤、人無完人，任何人都需要不斷克服自己的不足，才能順利前進。松下幸之助在松下電器創立50周年紀念日上的講話中說：「我們已經走過了250年計畫的五分之一，現在徹底回顧並檢討這50年，我認為我們過去走的路沒有錯，是成功的，而各位也非常熱心和努力。

「可是詳細研究這50年的內容時，似乎存在著失敗，即使不能算是失敗，似乎也有考慮不充分之處，有做得並不十分完善之處，以及疏忽大意的地方。在今後的年代裡，就要消滅那些錯誤，即使是只能往前推進一步也好，希望大家能和我一同在這有意義的一天裡，深深反省。

「我發覺，不論國家或個人，沒有反省就沒有進步。同樣的道理，沒有反省的公司，也會停滯不前。從這個意義上說，進步是從反省中誕生的。不能因為業績上升，就認定昨天和以前的做法是對的。一定要知

道，今天的做法並不能得到滿分，一定還有值得改進的地方，然後每個人都以100分為目標去努力。即使做不到，也要經常保持這種反省的態度。我認為我們今後會有大發展，不過希望各位能認清這一點，即是否成功，完全繫於這一年的反省上面！」

是啊，沒有反省就沒有進步。人只有不停地經過自我反省，才能不迷失方向，提高自己的人生境界。人貴有自知之明，要經常反省自己在做人、行事、學習、人際關係處理上有哪些問題，哪些做錯了，哪些做對了。發揚優點，克服缺點。成功學專家羅賓認為，我們不妨在每天結束工作時，好好問自己下面的這些問題：「今天我到底學到些什麼，我有什麼樣的改進，我是否對所做的一切感到滿意。」如果你每天都能改進自己的工作，必然能夠如願實現自己的人生價值。作為一名員工，也要嚴以律己，在日常工作中，要時刻進行自我反省。經過反省，才能更加合理地安排自己的工作和人生，這樣業績才能提升，事業才能得到長遠的發展。

【管理活用】

李嘉誠先生在汕頭大學的一場學術研討會中暢談了對於管理的看法：「想當好管理者，首要的任務是知道自我管理是一重大責任，在流動與變化萬千的世界中發現自己是誰，瞭解自己要成為什麼模樣是建立尊嚴的基礎。自我管理是一種靜態管理，是培養理性力量的基本功，是人把知識和經驗轉化為能力的催化劑。」

這種自我管理，實際上也是一種自我修養的提高。怎樣提高管理者的自我修養呢？仍然離不開「三省吾身」的精神。

凱恩斯的成功之道——自我反省

著名經濟學家凱恩斯，同時也是華爾街投資公司的高級顧問。他的一生非常成功，年紀輕輕就已經是百萬富翁了。當記者問其成功之道時，凱恩斯說：「我有一個習慣，喜歡為自己制訂計畫。計畫包括每一年的計畫，也包括每個月的計畫，甚至還落實到每一天。可以這樣說，我之所以能夠取得成功，這些計畫產生了非常重要的作用。」

記者問：「計畫？怎麼利用這些計畫呢？」凱恩斯說：「只有計劃是不行的，還要嚴格地執行計畫，這就涉及自我反省。我每天都要反省，看一看今天有什麼收穫，有什麼地方做得不好。凡是沒有做好的地方，必須想辦法彌補回來。同時，再想一想今天的成績，用它們來鼓勵自己繼續努力。同樣的方法，每一個月、每一年都要做這樣的反省。」

反省是一種優秀的品德，只有經常反省的人才能進步。每天進行心靈盤點，時刻進行自我檢查與審視，及時知道自己近期的得與失，思考今後改進的策略，從而取得更出色的業績，事業才能得到更長遠的發展。日本「保險行銷之神」原一平每天晚上8點進行反省，並將之列入每天的計畫當中，他把反省當成每天的工作，最終摘取了日本保險史上「銷售之王」的桂冠。

時下許多企業、團隊都很注重養成自我反省的習慣，這樣既提高了企業員工的美德修養，達到修身養性的作用；也能讓員工認識到工作中的缺點和長處，從而發揚長處，改正缺點，以達到增強行業的凝聚力和提高工作效率的目的。

道是宇宙最高法則

【原文】

道者,人之所蹈,使萬物不知其所由。

【譯文】

道,是一種自然規律,人人都在遵循著自然規律,自己卻意識不到這一點,自然界萬事萬物都是如此。

【名家注解】

張商英注:道之衣被萬物,廣矣,大矣。一動息,一語默,一出處,一飲食,大而八紘之表,小而芒芥之內,何適而非道也?仁不足以名,故仁者見之謂之仁;智不足以盡,故智者見之謂之智;百姓不足以見,故日用而不知也。

王氏注:天有晝夜,歲分四時。春和、夏熱、秋涼、冬寒;日月往來,生長萬物,是天理自然之道。容納百川,不擇淨穢。春生、夏長、秋盛、冬衰,萬物榮枯各得所宜,是地利自然之道。人生天、地、君、臣之義,父子之親,夫婦之別,朋友之信,若能上順天時,下察地利,成就萬物,是人事自然之道也。

【經典解讀】

大至宇宙萬物,小至人自身,無不是「道」的呈現。道在事則為理,理周則事順;道在人則為倫理規範,符合此規範則家齊國治,社會

穩定。但我們常因奔波、忙碌，對此視而不見。當我們以虛靜之心去仔細體會時，似乎能恍兮惚兮地感覺到個中之真味；可是一旦忙亂起塵世瑣事，我們則又陷入茫然之狀態。天有晝夜四時的變化規律，這是天理自然之道；人有倫常規範，這是社會之道。如果我們能上遵天時，下順地利，掌握自然人事之道，那麼事情多易成功。

【處世活用】

為人處世，立身宜高，胸懷宜廣，做到這一點的關鍵是洞悉事物發展的必然規律。明人洪應明說：「處潔也立方，處丸也宜圓，分水宇之也當方圓並用；待善人宜寬，待惡人宜嚴，待庸眾之人當寬嚴互存。」

意思是說：生活在政治清明天下太平時，待人接物應嚴正剛直愛恨分明；處在政治黑暗天下紛爭的亂世，待人接物應圓滑老練隨機應變；當處在國家行將衰亡的末世，待人接物就要剛直與圓滑並用。對待善良的君子要寬厚，對待邪惡的小人要嚴厲，對待平民大眾要寬嚴互用。這種方式可謂是遵道處世的典範。

孫叔敖受教

孫叔敖做了楚國的令尹，全都城的官吏和百姓都前來祝賀。

有一個老人卻穿著麻布製的喪衣，戴著白色的喪帽來拜訪。孫叔敖整理好衣帽出來接見他，對老人說：「楚王不瞭解我沒有才能，讓我擔任宰相這樣的高官，人們都來祝賀，只有您來弔喪，莫不是有什麼話要指教吧？」

老人說：「確實有話說。自己身份高了卻對人驕橫無禮的人，人民就會離開他；地位高了卻擅自用權的人，君王就會厭惡他；俸祿優厚了卻不知足的人，禍患就隱伏在那裡。」

孫叔敖向老人拜了兩拜，說：「我誠懇地接受您的指教，還想聽聽您其他的意見。」

老人說：「地位越高，態度越謙虛；官職越大，處事越小心謹慎；俸祿已很豐厚，就不要輕易索取別人的財物。你嚴格地遵守這三條，就能夠把楚國治理好。」

孫叔敖回答說：「（您說得）非常好，我一定會牢牢記住它們！」

一個榮升高位的令尹，居然能聽從一介布衣的意見，頗出人意料。試想一下，當升官之人第一眼看到有人身著喪服前來弔喪時，第一本能反應自然是火冒三丈！可是孫叔敖沒有，他不但不生氣，反而更加彬彬有禮。不妨假設一下，孫叔敖生了氣，大罵哪裡來的無賴，喝令：「來人！把這找死的推出去砍了！」那樣一來，衝突就激化了，重則直接把老人打死，輕則扭送司法機關處理。與此同時，孫叔敖的人也就丟大了，哪還有老人對他諄諄教誨，哪還有孫叔敖的千古流芳！此皆勘透自然生息之理，才能有如此博大胸懷。

【管理活用】

在職場管理中，總會遇到各種各樣的問題，隨機應變就顯得非常重要。曾經取得的成功並不能昭示未來，市場總是千變萬化的，同樣的問題在不同時期需要的解決辦法也許會完全不同。聰明的管理者一定會因時制宜、因地制宜，成就團隊業績的同時，也成就自己。「做人要厚道，辦事要活套」，企業家應該做到外圓內方，大智若愚，方能縱橫於商場。

上善若水

孔子到周朝首都洛邑拜見老子。一日，孔子和老子出遊，老子手

指浩浩黃河，對孔丘說：「汝何不學水之大德歟？」孔丘曰：「水有何德？」老子說：「上善若水，水善利萬物而不爭，處眾人之所惡，此乃謙下之德也；故江海所以能為百谷王者，以其善下之，則能為百谷王。天下莫柔弱於水，而攻堅強者莫之能勝，此乃柔德也；故柔之勝剛，弱之勝強。因其無有，故能入於無間，由此可知不言之教、無為之益也。」

孔丘聞言，恍然大悟道：「先生此言，使我頓開茅塞也。眾人處上，水獨處下；眾人處易，水獨處險；眾人處潔，水獨處穢。所處盡人之所惡，夫誰與之爭乎？此所以為上善也。」

老子點頭說：「汝可教也！汝可切記：與世無爭，則天下無人能與之爭，此乃效法水德也。水幾於道：道無所不在，水無所不利，避高趨下，未嘗有所逆，善處地也；空處湛靜，深不可測，善為淵也；損而不竭，施不求報，善為仁也；圓必旋，方必折，塞必止，決必流，善守信也；洗滌群穢，平準高下，善治物也；以載則浮，以鑑則清，以攻則堅強莫能敵，善用能也；不捨晝夜，盈科後進，善待時也。故聖者隨時而行，賢者應事而變；智者無為而治，達者順天而生。汝此去後，應去驕氣於言表，除志欲於容貌。否則，人未至而聲已聞，體未至而風已動，張張揚揚，如虎行於大街，誰敢用汝？」

孔丘道：「先生之言，出自肺腑而入弟子之心脾，弟子受益匪淺，終生難忘。弟子將遵奉不怠，以謝先生之恩。」說完，告別老子，與南宮敬叔上車，依依不捨地向魯國駛去。

在「上善若水」的總綱之下，老子實際上明確地講了七條準則：居善地，心善淵，與善仁，言善信，政善治，事善能，動善時。這七條準則是從水的七種特性裡引申出來的。「居善地」的原則是為人立

身處世要時刻保持謙虛謹慎的態度;「心善淵」的原則是水大度能容;「與善仁」的原則是仁慈柔和進行管理;「言善信」的原則為誠信無偽的準則;「政善治」的原則是善於管理;第六「事善能」的原則是能方能圓;第七「動善時」的原則是及時而動。這七條,可以說就是管理之「道」,能把握這些,管理當中自然應付自如。

有德者必有所得

【原文】

德者，人之所得，使萬物各得其所欲。

【譯文】

德，即獲得，依德而行，可使一己欲求得到滿足，自然界萬事萬物也是如此。

【名家注解】

張商英注：有求之謂欲。欲而不得，非德之至也。求於規矩者，得方圓而已矣。求於權衡者，得輕重而已矣。求於德者，無所欲而不得。君臣父子得之，以為君臣父子；昆蟲草木得之，以為昆蟲草木。大得以成大，小得以成小。邇之一身，遠之萬物，無所欲而不得也。

王氏注：陰陽、寒暑運在四時；風雨順序，潤滋萬物，是天之德也。天地草木各得所產；飛禽、走獸，各安其居；山川萬物，各遂其性，是地之德也。講明聖人經書，通曉古今事理。安居養性，正心修身，忠於君主，孝於父母，誠信於朋友，是人之德也。

【經典解讀】

「德」其本意是捨己為人，是效法「天道」以成就世人，恩澤

天下，使廣大民眾各得其所，各得其位，各盡其才。也就是達到古賢所理想的「老有所終，壯有所用，幼有所長，鰥寡孤獨廢疾者皆有所養」的境界。然而無規矩不成方圓，不講道德，欲望終將落空。只有以道德為立身處世的根基，才能有求必應、心想事成；君臣父子才會各盡其責，各得其位；魚蟲草木才能各自依從自然規律生息繁榮。德之功用，對別人來說是使之得其所欲；對自己來說，則呈現為一種崇高偉大的道德品質。

【處世活用】

古語云：「遇欺詐之人，以誠心感動之；遇暴戾之人，以和氣薰蒸之；遇傾邪私曲之人，以名義氣節激礪之，天下無不入我陶冶矣。」意思是說，遇到狡猾欺詐的人，要用赤誠之心來感動他；遇到性情狂暴乖戾的人，要用溫和的態度來感化他；遇到行為不正、自私自利的人，要用大義氣節來激勵他。

假如能做到這幾點，那天下的人都會受到我的美德感化了。世上的人千人千面，千變萬化，每個人都面臨適應人生、適應社會的問題。所謂以不變應萬變，面對大千世界，應抱定以誠待人、以德服人的態度來適應人們個性的不同。以我之德化，啟人之良知，終可德化落後之人，保持真誠平和的人際交往。

名士陳重

陳重，東漢時名士。年輕時與鄱陽雷義在豫章郡（今南昌）同學《魯詩》與《顏氏春秋》，兩人非常友好。郡守張雲推薦陳重為「孝廉」，陳重讓給雷義，張雲未聽其言。第二年，雷義也被推薦，兩人同在郎署為官。

任職期間，有同僚負債數十萬錢，債主催逼甚急，陳重祕密代為償還。此人發現後非常感激，要重謝之，陳重婉言謝絕，終不言惠。同舍的一郎官回家時誤拿別人的衣服，失主懷疑是陳重所為，陳重不予爭辯，並買衣服相贈。事後那人把誤拿的衣物歸還主人，弄清了事實，對陳重非常欽佩。後來，陳重與雷義同時進京任尚書郎。雷義因代人受過，被免官。陳重見雷義如是，也稱病告退。陳重回鄉後又被推為「茂才」，到細陽任縣令，有政績，擬升為會稽太守，因姐姐逝世奔喪未去，後又為朝廷司徒官保薦為侍御史，卒於任上。

三國時期的劉備曾對其子說過：「勿以惡小而為之，勿以善小而不為。」這裡所說的為與不為，就蘊藏了樸素的辯證法。小惡雖小不以為然，釀成大惡就悔之晚矣，所以不能因其小而為之。小善也是善，積小成大，積少成多，小善就會變大善，所以雖小善也要為之，而且對他人的所作所為，能以寬容的態度對待，從情感教育入手，從誠意出發，促使其自覺改掉小惡，完善自己的形象，這也是與人為善的美德。

「以誠待人，以德服人」是做人的根本。在現階段，它又被賦予了新的意義，是我們物質文明、精神文明、政治文明的重要基石和標誌。以史為鑑可知興替，以人為鑑可知得失。讓我們牢記立信守則「以信立身，以信立世，以信處事，以信待人」，做一個堂堂正正的「人」。

【管理活用】

人力資源管理的成功標誌，絕不是井井有條的管理制度與章程，而是能否展現以德服人。對企業管理而言，「法治」和「德治」同樣重要，二者相輔相成，互相促進。企業制度是人制定的，而且需要人來執行，所以人的問題不解決好，再好的企業制度，也無法保證企業高效穩

定地發展。諾貝爾經濟學獎得主諾思說過：「自由市場經濟制度本身並不能保證效率，一個有效率的自由市場制度，除了需要有效的產權和法律制度相配合之外，還需要在誠實、正直、公正、正義等方面有良好道德的人去操作這個市場。」

仁者愛人

【原文】

仁者，人之所親，有慈慧惻隱之心，以遂其生成。

【譯文】

仁，是指對事物和人類有親切的感情與關懷，有慈悲惻隱之心，讓萬事萬物都能夠遂其所願，有所成就。

【名家注解】

張商英注：仁之為體如天，天無不覆；如海，海無不容；如雨露，雨露無不潤。慈慧惻隱，所以用仁者也。非（有心以）親於天下，而天下自親之。無一夫不獲其所，無一物不獲其生。《書》曰：「鳥、獸、魚、鱉咸若。」《詩》曰：「敦彼行葦，牛羊勿踐履。」其仁之至也。

王氏注：己所不欲，勿施於人。若行恩惠，人自相親。責人之心責己，恕己之心恕人。能行義讓，必無所爭也。仁者，人之所親，恤孤念寡，周急濟困，是慈惠之心；人之苦楚，思與同憂；我之快樂，與人同樂，是惻隱之心。若知慈慧、惻隱之道，必不肯妨誤人之生理，各遂藝業、營生、成家、富國之道。

【經典解讀】

仁是儒家思想的核心，本意是指人與人之間相親相愛的倫理關係，

它的表現是對人慈愛優惠、真誠自然、恭儉謙讓，應對事物寬宏忠恕、憐憫體恤、憂傷慈悲、遂物順理。如若相親相愛，就必須具有仁慈樂施的惻隱之心，常存利人利物的奉獻之念，胸懷使天下人民、世間萬物各遂其願的偉大志向。因此，仁的本質無所不容，無所不滋養。真正具有仁德的人，雖然不刻意表現自己愛護民眾，但是天下人民無不自覺自願地親近他，因為每一個人都得到了他的恩惠，種種生靈在他的庇護下都得以安樂生存。《尚書》中所說的：「大禹施行德政，在位其間，連鳥獸魚鱉也不受侵擾地愉快生存。」《詩經‧行葦》藉蘆葦溫柔相依地生長在一起來比喻兄弟親人之間的體貼關懷。這都是充滿仁慈友愛之情的生動表現。

【處世活用】

為人處世，要懷仁愛之心，凡事應學會寬容。寬容不僅是一種雅量、文明、胸懷，更是一種人生境界。寬容了別人就等於寬容了自己，寬容的同時，也創造了生命的美麗。倘若沒有寬容，我們將永遠生活在仇恨的痛苦中，無論被虧欠者還是虧欠者，都無法逃脫「恨」的鉗制。只有寬容，才能讓我們不再在刀鋒上行走。如果美可以選擇，那麼一定要先選擇「寬容」！

兩個士兵之間的故事

第二次世界大戰期間，一支部隊在森林中與敵軍相遇。激戰後，兩名戰士跟部隊失去了聯絡。

兩人在森林中艱難跋涉，他們互相鼓勵、互相安慰。十多天過去了，他們仍未與部隊聯絡上。有一天，他們打死了一隻鹿，依靠鹿肉艱難度日。這以後他們再也沒看到過任何動物。他們把僅剩下的一點鹿肉

背在身上。又一次激戰後，他們巧妙地避開了敵人。

就在他們以為已經安全時，只聽一聲槍響，走在前面的年輕戰士中了一槍——幸虧傷在肩膀上！後面的士兵惶恐地跑了過來，他害怕得語無倫次，抱著戰友的身體淚流不止，並趕快把自己的襯衣撕下來包紮戰友的傷口。

晚上，未受傷的士兵一直惦念著母親的名字，兩眼呆滯。他們都以為自己熬不過這一關了，儘管飢餓難忍，可是他們誰也沒動身邊的鹿肉。第二天，他們得救了。

30年後，那位受傷的戰士安德森說：「我知道誰開的那一槍，他就是我的戰友。當他抱住我時，我碰到了他發熱的槍管。但是，我想我理解他。我知道他想獨吞我身上的鹿肉，他想為了他的母親而活下來。此後30年，我假裝根本不知道此事，也從未提及。他母親還是沒有等到他回來，我和他一起祭奠了老人家。那一天，他跪下來，請求我原諒他，我沒讓他說下去。我們又做了幾十年的朋友。」

受傷的戰士因為有一顆仁愛之心，寬容待友，終於使他獲得了長久的友誼。寬容並不等於懦弱，這是在用愛心淨化世界，而絕不是含著眼淚退避三舍。寬容不是天平一端的砝碼，不停地忙碌，維持著不斷被打破的平衡，而是人世間永恆的愛與被愛。

【職場活用】

職場之中充滿了競爭。競爭的硝煙也往往使我們容易迷失自我。我們會不顧一切擊敗對手，我們會享受勝利的感覺。但是競爭需要底線，底線就是道德，道德就是同情心。我們可以正大光明地擊敗對手，但是適當給予對手同情心，寬容別人是一種美德。不必擔心你的同情心會被人利用，因為真正的同情心可以化解一個永遠的敵人而獲得一個忠實的

朋友。

護士的鼓勵

　　病房裡，躺著一位70多歲的病人，剛剛做了胃和食道切除手術，全身插了好幾根管子，甚至在護士的攙扶下都無法去洗手間，看上去他離死神不遠了。一位來上早班的護士給了他額外的照顧。她先把其他病人都安頓好，然後把剩下的大半天都用來照料這位痛苦萬分的病人：她每隔一段時間就來探視，握著病人的手，對他說一些鼓勵的話；她還不時地拉好他病床周圍的簾子，讓他不受干擾。到了傍晚這名護士要下班的時候，該病人已經背靠著枕頭坐在那裡讀報紙了，臉上氣色也好了些。這名護士的悉心照料拯救了他的生命。

　　這名護士如果按部就班地執行醫院的規章制度，那麼這個病人可能早已離世了。但是這位善良的護士及時給予了病人同情心。這些發自內心的情感可以在關鍵時刻給人以無窮的精神力量。

　　職場中，我們在競爭的同時如果能夠及時展示我們的同情心，那麼在我們失敗的時候，也會得到相應的回報。畢竟在複雜的變化中，誰都不能保證每次都是贏家。也許對比贏家而言，輸的一方最需要的就是同情心。

有道義者可立功立世

【原文】

義者，人之所宜，賞善罰惡，以立功立事。

【譯文】

義，是指人們應該遵從的行為規範，人們根據義的原則獎善懲惡，以建立功業。

【名家注解】

張商英注：理之所在，謂之義；順理決斷，所以行義。賞善罰惡，義之理也；立功立事，義之斷也。

王氏注：量寬容眾，志廣安人；棄金玉如糞土，愛賢善如思親；常行謙下恭敬之心，是義者人之所宜道理。有功好人重賞，多人見之，也學行好；有罪歹人刑罰懲治，多人看見，不敢為非，便可以成功立事。

【經典解讀】

所謂「義」，是指人們的行為規範——行事適宜，符合標準，也就是人們常說的萬事要公正。天地萬物都在自然規律和秩序中生生不息。對朝政來說，君主要真心誠意，臣子要忠貞廉潔，以此為宜，則國家必和諧。對於家庭來說，父母應該慈愛，子孫應該孝順，兄弟之間應該友

愛，夫婦之間應該恩愛，如果這樣，則家庭必和睦。凡事皆如此。

理和義是統合的。只有按照真理去判斷、處理事務，才會呈現出仁義。順事物之理的為善，逆事物之理的為惡，賞罰隨之。想要事物各自得到其適宜的位置，各自得到其應有的發展，必須按「義」來行事。要建立功績，成就事業，也必須按「義」來實行。

【處世活用】

做人要正直、做事要正派，堂堂正正，才是立身之本、處世之基。身正不怕影斜，腳正不怕鞋歪。品行端正，做人才有自信，做事才有信心，心底無私天地寬，表裡如一襟懷廣。襟懷坦蕩，光明磊落，就會贏得他人的信賴與尊敬。己不正，何以正人？心術不正、故弄玄虛、口是心非，用心計、耍手腕，臺上說君子言、臺下行小人事，談何為正？所以，做人一定要走得直，行得正，做得端，一定要問問自己是否正直、公道。

【職場活用】

職場之中，八面玲瓏固然會得到一時之利益，但終不會長久，更多的時候，我們要講究道義，注重誠信。對於誠信的認知，容易出現以下錯誤：其一，認為職場人講信用與負責地工作關係不大；其二，以為江湖義氣就是誠信；其三，認為性格、習慣的好壞與是否誠信無關；其四，認為個人能力的高低與誠信無關；其五，認為自我意識強，不在乎別人的感受，這也與誠信無關；其六，認為實在就是誠信。想要取得職場上的成果，這幾點是需要注意避免的。

對於企業來說，誠信的品格比實際技術更加重要，因為學校裡學的專業知識畢竟不完整，也在一定程度上缺乏實用性，一般都要到企業中

經過實戰操作，才會真正熟悉專業技術。這樣一來，一個新人最基本的人品和素質就成了企業最關注的東西。如果新人誠實守信，那麼以後的道路基本不會走歪；但是若新人原本就有點耍小聰明，怎麼正確引導都可能偏離軌道。

【管理活用】

著名的管理大師杜拉克曾經說過這樣一句話：「如果管理者缺乏正直的品格，那麼，無論他是多麼有知識、有才華、有成就，也會造成重大損失。他破壞了企業中最寶貴的資源──人，破壞組織的精神，破壞工作成就。」由此可見，正直的品格對於一個管理者而言，是多麼重要的素質啊！

祁黃羊薦才

晉平公執政時，南陽缺一個官。晉平公問祁黃羊：「你看誰可以當這個縣官？」

祁黃羊說：「解狐這個人不錯，他當這個縣官合適。」

晉平公很吃驚，他問祁黃羊：「解狐不是你的仇人嗎？你為什麼要推薦他？」

祁黃羊笑著答道：「您問的是誰能當縣官，而不是問誰是我的仇人呀。」

晉平公認為祁黃羊說得很對，就派解狐去南陽做縣官。解狐上任後，為當地辦了不少好事，受到南陽百姓普遍好評。過了一段時間，晉平公又問祁黃羊：「現在朝廷裡缺一個法官，你看誰能擔當這個職務？」

祁黃羊說：「祁午能擔當。」

晉平公又覺得奇怪：「祁午不是你的兒子嗎？」

祁黃羊說：「祁午確實是我的兒子，可是您問的是誰能去當法官，而不是問祁午是不是我的兒子。」

晉平公很滿意祁黃羊的回答，於是又派祁午當了法官，後來祁午果然成了能公正執法的好法官。孔子聽說這兩個故事後稱讚說：「好極了！祁黃羊推薦人才，對別人不計較私人仇怨，對自己不排斥親生兒子，真是大公無私啊！」

祁黃羊「內舉不避親，外舉不避仇」的故事，可以說是正直管理者的典範。要做一個正直的管理者，應當注意以下幾點：一、要把責任放在第一位，淡化權力，只有當實施責任需要權力的時候才能突出權力。這就是做一名管理者所必備的基本素質。二、要做到「集中的權力分散管，隱蔽的權力公開化」，要嚴格自律，千萬不要大權獨攬，以權謀私。三、建立完善的制度和監督體系，能有效地對管理者和領導者進行制約和控制，尤其是對一把手，做到與員工一視同仁。四、在工作中應當儘量自找壓力，防止領導者的自滿情緒，如使自己做的工作儘量力求完美。定期或不定期要求員工給領導者提意見，多與員工用不同的方式進行溝通。五、要人性化管理，平等對待員工。

禮是為人處世的規矩

【原文】

禮者,人之所履,夙興夜寐,以成人倫之序。

【譯文】

禮是規定社會行為的法則,是規範儀式的總稱。人人必須遵循禮的規範,兢兢業業,夙興夜寐,按照君臣、父子、夫妻、兄弟等人倫關係行事。

【名家注解】

張商英注:禮,履也。朝夕之所履踐而不失其序者,皆禮也。言、動、視、聽,造次必於是,放、僻、邪、侈,從何而生乎?

王氏注:大抵事君、奉親,必當進退承應;內外尊卑,須要謙讓恭敬。侍奉之禮,晝夜勿怠,可成人倫之序。

【經典解讀】

「禮」是規範全社會的道德行為準則。大到國家、社團的集體活動,小到個人的飲食起居,都必須遵循一定的禮儀規範。這樣,社會生活才能井然有序,人際關係才能和諧融洽,人民才能安居樂業。一個國家,如果朝野上下,從國家的領導人,到基層的人民群眾,動靜視聽,

進退休止，都能按照人倫道德規範去做，就可以從根本上杜絕放蕩怪癖、邪惡腐敗等不良現象的產生。

道、德、仁、義、禮，是構成中國古代社會上層建築的五大要素。古代的所有思想家，當然不可能知道經濟基礎決定意識形態的原理，而一致認為倫理道德、禮儀法規是「天道」的演化。古代思想家雖然有其不應苛求的認識局限性，但源遠流長的人類要敬畏大自然（天道），保護大自然，與大自然和諧相處的思想，卻包含著極其深邃偉大的智慧。

【處世活用】

孟子說：「敬人者，人恆敬之；愛人者，人恆愛之。」尊敬別人的人，人們也會尊敬他；愛別人的人，別人也會愛他。以禮待人，會增進彼此之間的融洽。俗話說：「一句話能把人說跳，一句話也能把人說笑。」言語是思想的衣裳，談吐是行動的羽翼。它可以表現一個人的高雅，也可以表現一個人的粗俗。言談高雅即行動之穩健；說話輕浮即行動之草率。言談舉止之間，我們一定要注意禮貌。

【職場活用】

言行舉止的細節是一個人素質和修養的呈現，優秀的人大多也是注意細節的人。有時候，一個很小的動作或禮貌習慣都有可能影響到辦事的結果。所以，在辦事的過程中一定要注意禮貌待人，才不至於因小失大。行為禮貌是必須的，它是你辦事成功與否的前提之一。

【管理活用】

魯定公問孔子：「君主使用臣下，臣下侍奉君主，怎麼樣才好？」孔子回答說：「君主要按照禮來使用臣下，臣下要忠心侍奉君主。」孔

子這句話現在用來理解和處理上司和下屬之間的關係，就是領導者想要得到下屬的忠誠，首先要按人之常情和事之常理對待下屬。禮的內容是很多的，如尊重、仁慈、愛護等。上司如果對下屬盡心，下屬自然也會對上司忠心。聰明的上司，無論是君主、將領還是普通的主管都必須明白這個道理。爭取群眾的最大支持，才是建功立業的根本，不得人心者失天下，這是古已有之的訓導。

吳起吮疽

戰國時期，魏國有個名將叫吳起。吳起能征會戰，善於用兵，在當時享有盛名。他不但會用兵，而且會帶兵，所以一直受到士兵們的衷心擁戴，士卒肯於聽將令，聽他驅遣。

有一次，吳起去查營，實然聽見一座營房裡傳出痛苦的呻吟聲。他馬上走進去查看原因。一個士兵躺在床上，面如死灰，疼得一個勁地叫喚，顯然十分難受。幾個士兵站在一旁，愁眉苦臉地看著他。

吳起關切地問：「怎麼回事？」

旁邊有人答話：「他患了癰疽。大夫不肯來看病，只得自己挨著。」

吳起勃然大怒：「這還了得！速把大夫找來。」

大夫誠惶誠恐地趕到，為士兵看病，開了些藥，說：「他這個病，得自己好，化了膿就慢慢好了。」

吳起仔細查看他的膿瘡，只見又紅又腫，膿包鼓脹脹的，散發出特有的惡臭。士兵不住地呻吟著，可憐兮兮地看著吳起。

吳起一彎身，湊近膿腫處，用嘴唇開始吮吸起來！「不！不！」士兵驚慌地扭動起來，不讓他吮。旁邊人也再三勸阻：「將軍您是軍隊統帥，保重身體要緊，千萬不可這麼做！」

吳起擺擺手，繼續吮，吮一口、吐一口，膿腫逐漸消下去，病人露出了舒坦的神情。這時，包括大夫、旁觀者和病人在內的所有人都感動得流下了眼淚。

　　吳起如此對待他的部下，士卒們無不感動，打起仗來捨生忘死、視死如歸，都抱著為吳起效死的決心。正因為如此，吳起統率的軍隊才每戰必勝，攻堅必克。

為人之本，缺一不可

【原文】

夫欲為人之本，不可無一焉。

【譯文】

凡是想要樹立修身立業的根本，道、德、仁、義、禮這五種思想缺一不可。

【名家注解】

張商英注：老子曰：「失道而後德，失德而後仁；失仁而後義，失義而後禮。」失者，散也。道散而為德，德散而為仁；仁散而為義，義散而為禮。五者未嘗不相為用，而要其不散者，道妙而已。老子言其體，故曰：「禮者，忠信之薄而亂之首。」黃石公言其用，故曰：「不可無一焉。」

王氏注：道、德、仁、義、禮，此五者是為人，合行好事，若要正心、修身、齊家、治國，不可無一焉。

【經典解讀】

從整體本質上說，只要有內在的道與德，則必有外在的仁、義、禮；但從作用表現上說，這五者缺一不可。《論語》中說：「君子務本，本立而道生。」人應該內心忠誠，體於道，懷於德，應之以仁，處

之以禮。孔子曾說：「三十而立。」所謂立，是指「立身、立言、立德」。一個成人，首先要在社會上站穩腳跟，獨立生活，這就是「立身」。立身不可不修德，否則立身不穩；處事不可不講權謀，否則難以成功。以道德為基石，以權謀為手段，人生在世，二者缺一不可。

張注中所引老子之語，說的是由於道、德、仁、義依次喪失，人們才不得不退而求其次，用等級、法規性的禮教來規範社會，其本意是指因時適勢地運用道體的不同功用而已。老子強調的是天道的本體，黃石公強調的是天道的功用。實際上，「體」、「用」二者，相輔相成，缺一不可。

【處世活用】

道、德、仁、義、禮，此五者皆具，用現代的話來說，就是具有崇高的人格魅力。人格是指人的性格、氣質、能力等特徵的總和，也指個人的道德品質和人能作為權力、義務主體的資格，而人格魅力則指一個人在性格、氣質、能力、道德品質等方面具有吸引人的力量。在今天的社會裡，一個人能受到別人的歡迎、容納，他實際上就具備了一定的人格魅力。

為發展人格起見，我們必須懂得，個人的人格魅力，完全是由對人感興趣，和發自內心的喜愛所致。把這種魅力發展起來，待人接物既可處處制勝，對人的興趣亦會自然地滋長，同時，吸引人的能力也隨之增強。

【職場活用】

人格魅力一般表現為以下幾點：第一，在對待現實的態度或處理各種社會關係上，表現為對他人和對集體的真誠、熱情、友善、富於同情

心，樂於助人和交往，關心和積極參加團體活動；對待自己嚴格要求，有進取精神，自信而不自大，自謙而不自卑；對待學業、工作和事業，表現得勤奮認真。第二，在理智上，表現為感知敏銳，具有豐富的想像力，在思維上有較強的邏輯性，尤其是富有創新意識和創造能力。第三，在情緒上，表現為善於控制和支配自己的情緒，保持樂觀開朗、振奮豁達的心境，情緒穩定而平衡，與人相處時能給人帶來歡樂，令人精神舒暢。第四，在意志上，表現出目標明確，行為自覺，善於自致，勇敢果斷，堅韌不拔，積極主動等一系列積極品格。

【管理活用】

管理學家帕瑞克說：「除非你能管理『自我（myself）』，否則你不能管理任何人或任何東西。」管理者的人格示範其力量是驚人的。想要管好下屬必須以身作則，事事為先、嚴於律己，做到模範表率。一旦透過表率樹立起在員工中的威望，將會上下同心，大大提高團隊的整體戰鬥力。得到周圍人的支持，做下屬敬佩的領導者將使管理事半功倍。

賢人君子的明通審達

【原文】

賢人君子，明於盛衰之道，通乎成敗之數；審乎治亂之勢，達乎去就之理。

【譯文】

賢明能幹的人物，品德高尚的君子，都能看清國家興盛、衰弱、存亡的道理，通曉事業成敗的規律，明白社會政治修明與紛亂的形勢，懂得隱退仕進的原則。

【名家注解】

張商英注：盛衰有道，成敗有數；治亂有勢，去就有理。

王氏注：君行仁道，信用忠良，其國昌盛，盡心而行；君若無道，不聽良言，其國衰敗，可以退隱閒居。若貪愛名祿，不知進退，必遭禍於身也。能審治亂之勢，行藏必以其道；若達去就之理，進退必有其時。參詳國家盛衰模樣，君若聖明，肯聽良言，雖無賢輔，其國可治；君不聖明，不納良言，儔遠賢能，其國難理。見可治，則就其國，竭立而行；若難理，則退其位，隱身閒居。

【經典解讀】

有形有象的事物，在自然的規律中運行，自有其盛衰循環之理。

天理昭昭，不爽毫髮。但凡為人，必須體之以道德，行之以仁義，踐之以禮儀。如此，則是盛之機、成之象。違反這些，必然會帶來不良的後果。所以，明曉事理的人，必須依據道德仁義禮五者的得失，作為明辨盛衰、通曉成敗的準則。大凡以高尚道德立身處世的偉大人物，在其走上社會，施展抱負之際，就已經對歷史的發展規律了然於胸，既能預測未來的趨勢，又能洞悉興亡成敗、治亂去留的玄祕了。由於對主觀和客觀的規律、時事變幻的奧祕洞若觀火，故能事事應對自如。

【處世活用】

明理之人，與之相處會如沐春風。明理之人，首先要有自知之明，《荀子》上說：「自知者不怨人，知命者不怨天。怨人者窮，怨天者無志。失之己，反之人，豈不迂乎哉？」意思是說，有自知之明的人不抱怨別人，懂得命運的人不埋怨老天。抱怨別人的人就會走投無路，抱怨老天的人沒有志氣。錯誤在自己身上，卻反而去責怪別人，難道不是拘泥守舊了嗎？

鄒忌諷諫

戰國時齊國的鄒忌身高八尺多，形體容貌光豔俊美。有一天早晨，鄒忌穿戴好衣帽，照著鏡子，對他的妻子說：「我與城北徐公比，誰更俊美呢？」他的妻子說：「您十分俊美，徐公怎麼比得上您呢？」城北的徐公，是齊國的美男子。鄒忌不相信自己會比徐公俊美，就又問他的妾：「我與徐公比，誰更俊美呢？」妾說：「徐公怎麼比得上您呢？」第二天，有客人從外面來，鄒忌與客人坐著閒聊，鄒忌問他：「我與徐公比較，誰更俊美呢？」客人說：「徐公不如您俊美。」第二天，徐公來了，鄒忌仔細地看他，認為自己不如徐公美；再照鏡子看看自己，又

覺得遠遠不如徐公俊美。晚上躺著想這件事，說：「我的妻子讚美我，是偏愛我；妾讚美我，是畏懼我；客人讚美我，是有事相求於我。」

因此鄒忌上朝拜見齊威王，說：「我確實知道自己不如徐公俊美。可是我妻子偏愛我，我的妾畏懼我，我的客人有事相求於我，他們都認為我比徐公俊美。如今齊國有方圓千里的疆土，一百二十座城池，宮中的姬妾及身邊近臣沒有不偏愛您的，朝中的大臣沒有不畏懼您的，全國人民沒有不有事相求於您的。所以，從這樣的情形看來，大王您受蒙蔽很深了！」

鄒忌從比美的生活經驗中深刻認識到一個統治者聽到真話之不易。在齊國地位最高、權力最大的齊威王，處在許多人對他有所偏私、有所畏懼、有所請求的環境中，必然是個耳不聰、目不明的受蒙蔽者，鄒忌從而向齊王諷諫，可謂一語道破天機。生活中，導致失敗的原因，往往是當事者沒有自知之明，既沒有發現客觀世界的奧祕，也沒有發現主觀世界的長短。歸根結底，還是他們不瞭解自己，但是他們並不知道這一點。慘痛的悲劇和沉重的代價，就是這樣造成的。

【職場活用】

工作中發生錯誤是難免的，追究誰對誰錯並不重要，重要的是不要一錯再錯。古人曾說過：一日三省乎己。這句話告訴我們，要經常反省自己，責怪自己，自覺檢查自己的工作或行為是否有缺失，這樣才會成為一個明理的人。

物競天擇，優勝劣汰，在殘酷的競爭中，能使你立於不敗之地的唯有生存實力。作為職場中人，必須有自知之明，不斷地在提高職業能力上下工夫。如果僅僅因為職務的變化，而非自身實力的提高，你就變得自以為是、虛驕自大，不會有好下場。尤其在一個團隊中，切忌把職務

當做處理人際關係的基礎。即使你有了雄厚的實力，你也要牢記，在人本管理的今天，和諧的人際關係是完善自我、持續發展的法寶。

【管理活用】

管理者貴有自知之明，如此，就能明辨是非，減少行動的盲目性，正確地對待輸贏得失。古希臘特菲爾神廟碑銘上的唯一箴言就是：認識你自己。只有自己認識了自己，才能認真地反思自己，才能變得睿智，從容地面對自己的人生。

劉邦的自知之明

有一次，劉邦在洛陽南宮擺酒宴，說：「各位王侯將領不要隱瞞我，都說真實的情況。我得天下的原因是什麼呢？項羽失天下的原因是什麼呢？」

高起、王陵回答說：「陛下讓人攻取城池取得土地，因此來親附他們，與天下人的利益相同；項羽卻不是這樣，殺害有功績的人，懷疑有才能的人，這就是失天下的原因啊。」

劉邦說：「你只知道這一個方面，卻不知道另一個方面。在大帳內出謀劃策，在千里以外一決勝負，我不如張良；平定國家，安撫百姓，供給軍餉，不斷絕運糧食的道路，我不如蕭何；聯合眾多的士兵，打仗一定勝利，攻佔城池一定取得，我不如韓信。這三個人都是豪傑，我能夠用他們，這是我取得天下的原因。項羽有范增而不加以利用，這就是被我打敗的原因。」

劉邦之所以能得天下，是因為他有賢才輔佐，而其得賢才的原因，是因為他有自知之明。作為一個領導者，貴在自知之明。若能善於發現賢能之士而授以權柄，使之各盡其責、各司其能，就會成就事業。

潛居抱道，以待其時

【原文】

故，潛居抱道，以待其時。

【譯文】

因此，當條件不適宜之時，都能默守正道，甘於隱伏，等待時機的到來。

【名家注解】

張商英注：道猶舟也，時猶水也；有舟楫之利而無江河以行之，亦莫見其利涉也。

王氏注：君不聖明，不能進諫、直言，其國衰敗。事不能行其政，隱身閒居，躲避衰亂之亡；抱養道德，以待興盛之時。

【經典解讀】

所謂「抱道」，即是墨守正道、具有才德，這是達成功業的基礎。隱居的目的不是不作為，而是為了等待時機，是為了更好地達到濟世的目的。對於抱道的「聖」「賢」來說，他們是承擔社會責任的人，當時代需要他們的時候，他們的選擇只有一個，那就是當仁不讓，這是一種思想境界！還有一個問題也很重要，那就是對於一個「抱道」的人來

說，如果時機出現了但是無法取得成功，或者根本就沒有遇到合適的機會，那他們會怎麼樣呢？一個普通人可能表現出自怨自艾、憤世嫉俗的情緒，但是「聖」「賢」來說，他們的表現是「超脫」，這也是一種精神境界。

【處世活用】

為人處世，機會是非常重要的。忍住性情，慢慢籌畫資本，等待時機成熟再出手才是智者的選擇。耐心是等待時機成熟的一種成事之道，反之，人在不耐煩時，往往易變得固執己見、粗魯無禮，讓別人感覺難以相處，更難成大事。當你失去耐心的時候，也失去了用來分析事物的明智頭腦。所以，做任何事情，都要擁有一份耐心，先打好基礎，籌畫好資本，然後再著手行動。大丈夫能屈能伸。在山窮水盡之時，忍辱負重，守靜待時；在柳暗花明之時，持力而為，繁榮人生。

陳平的潛居

西元前187年，漢孝惠帝駕崩。呂后執掌天下之後打算分封諸呂，但礙於高祖「異姓不王」的盟誓聲猶在耳，不能不有所避忌，於是問於眾臣。以王陵為代表的大臣認為堅決不行，而陳平、周勃的態度則大可玩味：「今太后稱制，王昆弟諸呂，無所不可。」於是呂后大喜，將呂氏家族分封了個遍，而陳平因為識時務而消除了呂氏集團對他的顧忌。當然，陳平此舉遭到了以王陵為首的老臣鄙夷，他們認為他見風使舵，譏刺他忘記了先帝的囑託。面對指責，陳平意味深長地說了一句：「於今面折廷爭，臣不如君；夫全社稷，定劉氏之後，君亦不如臣。」陳平以他絕頂的聰明和過人的政治遠見，焉能看不出呂后的勢力已經今非昔比，硬碰硬的對決已經無法阻止呂氏專權的大勢所趨。於是他一面背負

著朝臣的不滿，一面不動聲色地經營著呂后治下的大漢江山。諸呂對他和周勃大為放心，甚至將一部分兵權交給他們。陳平此舉不但保存了自己的實力，而且成功打入敵人內部，及至後來呂后駕崩，剷除呂氏集團，文帝得立，漢室得以匡復，陳平可謂居功至偉。而王陵的下場就悲慘多了，被遷為太傅，名分是上去了，卻始終不復重用。王陵對此非常生氣，心想自己為漢朝平定天下立下了赫赫戰功，最終竟然落得這樣的下場，最後稱病辭職，整日閉門不出，始終不肯朝見皇帝，七年之後去世。

空有一腔抱負，卻無處施展，有光復漢室之心卻無力實施，豈不鬱悶？看來王陵儘管忠貞可敬，但隱忍的功夫與眼光的長遠卻不如陳平。蘇軾曾說：「匹夫見辱，拔劍而起，挺身而鬥，不足為勇也！」堅強造就非凡的人生，人生，沒有毫無理由的成功，只有毫無理由的失敗。逆境之中，我們要善於隱忍；時機出現，我們要加倍努力。

【職場活用】

身在職場，大多數時候我們要等待時機。例如，在未得到上司賞識、獲得提升之前，你需要耐心地等待機會，不要因一時的不順利和暫時的得不到重用而灰心喪氣，要沉住氣，繼續埋頭工作，你的成績上司總有一天會看見的。最容易令人沉不住氣的有以下情況：自以為自己做得最好，但上司好像沒有看見一樣，絲毫沒有表示；自以為自己最有機會升職，誰知上司卻提升了別人。碰到上述情形，建議你先作自我反省。你的表現是否真的無懈可擊？有沒有什麼地方值得改善？假定上司提拔別人是一個客觀、理性的決定，那麼，別人獲得提拔，他一定比你更適合坐上較高的位置，你應向他學習。

【管理活用】

在職場管理過程中,當時機不順的時候,學會妥協,有時會獲得更大的利益。人均有「自己最好」的人性弱點,有時明知自己的提案不如他人,卻總不肯認輸,這都是不該有的觀念。一個心理健康的人應有其理智的處世態度,切莫為私心所左右,如此,方能不斷地進步。

在生意場中,必要的退讓可以換來更大的利益;一味地咄咄逼人則有可能使你陷入死胡同。當然,退讓策略的運用,既要適時,又要得體,一定要充分掌握對方的心理活動,使自己有必勝的把握。同時,要對自己控制局勢的能力有正確的估計,萬不可不分時機地濫用。

乘勢而行，待時而動

【原文】

若時至而行，則能極人臣之位；得機而動，則能成絕代之功；如其不遇，沒身而已。

【譯文】

一旦時機到來而有所行動，常能建功立業、位極人臣。如果所遇非時，也不過是淡泊以終而已。

【名家注解】

張商英注：養之有素，及時而動；機不容髮，豈容擬議者哉？

王氏注：君臣相遇，各有其時。若遇其時，言聽事從；立功行正，必至人臣相位。如魏徵初事李密之時，不遇明主，不遂其志，不能成名立事；遇唐太宗聖德之君，言聽事從，身居相位，名香萬古，此乃時至而成功。

事理安危，明之得失；臨時而動，遇機會而行。輔佐明君，必施恩布德；理治國事，當以恤軍、愛民；其功足高，同於前代賢臣。

不遇明君，隱跡埋名，守分閒居；若是強行諫諍，必傷其身。

【經典解讀】

偉大人物的成功在於自身德才兼備，但更重要的是懂得乘勢而行，

待時而動。龍無雲則成蟲，虎無風則類犬。歷史上的成功者都不會違背時勢率意妄動。倘若時機不成熟，便甘於寂寞，靜觀其變，如姜太公閒釣於渭水，諸葛亮抱膝於隆中；一旦風雲際會，時運驟至，就會奮然而起，當仁不讓，改變歷史，造福於民，如李世民在「玄武門之變」時，先發制人，誅殺長兄建成；趙匡胤策動「陳橋兵變」，黃袍加身。可見機遇、局勢對於有志者的重要性。孟子說：「雖有智慧，不如乘勢。」所以有大智者不與天爭，不與勢抗。因為他們明白，真理有如舟船，時運有如江河。沒有可達彼岸的浩瀚之水，真理只不過是一個客觀規律。

【處世活用】

常言說：「愚者錯失機遇，智者善抓機遇，成功者創造機遇，機遇只給準備好的人。」機遇，作為事物發展偶然性的表現，是人們在各方面的實踐活動中都會經常碰到的。但是，人人都會「碰到」機遇，並不等於人人都能「發現」和「利用」機遇。機遇的發現和利用，既受事物所依存的各種條件以及機遇本身顯現的程度等多種客觀因素的制約，同時也受各人的需要、愛好、興趣、知識、經驗、思考能力、思考方法等多種主觀因素的限制。也就是說，機遇的發現和利用，既依賴於客觀條件所形成某種有利時機的「顯現」，也依賴於人對這種有利時機的「認識」。

【職場活用】

職場上，局面複雜，很多時候我們都要等待合適的時機。如關於要不要跳槽的問題，就像其他任何事情一樣，需要慎重考慮。何時跳槽也許很難把握，在這種情況下，人們寧可被老闆炒魷魚。那樣的話，就用不著經歷痛苦的抉擇，左右為難了。因為這些事情都由別人來決定了。

假若有了下述跡象，那就暗示著你該考慮跳槽了：拿到的薪水單已不再能讓你有滿足感；一個星期接一個星期，老闆總是給你安排同樣的工作，儘管你想方設法要嘗試新的專案，但就是不能如願以償；閒極無聊時，你突然意識到，老闆、主管以及同事還是用老眼光把你看做初來乍到的新手；偶然的一樁小事或一個表情，讓你感到，在高層人物眼裡，你只是一個職位低下的職員，儘管你曾經努力改變他們對你的看法卻毫無作用。這時，你也許就應該重新踏上求職之路了。

如果你認為目前跳槽對你來說是恰當的，那你就用不著惶恐不安。一旦你被雇用，老闆一定會把你看成是一個勤奮上進的人。你想做得更多更好，這種不斷進取的欲望將幫助你找到最適合自己的工作。

【管理活用】

古人說，「順勢而謀」，「因勢而動」。這種「勢」，即指事物發展的趨勢和客觀條件。領導者對重要事件進行決斷時，一定要考慮到事物發展的趨勢和客觀條件的變化，要順應事物發展規律做決定。

古人說「先之則不過，後之則不及」，又說「士不逢時不用，兵不遇機不動」。這些都說明做事要掌握適當的時機。決策所依據的各種資訊絕非唯我獨有。時機成熟了，下不了決心，行動遲疑不定，別人就可能捷足先登。

道高而名重

【原文】

是以其道足高，而名重於後代。

【譯文】

因為其道德高尚，這樣的人物通常能樹立極為崇高的典範，名重於後世。

【名家注解】

張商英注：道高則名垂於後而重矣。

王氏注：識時務、曉進退，遠保全身，好名傳於後世。

【經典解讀】

人生有限，時空無涯；勢有不至，運有窮通。所以歷史上不乏才德超群而終生懷才不遇的高士，如孔子厄於陳、蔡，發出「吾道非耶？吾為何如此？」的浩嘆；陳搏高臥華山，只贏得一個「睡仙」的雅名。但其道愈高，其德愈遠，其行愈清，其英名也愈為後世所重。所以，只要道德高尚，無論窮與通，都會千古流芳，彪炳史冊。

【處世活用】

名聲不能使一個人快樂，使他快樂的是能為自己帶來名聲的優秀品質，說得更明確一些，就是人們在德行上或是在才智方面所依賴的優秀品質。個人的天性必然對本人最為重要，至於他人對自己的看法，對本人的影響程度實在是微乎其微。

居里夫婦視名利如浮雲

居里夫婦都是世界上知名的科學家，居里夫人是世界上唯一兩次獲得諾貝爾獎的女科學家，但他們夫婦倆生活儉樸，不慕名利。

各種勳章、獎章是榮譽的象徵，是許多人夢寐以求的寶物，可是居里夫婦視之如俗物。1902年，居里先生收到了法蘭西共和國大學理學院的通知，說是將向部裡提出申請，頒發給他榮譽勳章，以表彰他在科學上的貢獻，務請他不要拒絕。

居里先生和夫人商量以後，寫了一封回信：「請代向部長先生表示我的謝意。並請轉告，我對勳章沒有絲毫興趣，我只是迫切需要一個實驗室。」

居里夫人的一位朋友應邀到她家做客，進屋後看見居里夫人的小女兒正在玩弄英國皇家協會剛剛授予居里夫人的一枚金質獎章，他驚訝地說：「這枚展現極高榮譽的金質獎章，能得到它是極不容易的，怎麼能夠讓孩子玩呢？」居里夫人卻說：「就是要讓孩子從小知道榮譽這東西，只是玩具而已，只能玩玩，絕不可以太看重，如果永遠守著它，就不會有出息。」

在居里夫人眼裡獎章不過是一塊做工考究的金屬而已。除了做小孩的玩具，對於她沒有任何用處。居里夫人將她的全部身心都投入到為人

類做貢獻的事業當中，她的品德已經遠遠超越了獎章的分量。為人處世爭取名譽固然是人之常情，但是過分追求名聲，便會適得其反。

【職場活用】

在職場中，名聲對一個人至關重要。由於缺乏相應的交流，名聲變成了瞭解一個人最直接的途徑。誰都想要一個好名聲。好名聲給人帶來的是上司的看重，同事的友善，朋友的信任。相反地一個名聲糟糕的人寸步難行，他沒有信譽，沒有保證，甚至沒有朋友。好的名聲不是靠吹噓，不是靠社交能力捧起來的。好的名聲需要優秀的品德做支撐。一個品德優秀的人不需要自我吹噓，別人自然會給予褒獎。優秀的品德是靠扎實的工作和與人為善的處世展現出來的。一個自詡道德品德卓越的人在工作中卻不負責任，那麼他所謂的卓越品德必然會大打折扣。

【管理活用】

作為管理者，對下屬的名聲應當予以特別重視。一個有眼光的管理者絕對不會挑一個名聲糟透的人做自己的員工。這不光是對自己事業的不負責任，也是對自己人格的不負責任。我們不妨看一看李嘉誠是如何挑選人才的。

李嘉誠的用人之道

出身寒門的李嘉誠透過半個世紀的不懈努力和奮鬥，從一個普通人成為商界名人，並取得了令人矚目的成就。每當提起他的成功，李嘉誠總是坦然告知：良好的處世哲學和用人之道是他成功的前提。

白手起家的李嘉誠，在其長江實業集團發展到一定規模時，敏銳地意識到企業要發展，人才是關鍵。一個企業的發展在不同的階段需要有

不同的管理和專業人才，而他當時的企業所面臨的人才困境較為嚴重。李嘉誠克服重重阻力，勸退了一批創業之初幫助他一起打江山的「難兄難弟」，果斷起用了一批年輕有為的專業人員，為集團的發展注入了新鮮血液。與此同時，他制定了若干用人措施，諸如開辦夜校培訓在職工人，選送有培養前途的年輕人出國深造，而他自己也專門請了家庭教師幫助自己學習知識。

在李嘉誠新組建的高層領導團隊裡，既有具備傑出金融頭腦和非凡分析本領的財務專家，也有經營房地產的「老手」；既有生氣勃勃、年輕有為的東方人，也有作風嚴謹、善於謀斷的西方人。可以這麼說，李嘉誠今日能取得如此巨大的成就，是和他迴避了東方式家族化管理模式分不開的。他起用的那些洋專家，把西方先進的企業管理經驗帶入長江集團，使之在經濟的、科學的、高效益的條件下運作。李嘉誠不但大批起用西方人，而且讓西方人作為進軍西方市場的主導。

精於用人之道的李嘉誠深知，不僅要在企業發展的不同階段大膽起用不同才能的人，而且要在企業發展的同一階段注重發揮人才特長，恰當合理運用不同才能的人。因此，他的智囊團裡既有朝氣蓬勃、精明強幹的年輕人，又有一批老謀深算的「謀士」。

在總結用人心得時，李嘉誠曾具體地說：「大部分人都有其長處和短處，需各盡所能、各得所需、以量材而用為原則。這就像一部機器，假如主要的機件需要用五百匹馬力去發動，雖然半匹馬力與五百匹相比小得多，但也能發揮其部分作用。」李嘉誠這一番話極為透徹地點出了用人之道的關鍵所在。

李嘉誠選擇的都是具有一定良好聲譽的高級人才。正是這些人才的努力使得李嘉誠創立的商業帝國能夠在今天依然生機勃勃。

正道章第二
功成名就的坦途

　　正道章，「正」即「證」的意思，證自然之道的作用及功用，故以此命名。天道之體用，既已心領神會，那麼為人處世就要順天道而行。順之者昌，逆之者亡。有德君子如有凌雲之志，就應當德、才、學皆備。信義才智，胸襟氣度，缺一不可。如此者，便是人中龍鳳，世間俊傑。這才是做人的正道。本章主要以出類拔萃之「俊」的德行才智來證大道的體性，以堅強剛毅之「豪」的儀表、清廉來證大道的作用，以剛毅卓異之「傑」的浩然正氣來證大道的功能。

德以懷遠

【原文】

德足以懷遠。

【譯文】

品德高尚,則可使遠方之人前來歸順。

【名家注解】

張商英注:懷者,中心悅而誠服之謂也。

王氏注:善政安民,四海無事;以德治國,遠近咸服。聖德明君,賢能良相,修德行政,禮賢愛士,屈己於人,好名散於四方,豪傑若聞如此賢義,自然歸集。此是德行齊足,威聲伏遠道理。

【經典解讀】

德行充實於內心的人,道的作用及人的精神自然發散,他的神氣力量在無形中吸引著萬物,所以能使人內懷喜悅之心,近者歸,遠者服。道德高尚之人,以天下為己任,不拘泥於個人小利,尊敬賢者,愛惜人才,自然可以使人心悅誠服,使天下豪傑之士聞風而動,甘願歸附。所謂「寬則得眾,惠能使人」亦即此意。

【處世活用】

為人處世，以德為先。英國哲學家弗蘭西斯·培根曾說過：「美德有如名香，經燃燒或壓榨而其香愈烈，蓋幸運最能顯露惡德而厄運最能顯露美德也。」中華民族歷來崇尚道德，無論是以孔子為代表的儒家思想，還是以老子為代表的道家思想，都以高尚的道德作為他們的至高境界。正如18世紀英國著名經濟學家和倫理學家亞當·斯密在《道德情操論》中所說：道德情操永遠種植在人的心靈裡，人既要「利己」，也要「利他」，唯有此，人類才能永恆。

孫中山以德服人

1892年，孫中山先生以甲等第一名的優異成績畢業於香港西醫書院，後在澳門行醫。雖然孫先生主攻西醫，但他並不排斥中醫，經常抽出時間苦讀中醫書籍，參照中醫驗方潛心研製中成藥。由於學識加勤奮，孫先生終於成為澳門的醫學名家。

其時澳門皮膚病氾濫，孫先生研製出一批效果顯著、售價低廉的中成藥。為了保證品質，孫先生印上「澳門孫逸仙博士監製」商標。

其時孫冬陽也在澳門開了間牙醫診所，本來生活還算寬裕，但他為了研製一種特效的止疼牙水而耗盡家資、負債累累。等到藥品研製出來之後卻無人問津。孫冬陽想到「澳門孫逸仙博士監製」為澳門醫藥界的名牌，遂將這一標誌打在了自己的商品上。由於藥品品質不錯且價格不貴，孫東陽很快就生意興隆，不但還清了債務，還辦起了個人製藥廠。

孫中山得知孫冬陽盜用自己的商標之後，親自對其商品進行了鑑定。得知藥效確實不錯而孫冬陽是在無奈的情況下才盜用自己的商標，孫中山也就沒有追究。孫冬陽深感孫中山的寬厚，對自己的行為愧悔

不已。他知錯即改,很快將「澳門孫博士監製」改成「牙醫孫冬陽監製」。

其後孫冬陽在孫中山從事反清革命事業上不止一次地給予資助,對孫中山終生景仰。

【職場活用】

身在職場,需講究職業道德。隨著現代社會分工的發展和專業化程度的增強,市場競爭日趨激烈,對從業人員的職業觀念、職業態度、職業技能、職業紀律和職業作風的要求越來越高。我們應以「敬業樂群、誠實守信、辦事公道、奉獻社會」為自己的職場格言,培養和樹立自己的道德責任意識。唯有如此,才能在職場上取得成功。

大頭針的故事

說到成功,人們常常最先想起的是:聰明、勤奮、機遇等等。其實品德往往在想不到的時候就決定了一切。

法國銀行大王萊菲斯特年輕時,有段時期因找不到工作賦閒在家。有一天,他鼓起勇氣到一家大銀行找董事長求職,可是一見面便被董事長拒絕了。他的這種經歷已經是第52次了。萊菲斯特沮喪地走出銀行,不小心被地上的一根大頭針扎傷了腳。「誰在跟我作對!」他憤憤地說道。轉而他又想,不能再讓它扎傷別人,就隨手把大頭針撿了起來。誰想,萊菲斯特第二天竟收到了銀行錄用他的通知單。他在激動之餘又有些迷惑:「不是已被拒絕了嗎?」原來,就在他蹲下拾起大頭針的瞬間,董事長看在了眼裡。董事長根據這小小的動作認為這是個謹慎細緻而能為他人著想的人,於是便改變主意錄取了他。

萊菲斯特就在這家銀行起步,後來成了法國銀行大王。萊菲斯特的

機遇表面上只是拾起一根大頭針，是偶然之事。但實際上是他可貴的品格給了他成功的可能，所以培養良好的品格是成功的必要條件。

【管理活用】

管理工作中，需要講求管理道德。管理道德是管理者的行為準則與規範的總和，是特殊的職業道德規範，是對管理者提出的道德要求。對管理者自身而言，它可以說是管理者的立身之本、行為之基、發展之源；對企業而言，它是對企業進行管理的價值導向，是企業健康持續發展所需的一種重要資源，是企業提高經濟效益、提升綜合競爭力的源泉，可以說管理道德是管理者與企業的精神財富。因此，必須恪守管理道德。

信義服人

【原文】

信足以一異,義足以得眾。

【譯文】

誠實不欺,就可以統合不同的意見;道理充分,就可以得到群眾的擁戴。

【名家注解】

張商英注:有行有為,而眾人宜之,則得乎眾人矣。

王氏注:天無信,四時失序;人無信,行止不立。人若志誠守信,乃立身成名之本。君子寡言,言必忠信,一言議定再不肯改議、失約。有得有為而眾人宜之,則得乎眾人心。一異者,言天下之道一而已矣,不使人分門別戶。賞不先於身,利不厚於己;喜樂共用,患難相恤。如漢先主結義於桃園,立功名於三國;唐太宗集義於太原,成事於隋末,此是義足以得眾道理。

【經典解讀】

天地之間的萬事萬物,各有所稟,特性因而不同,它們的趨往向背有異,愛惡取捨有殊,如此,就需要一種方法將這千差萬別統合起來。若以權謀來統合,識破之後,必然仍會分離。必須以誠信來統合全體,

使他們互為生息，相安協調。處事接物，應該無一事不順應其理、無一物不應得其宜，這樣，必然能得到人們的擁護。

【處世活用】

誠實守信是每個人處世立身之本，在日常生活和工作中，無論是為人還是辦事，必須講誠信。我們每個人作為社會的一分子，在現實生活中，總要和他人打交道，講來往。如果我們處處時時講誠信，就會樹立起較好的名譽和聲望，這樣就能成功地架起和他人溝通的橋梁，對自己的事業也會有益處。

人有多大的胸懷，就有多大的事業。虛懷若谷，寬容大度，以誠信待人。《聖經》上說：「你要別人怎樣待你，你就該怎樣對待別人。」改造社會之前，最先要實現的是改變自己，而改變自己之前，最迫切的是改變自己的心態。因為每個人都無法選擇命運，也無法主控生存環境，但可以主控自己的心態，去選擇自己的生活方式，駕馭自己的人生。

【管理活用】

誠信管理對企業的發展至關重要。它透過強調道德行為的管理責任來對法律加以關注。雖然誠信戰略可能在設計與範圍上會有所不同，但都力爭反映出企業所宣導的價值觀、願望、企業思想模式及行為方式。當這種誠信戰略與組織的日常經營融合在一起時，就可以防止道德墮落，並達到推動道德、思想和行為發展的作用。在這種情況下，道德規範的構架就不再成為約束和負擔，而是成為組織的管理信條。李嘉誠的管理可以說為我們提供了一個典範。

李嘉誠的誠信管理

李嘉誠做人講誠信，他總是以一顆真誠的心對待別人，對於誠信的追求近乎於執著。他反覆告誡下屬：「你要讓別人信服，就必須付出雙倍使別人信服的努力。」而他自己在平時的行動中，更是以身作則，贏得別人的信賴。

自創辦長江實業開始，到後來收購和記黃埔，李嘉誠白手起家成為香港公認的「地產大王」，被人們稱為香港「超人」。逆境出雄才，李嘉誠絕對務實的作風，在眾多有錢人中別樹一幟。事無巨細都親力親為，從不誇耀自己的財富，言行低調，平日所穿的都不是什麼名牌衣服，甚至能代表富豪身份的名貴手錶，他都一概不愛，只戴電子錶，而且永遠比別人調快15分鐘，以示重視時間。但他做善事絕不吝嗇，動輒億元。這種性格，多少也與他出身寒微同情窮人有關。很多認識李嘉誠的人都說，他是個不忘本的人。事實上，正是這種能據窮吃苦、不畏逆境困難的精神，才令李嘉誠有今天的成就，所以他怎麼也不會忘掉那一段拚命奮鬥的日子，以及從中領略到的意義。他甚至希望兩個兒子也能像他一樣，瞭解其中的真諦，不要含著金鑰匙長大，不要靠運氣，而是切切實實地去為自己將來的命運奮鬥。

很多人認為誠信與管理無關，這實在是錯誤觀念。品德上有缺陷的人很少能對企業的不當行為做出完整解釋。更為典型的是，缺乏職業道德的商務實踐活動總會涉及默許、與他人合作，以及透過反映價值觀、態度、信仰、語言和行為模式等方式來定義組織的企業文化。這樣道德就成為與組織問題處於同等高度的私人問題。如管理者不能提供正確的引導，或者不能建立有助於推動道德行為體系的話，他就要與那些謀劃、執行，並且故意從企業的不當行為中獲取好處的人共同承擔責任。

鑑古察今，人中才俊

【原文】

才足以鑑古，明足以照下，此人之俊也。

【譯文】

才識傑出，可以借鑑歷史；聰明睿智可以知眾而容眾。這樣的人，可以稱他為人中之俊。

【名家注解】

張商英注：嫌疑之際，非智不決。

王氏注：古之成敗，無才智，不能通曉今時得失；不聰明，難以分辨是非。才智齊足，必能通曉時務；聰明廣覽，可以詳辨興衰。若能參審古今成敗之事，便有鑑其得失。天運日月，照耀於晝夜之中，無所不明；人聰耳目，聽鑑於聲色之勢，無所不辨。居人之上，如鏡高懸，一般人之善惡，自然照見。在上之人，善能分辨善惡，別辨賢愚；在下之人，自然不敢為非。能行此五件，便是聰明俊逸之人。德行存之於心，仁義行之於外。但凡動靜其間，若有威儀，是形端表正之禮。人若見之，動靜安詳，行止威儀，自然心生恭敬之禮，上下不敢怠慢。自知者，明知人者。明可以鑑察自己之善惡，智可以詳決他人之嫌疑。聰明之人，事奉君王，必要省曉嫌疑道理。若是嫌疑時分卻近前，行必惹禍患怪怨，其間管領勻當，身必不安。若識嫌疑，便識進退，自然身無禍也。

【經典解讀】

　　博學多才之人，可以洞古徹今，通情達理，在實踐中善於以古今中外人的為人處世成敗得失為借鑑，這樣的人，自然會無往而不勝。如文王識卦，所以能憑卦辭以告吉凶；孔子能理解先聖修齊治平之道，所以能撰六經垂訓後世。明察秋毫而又人情練達，才能做到既知人善任，又寬厚容人。在這樣的領導者面前，壞人壞事無法藏匿，難以避免的失誤又能得到諒解。這樣，手下的人才會充分發揮他們自己的聰明才智，做出更大的成績。常人多是因為私念過多，障蔽了本性，致使本應空明的心一團漆黑，不能自明，因此，應注意排除私念。德才兼備，信義充足，能出類拔萃的人，稱之為「俊」。因此，想要成為人中之俊，必須要具備德行純全、信義十足、才質超群等條件。

【處世活用】

　　古人云：「善處身者，必善處世，不善處世，賊身者也。」「處世」是一門頗為精深的學問，而其精髓，可以歸結為「審時度勢」。不管什麼人，自從出生開始，便會「審時度勢」，區別不過是簡單與複雜、自覺與被動、正確與錯誤而已。善於「審時度勢」的人，才能較好地適應環境，才能在社會中全面發展自己，發揮優勢、避免挫折，從而取得更大的成就。

商人的妻子

　　有一個商人，做的是收購糖的買賣。每天向村民們收購完糖後，他總是在家將糖裝進籮筐或者麻袋裡，然後再運到鎮上或外地去賣掉。就在他集中或者分裝糖的時候，總是會不小心掉下一些糖，而他卻從來不在乎，覺得損失那點糖算不了什麼。

不過，商人的妻子卻是個有心人。她看到丈夫每次分裝完糖以後，地上都會灑些糖，覺得很可惜，就偷偷把那些糖重新收起來，裝進麻袋裡。不知不覺間居然攢了四大麻袋糖。

後來，有一段時間蔗糖突然短缺，商人很長時間收不到糖，一時間沒辦法做生意，幾乎虧了本。妻子想起自己平時存下的糖，就拿了出來，化解了商人的燃眉之急，還小賺了一筆錢。

這件事一傳十、十傳百，很快就傳到了鎮上。鎮上有對夫妻開了一家文具店，妻子聽說這件事，先是感動，後來又覺得很受啟發，心裡也很想在關鍵時刻幫助丈夫。於是，她開始趁丈夫不注意時把報紙、記事本、日曆等貨物偷偷收藏起來，以備貨物緊缺時用。過了大約兩年時間，妻子覺得到了給丈夫一個驚喜的時候了，就揚揚得意地叫丈夫到倉庫去看。丈夫不看還好，一看險些昏過去。妻子收藏起的那些東西不是過時了，就是發霉了，還有誰會要呢？

文具店商人的妻子是一個精明人卻不是聰明人，她只有小聰明，而沒有靈活思維的大智慧，因此，才會做出蠢事。想賺大錢僅僅靠精明是不夠的，要學得聰明，懂得重長遠、趨大利，還要善於審時度勢。如何做到審時度勢，可以略作分析。「審時」大致應該解決好三個方面的問題。一個是「時機」問題，所謂「識時務者為俊傑」；第二個是「時段」問題，對事物發展過程中的階段要心中有數；第三個是「時效」問題，即你所經營事情的單位時間效益估計。這在現代社會是十分重要的。而對於「度勢」，則基本可以概括為「四個判斷」。一是「性質判斷」，就是對事物的是非判斷；二是「利益判斷」，即對你所面對事情的利害關係問題做出判斷；三是「力量判斷」，即對自己實力的評估；四是「結果判斷」，即對事物的結局有一個準確的估量。

【職場活用】

審時度勢,對置身職場者意義重大。事業不順利時,究竟該忍耐到何種程度?是堅持還是放棄?這是一個棘手的問題,如果沒有清晰的頭腦,無法洞察事物的變化,就有可能遭受到巨大的損失。我們只有正確地審時度勢,才能做出明智的判斷,事業才會有長足的發展。

【管理活用】

在社會競爭異常激烈的今天,人才輩出,社會形勢十分複雜,領導者想要在這種形勢中脫穎而出,取得勝利,必須學會審時度勢,並做出正確的決策。

阿曼德‧哈默的成功之道

阿曼德‧哈默,1898年5月出生於美國的紐約市。他的祖輩是俄羅斯人,經營造船業。後來,一場天災毀掉了他家的所有財產。1875年,哈默的祖父攜全家來到了美國。

1917年,哈默在修完兩年的醫學預科之後考上了哥倫比亞醫學院,此時他父親的小藥廠陷入了困境,父親要他接管製藥廠,但不許他退學,哈默接受了,當時,哈默剛剛19歲。

從小製藥廠到大製藥廠,再到西方石油公司,年營業額200億美元,擁有資產幾十億美元,哈默獲得了成功。哈默成功的要訣何在?這與他能夠審時度勢,並提出正確的決策有著很大的關係。

第二次世界大戰爆發以後,因為戰爭造成了食物的匱乏,美國政府下令不許用穀物釀酒。哈默知道了這個資訊之後,預測到威士忌酒馬上就要成為搶手貨。當時美國釀酒廠的股票為每股90元,而且以一桶烈性威士忌酒作為股息,哈默立即買下了5500股,並因此得到了作為股息的

5500桶烈性威士忌酒。

果然，市場上很快便短缺威士忌酒，哈默不失時機地把桶裝威士忌酒改為瓶裝，並貼上了「製桶」的商標賣出。於是，哈默的「製桶」牌威士忌酒大受歡迎，買酒的人排起了長龍般的隊。

哈默遵照一位工程師的建議做了試驗和科學的分析，將所剩的3000桶威士忌酒摻入價錢極其便宜的馬鈴薯酒精，變成了15000桶，並把這種酒定為「金幣」商標。在當時缺酒的情況下，「金幣」酒照樣十分暢銷，賺了更多的錢。不久，他乾脆買下了一間馬鈴薯酒精廠，大量地生產馬鈴薯酒精，並且繼續大量地生產「金幣」混合酒，並獲得了很高的利潤。

不久，美國政府從1944年8月1日起決定開放穀物，不再限制用穀物釀酒了，這對哈默來說就是一場災難。但是，哈默立即又對形勢做了分析，他認為第二次世界大戰不會馬上結束，即使結束了，美國的經濟也不可能很快好轉起來。因此，穀物的開放時間並不會很長。哈默為了驗證預測是否正確，請了一批經濟學家及有關人士對這個問題進行預測分析，大家的看法與他的結論完全一致。於是他決心繼續廉價收購無人問津的爛馬鈴薯以生產酒精，以供混配「金幣」酒。果然不出哈默所料，穀物開放只持續了一個月就宣告失敗了，哈默「金幣」酒比以前更加暢銷了。

從哈默的成功我們不難看出，領導者想要在複雜的市場環境中取得成功，必須要有準確無誤的決策。要做到決策無誤，必須對影響市場變化的種種因素進行研究、分析，並善於捕捉資訊，歸根到底一句話，要善於審時度勢。時者，是指各種時機；勢者，是指事物發展變化的趨勢；審和度就是要分析和研究。古人曾說「識時務者為俊傑」，就是強調要認清形勢，把握事情發展變化的趨勢。哈默生產威士忌酒自始至終

都注意到了社會發展的動態，從抓住時機購買股息並獲得威士忌酒到廉價地收購馬鈴薯，都說明哈默善於審時度勢。《孫子兵法》說：「善戰者，求之於勢，不責於人。」善於指揮作戰的將帥，在戰爭中總是依靠有利形勢，去造就最佳的態勢，奪取戰爭的勝利。

行智信廉，人中豪傑

【原文】

行足以為儀表，智足以決嫌疑，信可以使守約，廉可以使分財，此人之豪也。

【譯文】

行為端正，可以為人表率；足智多謀，可以解決疑難問題；講究信用，可以使人信守約定；廉潔公正，且疏財仗義。這樣的人，可以稱他為人中豪傑。

【名家注解】

張商英注：孔子為委吏乘田之職是也。

王氏注：誠信，君子之本；守己，養德之源。若有關係機密重事，用人其間，選揀身能志誠，語能忠信，共與會約，至於患難之時，必不悔約、失信。掌法從其公正，不偏於事；主財守其廉潔，不私於利；肯立紀綱，遵行法度，財物不貪愛；惜行止，有志氣，必知羞恥，此等之人，掌管錢糧，豈有虛廢？若能行此四件，便是英豪賢人。

【經典解讀】

行為能夠被人奉為楷模，達到表率作用；在功名利祿、是非恩怨的

複雜衝突面前，能夠保持清醒的頭腦，識大體，顧大局，能以大智慧判斷、處理這些很容易使人身敗名裂的問題；說一不二，一諾千金，即便吃虧受損，絕不反悔；重義輕財，一心為公，能與下屬有福同享，同甘共苦。具備這些品質的，就是人中豪傑。雖然美色、功利、私情……都有可能使人喪失理智，然而，真正的智慧是不會為其惑亂的，而且，只有真正的智慧才能在這些引誘面前做出冷靜、正確的抉擇。

【處世活用】

誠信是立人之本，孔子曰：「人而無信，不知其可也。」他認為人若不講信用，在社會上就無立足之地，什麼事情也做不成。誠信是齊家之道，唐代著名大臣魏徵說：「夫婦有恩矣，不誠則離。」只要夫妻、父子和兄弟之間以誠相待，誠實守信，就能和睦相處，達到「家和萬事興」之目的。若家人彼此缺乏忠誠、互不信任，家庭便會逐漸崩潰。誠信是交友之道，只有「與朋友交，言而有信」，才能達到「朋友信之」、推心置腹、無私幫助的目的。否則，朋友之間充滿虛偽、欺騙，就絕不會有真正的朋友，朋友是建立在誠信基礎之上的。

宋就以誠感人

宋就曾在梁、楚交界處當縣令，梁、楚邊亭四周都種瓜。由於梁亭人勤勞，所以瓜長得很好；而楚亭人懶惰，所以瓜長得不好。

於是，楚亭人心生嫉妒和惱恨，在深夜踐踏和扯斷梁亭的瓜藤。梁亭人發現後，去請示縣令宋就，認為自己應該報復，去踐踏楚亭瓜藤。宋就搖搖頭說：「怎麼可以這樣做呢？與人結怨，是招禍的門徑。人家對我們不好，我們也對人家不好，這多麼狹隘呢！你們如果聽我的話，那應以誠感人，每夜派人暗中為楚亭澆瓜地，不要讓他們知道。」

楚亭人早晨到瓜地一看，知道梁亭人已把瓜地澆過了，瓜長得愈來愈好。當地縣令和楚王知道這件事後，被宋就以德報怨的行為深深感動，自覺慚愧，就以重禮對梁王表示感謝，並請求兩國交好。

宋就以誠感人使得一場本來即將成為衝突的事件得到了一個完美的結局。這就是誠的作用。孔子說過：「始吾於人也，聽其言而信其行；今吾於人也，聽其言而觀其行。」意思是說，從前孔子對於人，只要聽了他講的話，就會相信他的行為；現在孔子對於人，當聽了他講的話後，還要觀察他的實際行為。在這裡，孔子肯定道德實踐是評價誠信品格的標準。在現實社會生活裡，我們做人做事什麼都不缺，缺的是人心，缺的是誠信，弄得人們只好去尋找誠信的機會和條件。有的人只是要求別人有誠信、講誠信，而自己就很難用誠信來對待他人。社會的發展需要誠信，我們很難想像一個沒有誠信的人如何與人交往。當社會整體缺失誠信的時候，越發需要我們樹立誠信意識。

【職場活用】

在職場上，除了秉持誠信的信條外，我們還要有一個清醒的大腦，真正做到「智足以決嫌疑」。因為職場的誘惑太多，如果沒有清醒的認識，那麼我們很可能被別人利用。在豐厚的物質利益面前，我們要能夠恪守職場的原則，識大體、顧大局。這樣的「犧牲」可能會讓你失去眼前的財富，但是所帶來的無形財富是不可估量的。

傑克的懊悔

傑克是一家大公司的技術骨幹，能說會道，且做事果斷，有魄力，老闆很倚重他。有一天，一位來自法國的商人請他到酒吧喝酒。幾杯酒下肚，法國商人對湯姆說：「我想請你幫個忙。」「幫什麼忙？」湯姆

很奇怪地看著這個他並不是很熟悉的法國人問道。法國商人說：「最近我和你們公司在洽談一個合作專案。如果你能把相關的技術資料提供給我一份，這將會使我在談判中佔據主動地位。」湯姆皺著眉頭，顯然這對他來說有些為難。法國商人壓低聲音說：「你幫了我的忙，我是不會虧待你的。如果成功了，我給你20萬美元作為報酬。還有，我會為這件事情保密，對你不會產生一點影響。」說著，法國商人就把20萬美元的支票遞給了傑克。他心動了。

在其後的談判中，傑克所在的公司非常被動，導致損失很大。事後，公司查明了真相，辭退了他。本來可以大展宏圖的傑克因此不但失去了工作，就連那20萬美元也被公司追回以賠償損失。他懊悔不已，但為時已晚。許多公司知道了這件事後，誰也不願意聘用他。其實，公司老闆很欣賞傑克出眾的才華，還想著力培養他，但這件事情發生後，儘管他很為傑克的才華而惋惜，但顯然公司不可能再讓他待下去了。為了一己私利，背叛公司，這種行為給自己造成的污點，為自己的職業生涯籠罩上一層難以抹去的陰影。

【管理活用】

美國著名學者富蘭克林從理性的角度出發，認為誠信是一種工具，而信用就是金錢，他說過：「要記住，信用就是金錢。如果一個人把他的金錢放在我這裡，逾期不取回，那就將利息或者在那段時間用這筆錢可以得到的一切給了我。只要一個人信用好、信譽高，並且善於用錢，這種所得的總額就相當可觀。」這就是說，信用是一種能為人們帶來物質財富的精神資源。所以，在市場經濟中，必須充分發揮這種無形資產的社會功能。德國著名哲學家恩格斯充分肯定誠信在商業社會中的作用，他指出：「大商店的老闆是珍惜自己的聲譽的。假如他們出售劣等

的摻假貨物，最吃虧的還是他們自己。大零售商在自己的買賣裡投下大宗資本，騙局一旦被識破，就要喪失信用，遭受破產。」

胡雪巖與「戒欺」牌匾

徽商胡雪巖在杭州胡慶餘堂藥店中，向內掛了一塊「戒欺」的牌匾。胡慶餘堂許多匾額都是朝外掛的，唯獨「戒欺匾」是掛在營業廳的背後，是掛給內部員工看的。這塊匾為胡雪巖親筆寫就：「凡百貿易均著不得欺字，藥業關係性命尤為萬不可欺，余存心濟世誓不以劣品弋取厚利，惟願諸君心余之心。採辦務真，修制務精，不至欺余以欺世人。」胡慶餘堂藥店之所以能夠蜚聲於海內外，生意興隆，其祕訣就在於「戒欺」二字。這則故事說明，「戒欺」二字是企業成功的祕訣，也是企業家的無價之寶。

商業誠信是顧客對商品的最佳認可方式。一個企業的管理者在樹立企業形象的時候，首先就要注意誠信。誠信是企業的生命支柱。

可守本分，捨生取義

【原文】

守職而不廢，處義而不回。

【譯文】

恪盡職守，而無所廢弛；恪守信義，而不稍加改變。

【名家注解】

張商英注：迫於利害之際而確然守義者，此不回也。

王氏注：設官定位，各有掌管之事理。分守其職，勿擇幹辦之易難，必索盡心向前辦。不該管之事休管，逞自己之聰明，強攬覽而行為之，犯不合管之事；若不誤了自己之名爵、職位，必不失廢。避患求安，生無賢易之名；居危不便，死盡效忠之道。侍奉君王，必索盡心行政；遇患難之際，竭力亡身，寧守仁義而死也，有忠義清名；避仁義而求生，雖存其命，不以為美。故曰：有死之榮，無生之辱。臨患難效力盡忠，遇危險心無二志，身榮名顯。快活時分，同共受用；事急、國危，卻不救濟，此是忘恩背義之人，君子賢人不肯背義忘恩。如李密與唐兵陣敗，傷身墜馬倒於澗下，將士皆散，唯王伯當一人在側，唐將呼之：「汝可受降，免你之死。」伯當曰：「忠臣不侍二主，吾寧死不受降。」恐矢射所傷其主，伏身於李密之上，後被唐兵亂射，君臣疊屍，死於澗中。忠臣義士，患難相同；臨危遇難，而不苟免。王伯當忠義之名，自唐傳於今世。

【經典解讀】

身負關乎國家安危的職責，應當逢艱險而不逃離，臨大難能堅守。如宋朝陸登堅守潞州，拒兀朮統領50餘萬大兵，臨殺身之險而不離職，就是忠義的表現。為人應內心忠貞，堅守理義，於生死關頭，確然不改初衷。劉關張三人桃園結義，後關羽死於吳營而不肯降吳，皆是此類典範。

【處世活用】

生活中，信義是我們與人交往之本。朋友之間靠什麼取得信任，就是靠信義。「信」不光是諾必誠之意，更有信任、信賴之意。「義」強調一種道德性，即為了正義或者道德的事情而恪守承諾。朋友所託事情樂於應承乃是信，而對於事情嚴加區別，只做符合道德和法律的事情這就是「信義」。所以「信義」是一個從自我延伸到社會的概念。充分理解這個概念對我們交友、處世都有很大的幫助。因為我們是社會人，必然會遇到託付和囑咐，而合理辦理「信義」之事，拒絕非「義」之託就是我們的交往底線。

范張之交

范式，字巨卿，山陽金鄉人。一名范汜。他和汝南人張劭是朋友，張劭字元伯，兩人同時在太學（朝廷最高學府）學習。後來范式要回到鄉里，他對張劭說：「二年後我再回來，將經過你家拜見你父母，見見小孩。」於是兩人約定日期。後來約定的日期就要到了，張劭把事情經過詳細地告訴了母親，請母親準備酒菜等待范式。張劭的母親說：「分別兩年了，雖然約定了日期，但是遠隔千里，你怎麼就確信無疑呢？」張劭說：「范式是個守信的人，肯定不會爽約。」母親說：「如果是這

樣，我為你準備一下。」到了約定的日期，范式果然到了，拜見張劭的母親，范、張二人對飲，盡歡之後才告別而去。

後來張劭得了病，非常嚴重，同郡人郅君章、殷子徵日夜探視他。張劭臨終時，嘆息說：「遺憾的是沒有見到我的生死之交。」殷子徵說：「我和郅君章，都盡心和你交友，如果我們稱不上是你的生死之交，誰還能算得上？」張劭說：「你們兩人，是我的生之交；山陽的范巨卿，是我的死之交。」張劭不久就病死了。范式一天忽然夢見張劭戴著黑色的帽子，穿著袍子，倉促地叫他：「巨卿，我在某天死去，在某天埋葬，永遠回到黃泉之下。你沒有忘記我，怎麼能不來？」范式恍然睡醒，悲嘆落淚，於是穿著喪服，騎著馬趕去。還沒有到達那邊已經發喪了。到了墳穴，將要落下棺材，但是靈柩不肯進去。張劭的母親撫摸著棺材說：「兒啊，難道你還有願望沒有完成嗎？」於是埋葬停下來。沒一會兒，就看見白車白馬，一人號哭而來。張劭的母親看到說：「這一定是范巨卿。」范式到了之後，弔唁說：「走了元伯，死生異路，從此永別。」參加葬禮的上千人，都為之落淚。范式親自拉著牽引靈柩的大繩，靈柩才繼續前進。葬下張劭後，范式住在墳墓旁邊，為他種植了墳樹，然後才離開。

范式和張邵之交可謂君子之交。他們靠信義互相取信對方，至死不渝。生活中，這樣的友情彌足珍貴。我們在結交朋友時完全可以像范式一樣忠信守義。你以信義來對待朋友，朋友自然願意以信義來對待你。雖然不排除有些人會利用你的信任，但是只要將信任控制在「義」的範圍，那麼別人是無法利用你的。

【職場活用】

職場之中，誘惑頗多。當我們面對誘人的回報時，應該時刻銘記一

條原則——恪守職責。恪守職責是一個合格員工的第一標準。很難想像一個不恪守職則的員工，會因為工作有激情、個人才華出眾被提升。因為「忠」是你在職場生存的最基本要求。忠於職守，從根本上來說是一個做人的問題。如同上面所說的處世一樣。一個職場中的人，在社會中生存就應該按照所應扮演的角色來規範自己的言行。

【管理活用】

身為管理者，在恪盡職守上自然應當是模範。而對於管理者來說，更重要的是提拔那些能夠恪盡職守的人才。讓每個人各盡其用，發揮他們的才能。這才是一個優秀的管理者應當考慮的問題。

王珪鑑才

在一次宴會上，唐太宗對王珪說：「你善於鑑別人才，尤其善於評論。你不妨從房玄齡等人開始，一一做些評論，評一下他們的優缺點，同時和他們互相比較一下，你在哪些方面比他們優秀？」

王珪回答說：「孜孜不倦地辦公，一心為國操勞，凡所知道的事沒有不盡心盡力去做，在這方面我比不上房玄齡。常常留心於向皇上直言建議，認為皇上能力德行比不上堯舜很丟面子，這方面我比不上魏徵。文武全才，既可以在外帶兵打仗做將軍，又可以進入朝廷管理擔任宰相，在這方面，我比不上李靖。向皇上報告國家公務，詳細明瞭，宣布皇上的命令或者轉達下屬官員的彙報，能堅持做到公平公正，在這方面我不如溫彥博。處理繁重的事務，解決難題，辦事井井有條，這方面我也比不上戴胄。至於批評貪官污吏，表揚清正廉署，疾惡如仇，好善喜樂，這方面比起其他幾位能人來說，我也有一己之長。」唐太宗非常贊同他的話，而大臣們也認為王珪完全道出了他們的心聲，都說這些評論

是正確的。

從王珪的評論可以看出唐太宗的團隊中，每個人各有所長；但更重要的是唐太宗能將這些人依其專長運用到最適當的職位，使其能夠發揮自己的長處，進而讓整個國家繁榮強盛。未來企業的發展是不可能只依靠一種固定組織的形態而運作，必須視企業經營管理的需要而有不同的團隊。所以，每一個領導者必須學會如何組織團隊，如何掌握及管理團隊。企業組織領導者應以每個員工的專長為思考點，安排適當的位置，並依照員工的優缺點，做機動性調整，讓團隊發揮最大的效能。

身正不怕影子斜

【原文】

見嫌而不苟免。

【譯文】

受到嫌疑,而能不為自己辯解,不躲避。

【名家注解】

張商英注:周公不嫌於居攝,召公則有所嫌也。孔子不嫌於見南子,子路則有所嫌也。居嫌而不苟免,其惟至明乎。

【經典解讀】

處在容易被人誤解、猜疑的是非之地,但為了整體的利益,仍然犯嫌涉難,只因其無私,背黑鍋也不怕,譬如周公為了江山社稷,被召公猜忌、誹謗,依然忠心輔佐成王;孔子不得已去見南子,引得子路不高興,孔子覺得自己問心無愧。如果不是明達之至的俊傑,是做不到這一點的。

【處世活用】

生活中,遭遇猜疑的時候,我們該怎麼辦呢?沉默只會讓別人以為

是默認。如果反擊，別人會認定你心虛。此時，最好的方式莫過於用實際行動來化解別人的猜疑。自己心中可以樹立這樣一個信念——身正不怕影子斜。在這種信念的支配下，用行動證明自己的清白。

直言勸友勿慮嫌疑

　　于成龍，字振甲，號如山，諡清端，清漢軍鑲紅旗人。康熙時，曾任知府、直隸巡撫和河道總督等官職。到了晚年，聽到一些流言蜚語，便有些心志動搖，想告老還鄉。當時，熊賜履（字敬修，號素九，諡文端，清湖北孝感人）罷相後正好住在江寧（今江蘇南京）。有一天，于成龍經過熊賜履的住處，兩人坐在梧桐樹下，談起有關流言蜚語的事情。熊賜履說：「你也為這樣的事情憂慮？大丈夫對世事看得透徹時，即便是丟了性命，也不應該更改志向，何況是其他事呢？」于成龍一聽，便說：「您說得對，我接受您的教誨。」第二年，于成龍又上疏請求辭官歸鄉，康熙沒有批准。于成龍再次經過熊賜履的居處時，面帶憂色。熊賜履聲色俱厲地說：「你這麼快就忘了那次在梧桐樹下的話了嗎？」沒過多久，于成龍在任上去世了。

　　于成龍的可敬之處在於他能聽從友人的建議，堅信身正不怕影子斜。其間雖有疑慮，但終能堅持到底。生活中我們應該將熊賜履的話做為座右銘，而于成龍也為我們提供了一個實踐的範例。

【職場活用】

　　身在職場，當我們遇到猜疑的時候，不能一味沉默。猜疑的產生往往是由於人際關係處理得不好。人際關係就是一種生產力，如果你身邊有一群願意幫你的朋友，那就是你的財富。你的事業或職業就可能出現新的轉機，尤其是在最關鍵的時刻，或許因為朋友的一句話，你就會有

個更好的工作。人際關係的順暢會順利幫你消除同事之間的誤會、主管的誤解。如果人際關係惡劣，也許原本就混亂的事情會更加複雜。

【管理活用】

作為管理者，在人才的選用上，要有用人不疑、疑人不用的氣魄。因為過分的猜疑只會讓員工感到這是一個冷冰冰的團隊。如果給他們充分的信任，讓他們自由地發展，那麼他們會竭力發揮自己的才華，而你也會得道多助。

黃金臺招賢

《戰國策·燕策一》記載：燕國國君燕昭王（前311～前279）一心想招攬人才，而更多的人認為燕昭王僅僅是葉公好龍，不是真的求賢若渴。於是，燕昭王始終尋覓不到治國安邦的英才，整天悶悶不樂。

後來有個智者郭隗向燕昭王講述了一個故事，大意是：有一國君願意出千兩黃金去購買千里馬，然而三年時間過去了，始終沒有買到，又過去了三個月，好不容易發現了一匹千里馬，當國君派人帶著大量黃金去購買千里馬的時候，馬已經死了。可是被派出去買馬的人卻用五百兩黃金買來一匹死了的千里馬。國君生氣地說：「我要的是活馬，你怎麼花這麼多錢弄一匹死馬來呢？」

國君的手下說：「你捨得花五百兩黃金買死馬，更何況活馬呢？我們這一舉動必然會引來天下人為你提供活馬。」果然，沒過幾天，就有人送來了三匹千里馬。

郭隗又說：「你要招攬人才，首先要從招納我郭隗開始，像我郭隗這種才疏學淺的人都能被國君採用，那些比我本事更強的人，必然會聞風千里迢迢趕來。」

燕昭王採納了郭隗的建議，拜郭隗為師，為他建造了宮殿，後來沒多久就引發了「士爭湊燕」的局面。投奔而來的有魏國的軍事家樂毅，有齊國的陰陽家鄒衍，還有趙國的游說家劇辛等等。落後的燕國一下子便人才濟濟了。從此以後一個內亂外禍、滿目瘡痍的弱國，逐漸成為一個富裕興旺的強國。接著，燕昭王又興兵報仇，將齊國打得只剩下兩個小城。

　　管理之道，唯在用人。人才是事業的根本。傑出的領導者應善於識別和運用人才。只有做到唯賢是舉，唯才是用，才能在激烈的社會競爭中戰無不勝。郭隗並非燕王最想得到的人才，但是對他的重用恰恰展現了燕王對人才的重視。如果燕王多疑，那麼郭隗便無法立足。郭隗無法立足，那麼樂毅等人便不會投奔燕國。而燕王的禮賢下士，讓樂毅等人相信自己會被重用，於是到燕國實現自己的抱負。

見利不忘義，人中之傑

【原文】

見利而不苟得，此人之傑也。

【譯文】

利字當頭，懂得不悖理苟得。這樣的人，可以稱為人中之傑。

【名家注解】

張商英注：俊者，峻於人也；豪者，高於人；傑者，桀於人。有德、有信、有義、有才、有明者，俊之事也。有行、有智、有信、有廉者，豪之事也。至於傑，則才行足以名之矣。然，傑勝於豪，豪勝於俊也。

王氏注：名顯於己，行之不公者，必有其殃；利榮於家，得之不義者，必損其身。事雖利己，理上不順，勿得強行。財雖榮身，違礙法度，不可貪愛。賢善君子，順理行義，仗義疏財，必不肯貪愛小利也。能行此四件，便是人士之傑也。諸葛武侯、狄梁，公正人之傑也。武侯處三分偏安、敵強君庸，危難疑嫌莫過如此。梁公處周唐反變、奸后昏主，危難嫌疑莫過於此。為武侯難，為梁公更難，謂之人傑，真人傑也。

【經典解讀】

具有高尚的職業道德，富於敬業奉獻精神的人，面對義與利、生與

死的衝突，能夠毅然決然地捨生取義，挺身赴難，絕無見利忘義、唯利是圖、利令智昏之類喪失人格、氣節的卑劣行徑。功名利祿擺在面前，可以自由攫取，然而，首先要問一問是不是理應所得？

堅貞、剛毅、公正、浩然、不苟得，以此超出眾人之上的人可以稱之為「傑」。這幾點難以全部具備，古今蓋同。有大才能的人，長處是勇於進取，但往往華而不實，好高騖遠；有大德行的人，優點是善於守業圖成，但往往失於優柔寡斷，貽誤良機。有德有才的人克服自己不足之處的唯一途徑是好學廣知、鑑古通今，善於把人類精神財富的全部精華變成自己建功立業的武器。只有這樣，才能進則匡時濟世，名垂青史；退則安身立命，超凡入聖。

【處世活用】

人生在世，安身立命，少不了錢財什物，但不可過分強求，傷本逐末。須知身外之物，如錢財，生不帶來，死不帶去，人生苦短，專營此事，更是耽誤了其他大好時光。凡人皆須度量而為，不可為財誤命。至於透過不當手段得到不當之財，更需小心。冥冥之中，禍福貴賤，自有定數和道理，巧取豪奪非但於事無補，最終不僅貽誤了自己，還會招來殺身之禍。這種事例古往今來不勝枚舉。相反地，仗義疏財，心性端正，事實上順了心願，日子也會逐漸康泰起來。

弦高販牛，見義忘利

弦高，春秋時期鄭國商人。春秋時期，因為王子頹愛鬥牛，所以鄭、吳各國養牛業很發達。弦高養牛有方，他飼養得法，所養之牛，膘肥體健，賣價很高，故銷售很好。沒有多久，他也成了鄭國數一數二的富商。

有一天，他趕了數百頭牛，準備到洛陽城去賣，當行至滑國時，從故人蹇口中，得知秦國乘鄭國不備，派大將孟明視和副將西乞術、白乙丙率精兵三千、戰車三百乘偷襲鄭國，不久即來到。弦高聽了大吃一驚。他想：鄭國是我的父母之邦，聽說國家有難不去救，萬一國家淪亡，我有何面目回故鄉呢？於是他一面打發人晝夜奔告鄭國立即做好禦敵準備，一面把牛群寄養在客棧，精心挑選十二頭又肥又好看的牛，詐稱鄭國使臣來犒勞秦軍，自乘小車迎了上去。

　　弦高告訴秦軍主將孟明視，鄭國國君聽說三位將軍出師鄭國，特派下臣前來犒勞軍旅。還說鄭國國君懼於大國威脅，深怕得罪秦國，日夜警備不敢安寢。當孟明視向他索要國書時，弦高告訴他：鄭國國君聽說秦軍長途跋涉十分勞累，怕修國書耽誤了犒勞秦軍的時間，口授我遠道前來請罪。由於他把秦軍出發的時間說得準確無誤，孟明視深信不疑。

　　孟明視原來打算千里遠跋，趁鄭國不備，出奇制勝，聽了弦高一席話，認為祕密已經暴露，鄭國已做好準備，秦軍難以取勝，便取消了攻打鄭國的念頭。在這個事情上，弦高雖然損失了十二頭牛，但卻免除了鄭國的一場大災難。他見義忘利的行為，令人敬佩。

【職場活用】

　　身在職場，當我們面對誘惑的時候，應該時刻銘記不能見利忘義。見利忘義意味著不忠。而忠誠是成為合格員工的第一個標準。很難想像一個不忠誠的員工，會因為個人才華出眾被提升。因為「忠」是你在職場生存的最基本要求。忠誠，從根本上來說是一個做人的問題。見利忘義必然會讓朋友遠離你，因為你身上有太多的不穩定因素，和你做朋友只會收穫背叛和吃虧。漢末時期的呂布便是一個很好的例子。

呂布見利忘義

呂布最早是丁原手下的大將。

丁原原本計畫和大將軍何進一起起兵殺掉董卓。但是關鍵時刻呂布見利忘義背叛了丁原。他協助董卓殺掉丁原，投靠了董卓。後來董卓收留他當義子，可以隨意在董卓家進出。在董卓的家裡，他因為好色與董卓的婢女有染，惹怒了董卓。王允等反對董卓的官僚便乘機拉攏呂布。在王允等人的誘惑下，他又投靠了王允，殺了董卓。漢末諸侯紛爭的時候，他四處征討，處處樹敵。當他戰敗，四處無歸的時候，劉備在徐州收留了他，他卻乘機佔領了徐州。劉備只能逃落下邳。在淮南的袁術有意與他結為親家。呂布起初非常願意，但是當曹操開出更優厚的條件時，呂布抵擋不住曹操的誘惑便殺了袁術的使者，與袁術結仇，讓他失去了最後一個屏障。最終在眾叛親離中，呂布被曹操殺害。

呂布的例子充分說明了，一個人如果見利忘義，那麼最終必然會導致失敗。

【管理活用】

身為管理者一定要對那些見利忘義的小人敬而遠之。這些人一旦進入了你的團隊，必然會使團隊的凝聚力受損。所以，選擇人才至關重要。康熙皇帝在《庭訓格言》中，亦注意到：「為人上者，用人雖宜信（信任），然亦不可遽信（急於相信）。在下者，常視上意所向而巧（虛偽不實）以投之。一有偏好（特別的或不正當的愛好），則下必投其所好以誘之。」這就是說，上司對於下屬應當用人不疑，這是對誠實君子而言；而對那些曲意逢迎、極力投其所好的人，必須加以警惕，並對他進行考察，以辨其真偽，切忌輕信。當然並不是每個人都不可信，在選擇人才的時候還要奉行「疑人不用，用人不疑」的原則。

求人之志章第三
安身立命的修養

　　本章主旨是說想要成就大業,須得其人;要得其人,必須先知其志向,故以「求人之志」為章名。「求」是覓求、尋找之意。志之於人,猶如信仰之於人生。人的一生隨時在自覺不自覺地調整、加強自己的道德修養和思想建設。這裡的每一句格言都是對如何安身立命、經國濟世語重心長的告誡,而且一正一反,既有危難時的慈航指迷,也有得志時的暮鼓晨鐘。

無欲則剛

【原文】

絕嗜禁欲，所以除累。

【譯文】

杜絕不良的嗜好，禁止非分的欲望，這樣可以免除各種牽累。

【名家注解】

張商英注：人性清淨，本無係累；嗜欲所牽，捨己逐物。

王氏注：遠聲色，無患於己；縱驕奢，必傷其身。虛華所好，可以斷除；貪愛生欲，可以禁絕，若不斷除色欲，恐蔽塞自己。聰明人被虛名、欲色所染汙，必不能正心、潔己。若除所好，心清志廣，絕色欲，無汙累。

【經典解讀】

重於外者拙於內，人的天性本來圓明，但多為欲念所蔽。人生在世，所嗜所欲而有害者，唯獨酒色財氣最為普遍。這四樣東西，實為傷身、敗德、破家、亡國之物。若要完全禁絕這些欲求，也不現實，連孔聖人都說：「飲食男女，人之大欲存焉。」然而，清心寡欲總還是能做到的。廣廈千間，居之不過數尺；山珍海味，食之無非一飽。人生一世，本自清淡，所需甚少。只是犯了一個「貪」字，便導致了無窮無盡

的悲劇。

【處世活用】

為人處世，很多時候我們進退維谷，煩惱叢生，這些都是欲望過多而造成的。苛求太多，必然不能事事滿足。因此，在處世之中，除了主要的人生目標之外，我們要學會排除過多的欲念雜擾，淡然處世，而莊子似乎是我們最合適的處世偶像。在紛繁的塵世中，他似乎總是一副淡然之態。這樣的處世態度值得我們學習，我們不妨從莊子的垂釣中找到一些哲理。

莊子釣於濮水

莊子在濮水釣魚，楚威王派兩位大夫前往那裡表達心意，他們對莊子說：「大王願意把國內的政事託付於你，有勞你了！」

莊子拿著魚竿沒有回頭看他們，說：「我聽說楚國有一隻神龜，死了已有三千年了，大王用錦緞包好放在竹匣中珍藏在宗廟的堂上。這隻神龜，牠是寧願死去留下骨骸而顯示尊貴呢？還是寧願活在爛泥裡拖著尾巴爬行？」

兩位大夫說：「當然是寧願活在爛泥裡拖著尾巴爬行。」

莊子說：「你們走吧！我寧願像神龜一樣在爛泥裡拖著尾巴活著。」

【職場活用】

現代社會諸多的生理、心理問題，很大程度上是由於追求名利而忘我工作，沒有安排好自己的生活，不善於把握生活節奏、不注意鍛鍊身體造成的。大家為了保住來之不易的職位，怕丟了賴以生存的飯碗，不

得不忍耐超時加班之苦，促成了難以逆轉的「加班潛規則」。跟機器人一樣，沒有微笑、沒有情感，只有拚命工作、不停地旋轉，好像是到了一個極限值，可是工作節奏的曲線還在單調上升，使忙碌的我們在「金錢」與「健康」的交換中，透支生命。因此，職場上，進取之餘，我們要適度地端正對名利的態度。

不為五斗米折腰

陶淵明是中國古代著名的文學家，他不僅詩文非常有名，而且他蔑視功名富貴，不肯趨炎附勢的精神也同樣很有名。

陶淵明生於西元365年，是有名的田園詩人。陶淵明生活的時代，朝代更迭，社會動盪，人民生活非常困苦。西元405年秋天，陶淵明為了養家糊口，來到離家鄉不遠的彭澤當縣令。這年冬天，他的上司派一名官員來視察，這位官員是一個粗俗而又傲慢的人，他一到彭澤縣的地界，就派人叫縣令來拜見他。

陶淵明得到消息，雖然心裡很瞧不起這種假借上司名義發號施令的人，但也只得馬上動身。不料他的祕書攔住陶淵明說：「參見這位官員要十分注意細節，衣服要穿得整齊，態度要謙恭，不然的話，他會在上司面前說你的壞話。」

一向正直清高的陶淵明再也忍不住了，他長嘆一聲說：「我寧肯餓死，也不能因為五斗米的官餉，向這樣差勁的人折腰。」他馬上寫了一封辭職信，辭掉了只當了八十多天的縣令職位，從此再也沒有做過官。

從官場退隱後的陶淵明，在自己的家鄉開荒種田，過起了自給自足的田園生活。在田園生活中，他找到了自己的歸宿，寫下了許多優美的田園詩歌。他寫農家人生活的悠然自得：「曖曖遠人村，依依墟里煙。」他寫自己勞動的感受：「采菊東籬下，悠然見南山。」他也寫農

人勞動的甘苦：「不言春作苦，常恐負所懷。」官場中少了一位官僚，文壇上多了一位文學家。陶淵明「不為五斗米折腰」的故事，是一種處理名利態度的典範。

【管理活用】

作為一個領導者，要敬畏權力。現在經常聽到的一句話是：「權力滋生腐敗。」為何能「滋生」？就是因為作為領導者，自身的欲求過多，終至名、利之前不能自制，結果對國家、社會或企業造成損失。我們要牢記權力代表的是一種重託和信任，是一份沉甸甸的使命和責任。從政者，要把全部心思都用在促一方發展、保一方穩定、樹一方正氣上來；企業管理者，要正直地為所有員工的利益考慮，不可將私人利益凌駕於企業利益之上。

華盛頓的「退隱」

在美國，有這樣一位被無數人景仰，並且載入史冊的偉人，他就是喬治‧華盛頓。在孩提時代，華盛頓就是一個與眾不同的孩子，他生來就正直誠實，辦事極為公道，他渴望成為一名馳騁疆場、威風凜凜的勇敢軍人，報效國家和人民。

1748年，英法兩國為了爭奪在北美的殖民地和利益而發生衝突，雙方都開始備戰。由此也為華盛頓提供了一個走入軍界的機會。那一年，他16歲。在數年的戰爭中，華盛頓處事謹慎，富於進取精神，有忍耐力，更有魄力。他用實際行動贏得了身邊人的崇拜和信任。美國獨立戰爭勝利之後，人們希望有一個獨攬大權的人物來接管政府。在人們眼裡，華盛頓就是這樣一個人。軍中也有這樣的想法，甚至有軍官上書要求他做皇帝。但是華盛頓並不想當皇帝，他從不對名利動心，他追求的

是得到廣大人民的尊敬，他是一個視榮譽重於生命本身的人。他不願為了一頂金燦燦的皇冠、為了個人的野心而使美國在剛剛擺脫英國的殖民統治後又重新陷入內戰之中。

和平終於來臨了，1783年3月下旬，英美簽署和平協定。4月19日，歷時8年的北美獨立戰爭結束。華盛頓時年51歲，他辭去軍職，回到家中，回到了自己的農場，過起了平靜的生活。華盛頓的辭職樹立了一個影響深遠的先例，讓人主動放棄權力是不可思議的，對於一個能隨其心願擔任任何職務的人而言，這就更令人稱奇。華盛頓的淡泊名利，將靈魂昇華到一個高境界。

不為惡事，自然無過

【原文】

抑非損惡，所以禳過。

【譯文】

抑制不合理的行為，減少邪惡的行徑，是不必祭禱鬼神就可以消除自己過失的辦法。

【名家注解】

張商英注：禳，猶祈禳而去之也。非至於無，抑惡至於無，損過可以無禳爾。

王氏注：心欲安靜，當可戒其非為；身若無過，必以斷除其惡。非理不行，非善不為；不行非理，不為惡事，自然無過。

【經典解讀】

「積善之家，必有餘慶；積惡之家，必有餘殃。」福禍無常，想要免除自身過錯，必須壓抑那些放僻邪侈的非理之為，減損妨國害民的不義之惡。每個人日日夜夜直至一生，都在進行著心機盤算之事。最強大的人不是打敗別人的人，而是能戰勝自己的人。如果我們都能像曾子那樣「吾日三省吾身」，摒棄邪惡不良的念頭，培養真善美的情思，達到

使錯誤的、醜惡的思想漸至於無的境界，那麼，任何災禍不用去祈禱，都將自行消失。

【處世活用】

為人處世，當心稟純善，不可為惡。所謂：「為惡者，禍雖未至，福已遠去；為善者，福雖未至，禍已遠去。」此語雖然看似頗有因果輪迴的味道，但所說的是真理。行惡過多，日積月累，必然會導致他人的怨恨、報復，最後導致身敗名裂，嚴重者甚至於違法喪生。

【職場活用】

職場中競爭激烈，有時我們要講究一些策略，但是講究策略需要適度，不能發展到不擇手段的地步。

沃特的陰謀

魯迪·馬蒂尼是一家大型律師事務所企業事務部的年輕律師，他的目標是成為公司合夥人。一次他和公司的新人沃特·奧利弗共進午餐時，沃特向他抱怨起部門主管，也就是公司三大合夥人之一的希伯·路易士。希伯年輕時是律師界的新星，以勇於開拓聞名。但沃特對希伯放任自流式的管理很不滿意。他抱怨道：「我們就像停在死水裡面的一艘船，不知道前進的方向在哪裡。不僅如此，他還不允許其他人採取主動。」

魯迪意識到沃特是在對最近一次企業事務部全體會議的情況發表看法。沃特被要求對本部門的業務重點進行可行性分析，在會上他提出企業部應該專注於企業併購。聽完沃特的報告，希伯說道：「對這一點，我不敢確定……我個人認為還是各司其職，各自完成手頭的工作為

好。」一聽這話，大家都很洩氣。

魯迪同意沃特的觀點，希伯是個好人，但所有的觀點到他那裡就像遇到了黑洞，得不到任何確切的答覆。他從來不對大家指明方向，不僅如此，還不斷扼殺別人提出的任何建議。

魯迪不願意引起任何風波，但是他還是對沃特的反應感到吃驚。沃特有理由感到失望，但是魯迪一直以為沃特是那種精於企業政治且總是公開附和上級的人。魯迪很高興聽到沃特和自己有同感，他也贊同希伯的領導風格對部門的發展不利的觀點。

「你覺得我們三個一起出去吃飯，當面和希伯談這個問題怎麼樣？」沃特建議道，魯迪有點猶豫，但似乎沃特態度很堅決並說他會安排一切。

當魯迪到達餐廳時，沃特和希伯已經到了。點菜後，希伯對魯迪說：「沃特告訴我，你對我的領導方式有意見，是這樣嗎？」

魯迪立刻當場愣住。他轉過頭，看見沃特正面無表情地坐在旁邊。魯迪應該怎麼辦？當面和沃特對質，說他設下圈套讓自己鑽？還是趕緊想法撤退？魯迪決定還是設法自保最重要，他推脫說沃特一定是誤解了自己的意思。他解釋說並不是不滿希伯的領導，當時可能是為了一些小事煩惱，所以在午餐時抱怨了一下，之後自己就忘掉了。這次事件之後魯迪才發現沃特總是蓄意破壞每個同事與希伯的關係。

俗話說，善有善報，惡有惡報。沃特後來因為太熱衷於玩弄權術而沒有成為公司合夥人。魯迪雖然成為了合夥人但是沒有得到投票權，因為大家認為他沒有表現出統領全域的能力。

【管理活用】

作為一個領導者，應在講究領導藝術的同時不玩弄權術，領導藝術

不僅具有運用技能技巧的藝術性，而且具有符合規律的科學性。然而，玩弄權術則是一個人虛偽、貪婪、狡猾等齷齪心理訴諸於陰謀手段的結果。權術是獲取和維護權力地位的技巧，是官場上的武器，用於官場爭鬥。會玩權術的人總是很容易得到人們的支持。官場上很多人花大部分時間玩弄權術，打擊異己，借機發跡，以致官場腐敗黑暗。

李林甫的權術

歷來人們都把李林甫的「馬料論」當成「官場箴言」來讀，殊不知他並不是在向眾人傳授做官、保官、升官的經驗，而是對不順從他的官員疾言厲色的威脅。他之所以能夠獨斷朝綱，很大程度上就因為他能設法使群臣噤聲。

李林甫在官場上混很有兩手。一手對上，一手對下。先說對下。李林甫身為宰相，把持著選幹部、用人才的大權。可是他的眼光很獨特，就是「非諂附者一以格令持之」。也就是說，他用幹部不看德能功績，只看是否忠心不二、死心塌地地站在他這條線上。對於正直之士、不與他同流合污的人，一概想辦法剷除。李林甫的府上有一個月堂，每當要「排構大臣」的時候，李就住進去閉門不出，苦思冥想。用現在的話說大約就是「密謀策劃」了。等到他喜滋滋地出來了，肯定就有大臣要家破人亡了。張九齡、李適之等正直之士，因此而遭逐甚至被誅。史稱：「公卿不由其門而進，必被罪徙；附離者，雖小人且為引重。」這樣一來，連諫官也「無敢正言者」，一個個乖乖地做起了「持祿養資」的「儀仗馬」了。

再說對上。李林甫深知，想要一手遮天，必須舉好皇上這把大傘，所以時刻留心揣摩皇上心思，哪裡癢癢撓哪裡。史稱其「善刺上意」、「善養君欲」，其結果是皇上「深居燕適，沈蠱衽席」，也就是說不顧

朝政繁忙，關起大門躲進後宮縱情享樂去了。李林甫又將宮中太監、婢女一一收買妥當，每有奏請之事，「刑餘之人」都會向他透露皇上的態度，皇上的一舉一動盡在其掌握之中。而沉湎於聲色之中的唐玄宗就更是離不開李林甫為他打理朝政了。

一手掌控皇上和朝臣的李林甫，為自己獲得了極大的權力空間。可嘆的是，他既無道德文章，也無經世之才。史稱其「發言陋鄙，聞者竊笑」，可見連「重要講話」的能力都沒有。一般來說，小人得志後的所思、所想、所行，都離不開如何鞏固自己的權勢和地位。李林甫自然也不例外。本來，唐朝對番將的使用是有節制的，功勞再大都「不為上將」，而由漢臣文官擔任節度使，張嘉貞、王晙、張說等都是自節度使入相天子的。可是李林甫對這些擔當大任的儒臣們卻深為忌憚，便進讒言說：夷狄未滅，原因就是文臣為將貪生怕死，不如重用番將。玄宗於是將安祿山、哥舒翰等擢為大將，把邊地兵權拱手送給番將，終於釀成了十多年後幾乎使李唐江山易幟的「安史之亂」。

李林甫的權術確實讓他獲得了榮華富貴，但是「安史之亂」的歷史罪名卻要他承擔一部分。在現實生活中，我們不僅要認清什麼是「領導藝術」，什麼是「玩弄權術」，還要運用高明的領導藝術來戰勝權術，特別是在官場上。玩弄權術只能敗壞領導者在群眾中的形象，最多是一時或一段時間中得到某些利益，光耀一下，最終都會使領導者的威信毀於一旦，有百害而無一利。但由於權術具有很強的隱蔽性、欺騙性，這就給人品正直的幹部留了一個很大的難題。對於權術，我們不應該逃避，既要有爭鬥的勇氣，同時也要講究爭鬥的藝術，並堅定地相信，正義最終都能勝利，正直總是能戰勝邪惡。玩弄權術者必自毀。

戒絕酒色，潔身自好

【原文】

貶酒闕色，所以無汙。

【譯文】

謝絕酒色侵擾，這樣可以不受玷污。

【名家注解】

張商英注：色敗精，精耗則害神；酒敗神，神傷則害精。

王氏注：酒能亂性，色能敗身。性亂，思慮不明；神損，行事不清。若能省酒、戒色，心神必然清爽、分明，然後無昏聾之過。

【經典解讀】

酒能亂人之心性，色能污人之身行。性亂神昏，則放蕩無羈；身染污垢，則眾人厭棄。故少喝酒，少刺激，心神才能清明無垢；減少色欲，人的身行才能純潔無污。

【職場活用】

唐代韓愈曾說「業精於勤，荒於嬉」。所謂「荒於嬉」，就是事業荒廢於嬉笑歡樂之中。玩物喪志，這是事業家、成功者們都懂的道

理，過於追求生活安逸，沉灑於酒色犬馬之中，事業就會被玩樂所累。現代社會的商業活動為人們消費、娛樂、享受甚至變壞提供了太多的方便。有志於事業的人，都會自覺抵制社會腐朽文化和不健康的生活方式影響。

勇於改過的齊威王

西元前356年齊威王即位伊始，「好為淫樂長夜之飲，沉湎不治，委政於卿大夫。百官荒亂，諸侯並侵，國且危亡，在於旦暮。」

最終，他虛心納諫，振作起來，下定了「不飛則已，一飛沖天；不鳴則已，一鳴驚人」的決心。

首先從治吏入手，齊威王向他的左右瞭解地方官吏的政績情況，左右都說阿大夫是最好的，即墨大夫是最壞的。齊威王又親自深入到各地明察暗訪、向老百姓調查瞭解，其結果與左右說的截然相反，事實是即墨大夫管理的即墨地區「田野闢，民人給，官無留事，東方以寧」。而阿大夫管理的阿地卻是「田野不闢，民貧苦」。那麼，為什麼左右瞞報實情，顛倒黑白，把好的說成壞的，把壞的說成好的？

原來，即墨大夫為人正直，一心為民辦事，不善結納朝廷的左右近臣，所以大官們都說即墨大夫不好。反而阿大夫善於用賄賂手段買動人情，巴結朝廷左右大臣，因此大官們都說阿大夫是好官。

齊威王掌握了實情以後，就把各地的官吏召集起來，對確有政績的即墨大夫「封之萬家」；對阿大夫以及那些因受了賄賂而隱瞞實情的大臣「皆並烹之」。此後，「群臣聳懼，莫敢飾非，務盡其情。齊國大治，強於天下。」

健康的身體和心理是事業取得成功的物質前提。生活要有規律，工作應有節奏，物質欲望和不良嗜好必須節制，娛樂不過度，飲酒不超

量，一切都在自我控制之中。只有這樣才能駕馭生活。

【管理活用】

作為一個管理者，應當奮發有為，不可沉湎於酒色。明萬曆皇帝神宗可以為我們提供一個很好的反面教材。孟森在他的《明清史講義》內稱神宗晚期為「醉夢之期」，並說此期神宗的特點是「怠於臨朝，勇於斂財，不郊不廟不朝者三十年，與外廷隔絕」。那麼，神宗是什麼時候從一個立志有為的皇帝變成一個荒怠的皇帝呢？又是什麼東西讓皇帝墮落得如此厲害呢？雖然，按照晚明的一位名士夏允彝的說法，神宗怠於臨朝的原因，先是因為寵幸鄭貴妃，後是因為厭惡大臣之間的朋黨鬥爭。但是，也有學者以為，神宗怠於臨朝，還有他身體虛弱的原因。當然，身體虛弱的背後，是酒色財氣的過度沉湎。

醉夢之朝的荒怠皇帝

萬曆十七年（1589）十二月，大理寺左評事雒于仁上了一疏，疏中批評神宗縱情於酒、色、財、氣，並獻「四箴」。對皇帝私生活這樣干涉，使神宗非常惱怒。幸好首輔大學士申時行婉轉開導，說皇帝如果要處置雒于仁，無疑是承認雒于仁的批評是確有其事，外面的臣民會信以為真的。最後，雒于仁被革職為民。

明末社會好酒成風。清初的學者張履祥記載了明代晚期朝廷上下好酒之習：「朝廷不榷酒酤，民得自造。又無群飲之禁，至於今日，流濫已極……飲者率數升，能者無量……飲酒或終日夜。朝野上下，恆舞酣歌。」意思是說，明代後期對於酒不實行專賣制度，所以民間可以自己製造酒，又不禁止群飲，所以飲酒成風。喝酒少的能喝幾升，多的無限量，日夜不止，朝野上下都是如此。神宗好酒的習性，不過是這種飲酒

之風的體現罷了。神宗在17歲的時候，曾經因為醉酒杖責馮保的義子，差點被慈聖太后廢掉帝位。這件事他倒是承認。

至於說到好色，神宗雖然不及他的祖父，但卻一點也不遜色於他的父親。萬曆十年（1582）三月，他曾效仿他的祖父世宗的做法，在民間大選嬪妃，一天就娶了「九嬪」。而且，神宗竟然還玩起同性戀的勾當，即玩弄女色的同時，還玩弄小太監。當時宮中有10個長得很俊的太監，就是專門「給事御前，或承恩與上同臥起」，號稱「十俊」。所以，雒于仁的奏疏中有「幸十俊以開騙門」的批評。這一點，神宗與當初荒唐的武宗有一點類似。至於貪財一事，神宗在明代諸帝中可謂最有名了。他在親政以後，查抄了馮保、張居正的家產，讓太監張誠全部搬入宮中，歸自己支配。為了掠奪錢財，他派出礦監、稅監，到各地四處搜刮。

過度地沉湎於酒色，使神宗的身體極為虛弱。

萬曆十四年（1586），24歲的神宗傳諭內閣，說自己「一時頭昏眼黑，力乏不興」。禮部主事盧洪春為此特地上疏，指出「肝虛則頭暈目眩，腎虛則腰痛精泄」。萬曆十八年（1590）正月初一，神宗自稱「腰痛腳軟，行立不便」。萬曆三十年（1602），神宗曾因為病情加劇，召首輔沈一貫入閣囑託後事。從這些現象看來，神宗的身體狀況實是每況愈下。因此，神宗親政期間，幾乎很少上朝。

神宗委頓於上，百官黨爭於下，這就是萬曆朝後期的官場大勢。官僚隊伍中黨派林立，門戶之爭日盛一日，互相傾軋。東林黨、宣黨、崑黨、齊黨、浙黨，名目眾多。整個國家陷於半癱瘓狀態。這樣的惡果，未嘗不是由神宗的荒怠所造成的。所以，《明史》對於明神宗蓋棺定論的表述是這樣的：「論者謂：明之亡，實亡於神宗。」

遠離是非，明哲保身

【原文】

避嫌遠疑，所以不誤。

【譯文】

迴避嫌疑，遠離人心的懷疑，這樣可以不出錯誤。

【名家注解】

張商英注：於跡無嫌，於心無疑，事乃不誤爾。

王氏注：知人所嫌，遠者無危，識人所疑，避者無害，韓信不遠高祖而亡。若是嫌而不避，疑而不遠，必招禍患，為人要省嫌疑道理。

【經典解讀】

俗話說：「瓜田不納履，李下不正冠。」經過瓜田，不要彎下身來提鞋，免得人家懷疑摘瓜；走過李樹下面，不要舉起手來整理帽子，免得人家懷疑摘李子。日常行為尚且如此，更何況辦大事呢？所以要在行動上避嫌，三思而行，一是為了不節外生枝，干擾謀事；二是為了遠禍消災，避免產生誤會的冤枉狀況。

【處世活用】

做人要善於遠離是非，避開對自己不利的影響，這就要先學會藏身。但是，身雖然藏住了，而你的心卻還在名利場中、是非窩裡，你又怎麼能做到真正的藏身呢？俗話說，藏身必先藏心。晚清時期的曾國藩可以說是這方面的典範。曾國藩是一個很善於藏身的人。他城府頗深，又有心機，為官多年，從不與朝中權貴拉幫結派；但另一方面又與朝中那些掌握生殺大權的人保持著密切的聯絡。比如，在道光朝依靠穆彰阿、咸豐朝依靠肅順等，而且毫不遮掩。有意思的是穆彰阿、肅順後來都不得好死，而曾國藩卻官照升，銀子照拿，宦海浮沉似乎與他無礙。

曾國藩裁減湘軍

同治三年，曾國藩攻克了金陵，平定了太平天國，但他並沒有受到嘉獎，朝廷只替曾國藩幕府中的李鴻章、左宗棠升了很高的官職，慈禧只給了曾國藩一個「一等毅勇侯」的封號。朝廷的舉動充分說明了慈禧對曾國藩的不信任，認為曾國藩功高蓋主，難免會擁兵謀反。

這時胡林翼也來信對他說：「東南半壁無主，我公豈有意乎？」這實際上就是很明白地問曾國藩敢不敢造反。彭玉麟、趙烈文、王闓運等人都先後來探曾國藩的底。

曾國藩感覺到時局對自己極其不利。左宗棠乃一代梟雄，做師爺時便不甘居人下，如今與自己平起平坐，他豈能甘心在自己面前俯首稱臣？他敢肯定，如若起事，第一個起兵討伐他的人就是左宗棠。再說李鴻章，他若一帆風順，李鴻章永遠是他的學生；如若不順，李鴻章必然反戈一擊。擁兵造反，勢必會失敗，自己一世的英名將毀於一旦。但現在朝廷已經開始對自己起了疑心，怎麼辦？

對於部下與幕僚們的試探，曾國藩絲毫不動聲色，他什麼也沒有表示。為了避免越來越多的麻煩，曾國藩乾脆親筆寫下了一副對聯「倚天照海花無數，流水高山心自知」，掛在金陵住地的中堂上，意在表明自己沒有造反之心。

　　後來曾國藩以「湘軍作戰年久，暮氣已深」為由，主動向朝廷請旨裁減湘軍，以此來向皇帝和朝廷表示：「我曾某人不是吳三桂，無意擁軍自立，不是個謀私利的野心家，而是位忠於清朝的衛士。」

　　曾國藩主動裁減湘軍，使清廷消除了對他的猜疑，從而保全了自己的一世英名。曾國藩混跡官場多年，深知樹大招風，官位越高的人就越是容易遭到猜忌，官位就越是不穩定的道理。與這樣的人結交，一旦他倒臺了，勢必會牽連自己，於是在官場中他始終堅守中庸之道。為官數十年，歷經三朝，朝中官員更迭頻繁，曾經權傾一時的官員紛紛落馬，而他巋然不動，加官晉爵，還贏了一個「忠臣」的美名。這與他善於避嫌是分不開的。對於現代人來說，當然無法重複曾國藩的經歷了，但是在我們平時的工作、生活中，類似於「瓜田李下」這樣的事還是大量存在的，這就需要我們能夠巧妙地避嫌，遠離是非。做到了這一點，事業才能得以發展，人生才能走向成功。

【職場活用】

　　身在職場，懂得避嫌很重要。初入職場者，都想和同事打好關係，然而職場中同事之間的關係是微妙的，我們提倡熱心助人，廣結善緣，然而幫忙有學問，助人有原則，無原則的「好心」不僅不能幫人，還可能會讓別人誤會。此時，我們要學會避嫌的藝術。

【管理活用】

　　作為一個管理者，無論是從政還是從商，由於身處高位，受人關注，尤其要注意避嫌。大到有關整體利益的決策，小到自己個人的形象，無不需要謹慎，稍有不慎，即有可能帶來負面的影響。

博學多聞，增長見識

【原文】

博學切問，所以廣知。

【譯文】

廣泛地學習，仔細地提出各種問題，這樣可以豐富自己的知識。

【名家注解】

張商英注：有聖賢之質，而不廣之以學問，弗勉故也。

王氏注：欲明性理，必須廣覽經書；通曉疑難，當以遵師禮問。若能講明經書，通曉疑難，自然心明智廣。

【經典解讀】

　　天地之間，事理無窮，要洞悉其中精微之處，離不開多聞、多見、多學、多問。廣學多聞，不恥下問，是提高一個人素養的基本途徑。現代人常說提高知名度，那麼應該如何提高呢？宣傳可以起到一時功效，但真才實學才是最牢固的根基。即使是天生具有聖賢質地的人，如不勤奮好學，他的名聲也不會傳之四海，流芳千古。

【處世活用】

《論語》中說：「多聞闕疑，慎言其餘，則寡尤；多見闕殆，慎行其餘，則寡悔。」意思是說：多聽，保留有疑問的部分不要輕易議論，謹慎地表達自己確信有把握的部分，就可以減少錯誤，減少失言的怨尤；多看，保留有疑惑的部分不要輕易行動，謹慎地實行自己確信有把握的部分，就可以儘量避免輕舉妄動導致失敗的懊悔。孔子所言，可以說是處世至理。

好學不倦的孔子

孔子是春秋時期的魯國人，父親叔梁紇是魯國的大力士，他的母親顏徵在曾到尼山祈求能早生貴子，顏氏回家後不久，果然懷孕了。孔子出生以後，因曾到尼山祝禱，就取名丘字仲尼，以資紀念。相傳孔子出生時天上傳來奏樂聲，有五個仙翁從雲彩中緩緩下降說：「天生聖人，天降音樂。」而一向渾濁的黃河竟然變得清澈見底。

孔子小時候常和哥哥孟皮到宗廟去看祭祀的情形，他最喜歡和朋友玩祭典的遊戲，經常玩得不亦樂乎。母親顏氏擔心他太貪玩，於是開始教他認字。她仔細挑選出三百多個好學易記的字，打算讓孔丘一個月學完，沒想到他不到一天就學會了。孔丘還要求母親多教他一點。母親說：「你今天就好好溫習這三百多字，明天我還要考你。」這一天晚上睡覺的時候，孔丘還想繼續溫習功課，請哥哥看他寫的字對不對，但是天黑了沒有燈光，於是就用手指頭把字寫在哥哥的手心上，寫著寫著兄弟倆就睡著了，但是抓住哥哥的那隻手卻沒有鬆開。

孔丘讀書非常用功，顏氏把他送到外祖父那裡學習。孔丘的外祖父是一個學問淵博的人，非常疼愛孔丘，對孔丘提出的問題都詳細解答。

他越是打破沙鍋問到底,外祖父越是高興,把自己幾十年的學問都傾囊相授。孔子說自己十五歲立志向學,對學問有熱烈的愛好。

孔子少年時期,母親為了使他學習做人做事的道理,讓他成為一個懂禮義、有用的人,就一個人帶著他到曲阜,織布賺錢,辛苦地撫養他長大,並且請表哥幫忙為他找一個好老師來教他。

在當時只有貴族才能讀書,但人們不承認孔子是貴族,認為他是平民,所以他想拜的老師──左太史不能教他,若教他則於法不合。孔子的母親就帶著他,於左太史家門口奉上絲帛求見,但左太史不肯見他們。他們就在門口等了一天,等的時候,有別的孩子來找孔子去打零工,因為孔子家很窮,他很孝順,想減輕母親的負擔,去當吹鼓手可以賺一塊肉來孝敬母親,可是母親不答應,一心一意要孔子努力讀書,不讓他去做那些事。母親因為身體不舒服,孔子就先請母親回家休息,他一個人在左太史家門口等,請求左太史教他讀書。到了傍晚,左太史終於被他的誠意感動了,決定破例收他當學生,並且要他在神明面前發誓,無論遇到什麼困難,都要努力求學。後來孔子遵守老師的教導,無論多麼辛苦,不管遇到多大的困難,也都努力把該學的東西學會。於是他跟老師學習禮、樂、射、御、書、數,各種學問都學得很精通。

孔子非常好學,只要是有不懂的地方,他都會去請教別人。他知道師襄子精通琴藝,就跟師襄子學琴。學了十幾天,孔子所彈的琴聲悠揚悅耳,師襄子說:「你已經掌握要領,可以學新的曲子了。」孔子說:「我還不瞭解這曲子的內涵呢!」過了不久,師襄子又說:「你已經瞭解這曲子的內涵了,可以彈新的曲子了。」孔子說:「我還沒有體會出作曲者的胸襟和品格情操呢!」又過了不久,孔子說:「啊!我體會到了!作者志向高遠,品格偉大,除了周文王,誰能作出這樣的曲子呢!」師襄子很激動:「夫子真是聖人啊!我的老師傳授我這首曲子

時，就說這曲子叫〈文王操〉。你的琴藝實在是高超，博大精深啊！」

孔子的學問越來越高，但他並不驕傲，仍然堅持不斷地學習，活到老學到老。他還曾經拜訪、求教於周王室藏書室的史官——老子。所以他的學問無人能比，集各家之大成。

因為孔子的學問很好，很多人來向他求教，他就有教無類，不分貴族、平民，只要有心向學就教，而且他自己的品德很好，能做學生的模範，對學生很有愛心。他有弟子三千人，其中七十二人最有成就。孔子被認為是最偉大的老師，歷代尊稱他為「至聖先師」。傳其學術的有孟子（「亞聖」）、顏回（「復聖」）、曾子（「宗聖」）、子思（「述聖」）等。

正是由於他淵博的知識，孔子成為千百年來人們所尊崇的對象。為人處世，所謂行事周密、學識博雅，不是指市井瑣談，而是指經世致用之學。他們一旦啟口，則妙趣橫生；一旦行動，則豪氣如虹。言行舉措，總要適得其時。要使忠告發生作用，有時透過詼諧玩笑的方式比一本正經的教誨更有效果。

【職場活用】

具備淵博的知識是職場人士取得成功必備的能力要素之一，具備合理的知識結構非常重要，它包括兩個方面：個性化的專業知識和廣泛的文化科學知識，還要具備知識創新能力和知識合作能力。知識創新強調將知識轉化為創新的能力。創造性人才不僅要有較高的智力，還要有較高的非智力因素，例如勇氣、膽識和執著的堅強意識等。知識經濟的價值觀是合作而非競爭，所以合作型人才是知識經濟時代迫切需要的人才。

【管理活用】

博學多聞具體到管理學上來說，就是諳熟管理之道。唯有如此，管理者才能夠從不同的角度來觀察世界，從而做出正確的決策。隨著經濟的發展，市場變幻莫測，新的情況不斷出現，管理者必須要做到博學多聞，見多識廣。

美國著名管理學家湯姆・彼德斯在《管理的革命》一書中說：「瘋狂的時代需要瘋狂的管理，我們不能用正常的管理手段對待不正常的商業世界。」實踐證明，企業家要追求市場的開拓，產品的創新，首先要追求管理知識的更新與創新，做到博學廣聞。只有不斷更新管理知識，才能引領企業持續有效發展。

布諾・瓦列拉的郵票

1880年，一家法國公司承包建造一條通過巴拿馬的水道。起初，他們信心十足，但是在挖掘的過程中遇到了許多意想不到的困難。很快錢也花光了，他們不得不放棄了這一工程。隨著國際貿易的日益擴大，美國也急著想建造一條運河橫穿美洲大陸，但不是在巴拿馬，而是在尼加拉瓜。關於運河地點的問題，國會幾經爭論，到1902年春，議員們已經準備批准尼加拉瓜工程。布諾・瓦列拉是一名年輕的工程師，他認為，如果不繼續承建巴拿馬運河，將是一大損失。他決心單槍匹馬地改變國會的意見，可是，他能採取什麼好辦法呢？他能拿出什麼有說服力的證據？正在他愁眉不展之際，突然記起僅在幾年前，尼加拉瓜曾發行過一張印有尼加拉瓜莫莫通博火山的郵票。莫莫通博是一座著名的火山，正巧坐落在擬議中的運河路線附近。據說這是一座死火山，但郵政局為了美化郵票，在火山上面畫出了一縷繚繞的煙環，形同活火山一樣。布

諾‧瓦列拉匆匆跑遍了華盛頓，設法找到了90張這樣的郵票。第二天早晨，國會每一位議員桌上都出現了一個信封，裡面有一張郵票和布諾‧瓦列拉的附言：「尼加拉瓜火山活動的官方見證。」瓦列拉的舉動對具有商業頭腦的美國人震動很大，他們改變了主意，決定投票贊成接過尚未過期的法國合同，建造穿過巴拿馬的運河。

瓦列拉是用「曉以利害」的方法說服了國會議員。更聰明的是，瓦列拉使用的是尼加拉瓜官方的郵票作為證明，說服力則不言而喻了。

知識、資訊是無價之寶，在別人眼裡一錢不值的一條資訊，在有心人看來卻可能發揮巨大的作用。讓一隻猴子在打字機的鍵盤上跳動，牠是不可能打出一篇優美的小說的，可是在莎士比亞的筆下，這些字母卻能彙集出優美的詩句和精彩的劇本。這就是說，同樣一堆字母，在不同的人手裡，價值是不一樣的。同理，一個博聞強識、見多識廣的頭腦，就是一座豐富的寶藏，如果再善於綜合、整理、加工，那就會創造出更大的價值。

布諾‧瓦列拉的例子對於一個管理者來說，啟示頗多。一個博聞強識、見多識廣的頭腦，會通過一張小小的郵票而創造如此大的價值。對於一個企業來講，創業伊始，創業者憑個人的膽識和敏銳的市場洞察力，為企業贏得了市場佔有率。但隨著改革的深入、經濟體制日趨完善，經營環境發生了重大變化，新知識、新技術大量應用，競爭日趨激烈，企業經營風險也進一步加大。這時，管理者必須從知識結構到經營理念進行全面更新。只有這樣，管理者才能領導企業走向更美好的前程。

言行清高乃修身之道

【原文】

高行微言，所以修身。

【譯文】

行為高尚，辭鋒不露，這樣可以修養身心、陶冶性情。

【名家注解】

張商英注：行欲高而不屈，言欲微而不彰。

王氏注：行高以修其身，言微以守其道；若知諸事休誇說，行將出來，人自知道。若是先說卻不能行，此謂言行不相顧也。聰明之人，若有涵養，簡富不肯多言。言行清高，便是修身之道。

【經典解讀】

所謂「微言」，即低調、少語，不狂妄，端正方直。老子說：「大直若屈，大巧若拙，大辯若訥。」高尚其行為，謙虛其言論，這是加強修養的一個重要方法。

【處世活用】

為人處世，當講操守。在任何時代、任何國家，德行永遠是至高無

上的操守。自古「才」與「德」並重，形容一個人最好的詞語就是「德才兼備」。因而，要走向成功，需要以德立身，這是一個成功者必須確立的內在標準，沒有這個內在的標準，人生之路就會失去支撐，最終走向失敗。

崔樞拒珠

唐順宗時，一位叫崔樞的舉子到京城應考。考前他住在汴州的一家客棧裡，和他同房居住的是一位生意人。這個生意人來自雲貴，人稱番人。一天，番人得病，臥床不起。崔樞待之如家人，又為之請醫生，又為之餵食，一連侍候達半年之久。番人在病危時對崔樞說：「您是天底下最好的人，您不歧視我們番人，還像家人一樣照顧我。我無以為報，只有一顆稀世珍珠，據說帶在身上能避水火，請您收下。」崔樞說：「我是一個讀書人，收藏珍珠幹什麼！」崔樞正推辭不受時，番人已經斷氣了。

崔樞按照番人禮數將番人安葬，把那顆價值萬貫的珍珠悄悄放進棺木中。其後，番人的妻子到汴州尋夫，探得崔樞安葬其夫，便疑心崔樞貪了其夫的珍珠，於是將崔樞告到了官府。此時崔樞不在汴州，因科考落榜回到了亳州。官差追到亳州將崔樞逮捕。崔樞說：「倘若墳墓沒有被盜，珍珠還在墳裡。」掘開墳墓，珍珠果然在。汴州主帥王彥博欲聘崔樞為幕僚，崔樞說：「我不能沾珍珠的光。」

第二年，他憑自己的努力考中進士。

明末顧炎武曾引《論語》中的兩句話作為自己的人生格言：「博學於文，行己有恥。」「行己有恥」，即是要用廉恥之心來約束自己的言行。他說：「士而不先言恥，則為無本之人；非好古而多聞，則為空虛之學。以無本之人而講空虛之學，吾見其日是從事於聖人而去之彌遠

也。」(《文集》卷三)因此,他認為只有懂得羞惡廉恥而注重實學的人,才真正符合「聖人之道」。否則,就遠離了「聖人之道」。所以,「博學於文」、「行己有恥」,既是顧炎武的為學宗旨和立身處世的為人之道,也是他崇尚致用學風的出發點。

【職場活用】

人類社會,語言永遠是一門必不可少的藝術。在職場,語言接觸遠遠多於別的方式。其實,語言本質上是人類交流的工具。作為交流工具,它的準確性和實在性是首要特點。因此在言語交際中,言語真誠、謙虛便是最美的藝術。一個言語謙虛、實在的人自然會受到同事的喜愛。相反地,甜言蜜語雖然可以讓人感到舒服,但是總有矯揉造作之感。時間一長,會讓人反感。謙虛的語言讓人感到溫和,實在的語言讓人感到真誠。

【管理活用】

在今天,構建和諧社會時期,作為一個領導幹部,清、慎、勤三者缺一不可。「清」,是指明於義理之辨,絕其嗜欲之私,專心事君盡職;「慎」,即事事為民計身家,慎於事而熟思審處;「勤」,即視國事如家事,時時持未雨綢繆之思,懷痛癢相關之念。「清、慎、勤」三字合而觀之,其旨意即視國如家,視民若子,如此則可操守清廉,持躬處事不敢不慎不勤。官場中人如果能深諳其道,盡心盡職做到「清、慎、勤」,就能得到上司賞識,被提拔重用,受到下屬擁護愛戴。

林則徐治河

道光四年(1824)年底,江南高家堰十三堡決口,洪澤湖水外注,

山陰、寶應、高郵、甘泉、江都五州縣及下游之泰州、興化、鹽城、阜寧等處都被水淹，造成「黃強淮弱，漕艘稽阻」，清廷為之震驚。由於南河總督張文浩治水不力，道光帝將其撤職，並於道光五年（1825）三月下特旨，命正在家鄉為母守喪的林則徐「奪情」，奔赴南河督修堤工。林則徐清楚河工關係到朝廷漕運大計和千百萬人民的生命財產，於是不顧身體多病，毅然接受了「奪情」的諭令，身著素服，頭不用頂戴，於四月離家北上。

　　為了明悉水患情況，掌握第一手材料，林則徐一到治河工地，便毫不停歇地出門查工。他由六堡之南逐段查勘到十三堡決口，又由十三堡南查到山盱廳的古溝，復由古溝北看工至堰、盱交界的風神廟，再由風神廟選北到高堰十四堡，最後折回六堡，前後十多天。經過親自查勘險情，林則徐對怎樣動工已是胸有成竹了。為了確保南北航道暢通，他一方面向兩江總督提議試行海運，一方面抓緊督催堰工。在施工過程中，林則徐仍然一絲不苟，即使下雨天也堅持到現場查工，素服步行於泥濘之中，修堤的民工居然不知這是一位三品大員。因為林則徐實心任事，親自督辦，幾個月之後，堰功告竣。沒多久，因瘴疾大作，林則徐又辭歸老家。

　　在歸鄉期間，以及後來任官湖北、湖南、江蘇時，林則徐都非常重視興修水利。林則徐最終以他幹練的才能和務實的作風贏得了人們的擁護，並受到道光帝的賞識。道光十一年（1831）十一月，他被升任為東河河道總督。

　　東河河道總督管轄山東、河南兩省境內黃河、運河的修防事。林則徐抵任，恰逢隆冬，天寒地凍。為了讓次年漕運暢通，他即刻督促運河兩岸各廳汛著手興工，並令山東、河南兩省黃河地段屬吏防備黃河上游的積冰沖擊堤岸。只下命令還不夠，林則徐深知河工之弊端：以往管河

官員多貪污河工款項,中飽私囊,置沿河百姓安危於不顧,儘管朝廷屢屢撥款,而成效甚微。為剷除之前弊端,林則徐下達命令後又親赴運河各工段查驗,以防屬吏偷工減料。他不顧天氣寒冷,走遍所屬各廳汛,用了半個多月的時間。在查驗過程中,林則徐細心體察,諮詢研究河工形勢和工程品質,對於辦理工程不力的屬吏嚴行紀律。透過實地考察和瞭解情況,林則徐繪全河形勢於壁,孰夷孰險,一覽而得,群吏不能以虛詞進,風氣為之一新。

　　作為領導幹部,應該像林則徐一樣,要有良好的操守,秉公辦事,一心為民;要堅持權為民所用、情為民所繫、利為民所謀,關注群眾的根本利益;不可因私利而利慾薰心,滋生腐敗。

深謀遠慮才不會陷入困境

【原文】

恭儉謙約,所以自守;深計遠慮,所以不窮。

【譯文】

肅敬、節儉、謙遜、節制,這樣可以守身不辱;深謀遠慮,這樣可以不至於困危。

【名家注解】

張商英注:管仲之計,可謂能九合諸侯矣,而窮於王道;商鞅之計,可謂能強國矣,而窮於仁義;弘羊之計,可謂能聚財矣,而窮於養民,凡有窮者,俱非計也。

王氏注:恭敬先行禮義,儉用自然常足;謹身不遭禍患,必無虛謬。恭、儉、謹、約四件若能謹守、依行,可以保守終身無患。所以,智謀深廣,立事成功;德高遠慮,必無禍患。人若深謀遠慮,所以事理皆合於道;隨機應變,無有窮盡。

【經典解讀】

真正有大智慧的人,沒有一個不是虛懷若谷、清雅脫俗的。只有這樣,才能奠定堅實的道德根基,然後再深謀遠慮,運籌帷幄,退則

自保，進則立功。管仲政治上的成就，雖然可以「九合諸侯，一匡天下」，但因其道德的根基不深廣，故缺乏一統天下的大志，使孔子惋惜不已。至於商鞅和漢武帝時的桑弘羊，謀略有餘，仁義不足。二人都死於非命，不能自保，所以還算不上真正的謀略之士。

【處世活用】

俗話說：「人無遠慮，必有近憂。」事物往往是一分為二的——危生於安，亡生於存，亂生於治，因此學會深謀遠慮才能防微杜漸、見微知著，把禍患消弭在萌芽之際，在環境發生變化的時候做好充分準備，從而掌握主動權。與人交往，或者處理各種問題，都需要我們對周圍的環境進行判斷，然後做出決策。這時候，具備果斷的決策能力就顯得很有必要了。果斷決策，不僅需要果斷的作風，更需要對未來趨勢有一個深入的把握，能夠看到長遠的發展情況。

胡服騎射

春秋戰國時期，北方的趙國一心發憤圖強，渴望迅速強大起來。當時的國君趙武靈王有很強的憂患意識，他曾經這樣描述趙國的環境：「我們的東邊有齊國、中山國，北邊有燕國、東胡，西邊有秦國、韓國。如果不快速強大起來，隨時都有被別人消滅的危險。」這種有見地的分析得到了一些大臣的支持。

有一位大臣向趙武靈王諮詢富國強兵的良策，趙武靈王胸有成竹、躊躇滿志地說：「古往今來，想要使一個國家強大起來，必須進行改革。你看我們穿的長袍大褂，勞動、打仗都不方便，胡人的短衣窄袖、皮靴就比我們靈活得多。」

大臣立刻領會了趙武靈王的戰略意圖——學習胡人的風俗，改變

穿著。接著，趙武靈王講述了更長遠的考慮，要學胡人那樣騎馬射箭，這樣就能克服我方打仗時依賴步兵、用馬拉車的劣勢。如果完成這種轉變，那麼趙國就能完成一次變革，將來可以應對任何國家的挑戰，不會遇到災難。

然而，趙武靈王對未來的設想遭到了其他大臣的反對，但是他力排眾議，堅持進行戰略轉變。很快，趙國的勢力壯大起來了。

正是有了趙武靈王的深謀遠慮，趙國才先後打敗了臨近的中山國，此後又收服了東胡和臨近幾個部落，成為當時的一方霸主。所以，善於做長遠考慮，懂得深謀遠慮，是我們寵辱不驚的訣竅。具體來說，處理學習、工作、交友、愛情等各種事務時，我們需要應對業務、財務、感情等多種挑戰。想要使自己生活得從容些，必須做到深謀遠慮，對將來的種種狀況做好充分準備。許多時候，當我們真正面對困難時才能感受到生活的挑戰是如此巨大，以至於我們無法轉身、無能為力，只得任憑他人宰割。只有事先做好準備，才能避免困難來臨時手忙腳亂。

【職場活用】

一個熟悉商業、經驗豐富的人，在商界必定有他的立足之地。企業家們最渴求的就是那些能吃苦、反應敏捷、思維清晰、意志堅定的人，因為這種人辦起事來，總是十分沉穩，而且他們還力圖求得完美、求得迅速、求得成功。一個初入職場的人，要學會深謀遠慮，長遠規劃，隨時隨地做研究，要注意行業的門徑，而且一定要研究得十分透徹。在這方面，千萬不能疏忽大意、不求甚解。有些事情可能看來微不足道，但也要加以仔細觀察；有些事情雖然有困難險阻，但也要努力去探究清楚，如果能做到這一點，那麼事業發展路途中的一切障礙，都可以一掃而盡，讓你大踏步地前行。

毛玠的計策

　　董卓被誅後，他的舊部鋌而走險，殺回長安。結果這回輪到王允曝屍街頭了，朝政落到了董卓舊部李傕和郭汜的手裡。如此混亂的局面，對於國家和民族當然是大大的不幸，然而卻給了爭霸的關東諸侯一個極好的機會，同時對他們也是一次考驗，既考驗他們對國家民族是否忠誠，也考驗他們能不能抓住發展壯大自己的機遇。現在看來，曹操集團考試合格。曹操到了兗州後，他的謀士毛玠和他有過一番談話。這番談話，奠定了相當長一段時間內，曹操政治戰略、經濟戰略和軍事戰略的基礎。

　　毛玠首先為曹操分析了形勢。他指出，當時的情況，是社會動亂、國本動搖、經濟崩潰、災難流行，可謂國不泰、民不安。這樣下去，絕非長久之計。這個時候，確實需要一個雄才大略的人來收拾局面。但是，那些有此條件的人，比如袁紹、劉表，雖然實力強大，卻目光短淺，不知根本。根本是什麼？一是正義，二是實力。實力當中，又首先是經濟實力。因為兵馬未動，糧草先行。沒有足夠的糧餉，是打不了仗的。實際上，戰爭並不僅僅是軍事力量的較量，更是經濟力量的較量。當然，戰爭也不僅僅是實力的較量，更是人心的較量。得人心者得天下。有了正義的旗幟，就師出有名，也就能克敵制勝，這就叫「兵義者勝」。有了經濟的力量，就財大氣粗，也就能進退自如，這就叫「守位以財」。總之，有了這兩條，就進可攻、退可守。

　　毛玠向曹操提出三項建議，即奉天子，修耕植，畜軍資。

　　「修耕植」是經濟戰略，「畜軍資」是軍事戰略，而「奉天子」則是他深謀遠慮的地方。在當時，皇帝不但是國家元首，而且是上天的嫡子，即「天子」，也是天下人的父親，即「君父」。現在，上天的嫡

子、天下人的父親顛沛流離，食不果腹，居無定所，割據一方的諸侯都不伸手救援，天下人是憤憤不平看不下去的。如果有人能夠尊奉天子，無疑會大得人心。

毛玠的長遠規劃，為曹操的大業打下了堅實的基礎。對於身處職場的人士來說，要能像毛玠一樣，目光長遠地合理規劃，如此，則不難獲得成功。

【管理活用】

作為管理者，要深謀遠慮，具有遠見卓識。從思維的深度來看，識是指人的遠見卓識，是對事物發展的預見和認識的深度。在規劃、決策的制定過程中，眼光放長遠一點，就能使企業獲得長遠的利益。真正有所成就的人，必須學會思考，而不要因循守舊。

所謂「凡事預則立，不預則廢」。做一件事，只有美好的設想是遠遠不夠的。計畫可以對你的設想進行科學的分析，讓你知道你的設想是否可以實現。計畫可以作為你實現設想過程的指南，可以為你大大節省時間，減輕壓力。有了好的計畫，你就有了好的開始。

慎重選擇朋友

【原文】

親仁友直,所以扶顛。

【譯文】

親近仁義之士,結交正直之人,這是扶持顛仆危亡局面的辦法。

【名家注解】

張商英注:聞譽而喜者,不可以得友直。

王氏注:父母生其身,師友長其智。有仁義、德行賢人,常要親近正直、忠誠,多行敬愛,若有差錯,必然勸諫、提說此;結交必擇良友,若遇患難,遞相扶持。

【經典解讀】

朋友對個人來說都非常重要。一個人的品德志向往往可以透過他的擇友、交友反映出來。命運、事業都與朋友直接相關。友誼是人生最美好的感情之一,是高尚的道德力量。所以人們說,任何人的成功,無論是在政治上,或者是在生意上,背後隱藏著的是人際關係的成功。

【處世活用】

為人處世，最難得的是交到真正的朋友。很多人平時不注意結交真心朋友，遇事需要幫助的時候會一籌莫展，後悔沒有幾個知己。成大事者深深懂得關係的價值，他們強調「以朋友為人生最大的財富」。對於成大事者而言，朋友是他們的依靠和他們勇往直前的動力所在。現今社會，太大的壓力使我們更需要友誼的滋潤，擁有一些好朋友實在是人生旅途上最大的財富。

卡內基的交友之道

卡內基的交友信條始終充滿著樂觀和誠實的精神。在卡內基看來，慎重交友的前提是自己真誠地付出。只有真心對待朋友，才會有真心的朋友出現。如果自己始終在使用一些伎倆，那麼朋友自然也會使用同樣的方式來回敬。所以自我的坦率會降低不友善的概率，也會尋找到真正的朋友。好朋友是你一生的財富。下列是他給出的忠告：

1. 不要挑剔、譴責或抱怨。
2. 誠實真摯地欣賞他人。
3. 喚起對方內心的熱切渴望。
4. 真誠地表現出對他人的興趣。
5. 微笑！
6. 記住：一個人的名字對他來說是任何一種語言中最甜美、最重要的語言。
7. 做一名好的傾聽者。鼓勵他人講述自己。
8. 多談論對方感興趣的話題。
9. 使他人感到自己重要而且要真誠地去做。

寬恕容人是美德

【原文】

近恕篤行，所以接人。

【譯文】

親近仁愛之道，切實專心力行，這是待人處世之道。

【名家注解】

張商英注：極高明而道中庸，聖賢之所以接人也。高明者，聖人之所獨；中庸者，眾人之所同也。

王氏注：親近忠正之人，學問忠正之道；恭敬德行之士，講明德行之理。此是接引後人，止惡行善之法。

【經典解讀】

寬恕容人，忠厚誠懇，既是一種高尚的修養，也是中華民族的傳統美德。從倫理根源上講，「寬恕」是孔孟「仁學」的具體運用；從現實意義上看，只有寬恕待人，方可息怒附眾，與各種各樣的人和睦共處。

【處世活用】

為人處世，應當學會寬容。寬容，是一個人良好心理的外在表現，

它往往折射出為人處世的經驗、待人的藝術及良好的涵養。學會寬容，需要自己吸收多方面的「營養」，需要自己時時重視完善自身的精神結構和心理素質。寬容，可謂人生的哲學。採用寬容的藝術，有助於我們從怨恨的情緒中擺脫出來。

禪師與椅子

古代有位老禪師，一天夜裡他在寺院散步，發現牆角邊有一張椅子，他一看便知有人違反寺規越牆出去了。老禪師也不聲張，走到牆邊，移開椅子，就地而蹲。少頃，果真有一個小和尚翻牆而入，黑暗中踩著老禪師的背脊跳進了院子，當他雙腳著地時，才發現剛才踏的不是椅子，而是自己的師父，小和尚頓時驚慌失措。但出乎意料的是師父並沒有責罰他，而是以平靜的語調說：「夜深天涼，快去多穿一件衣服。」老禪師寬容了他的弟子，因為他知道，寬容是一種無形的教育。

在生活中，人們常常面對別人的過失，一個淡淡的微笑，或一句輕輕的話語，沒有惡言相向，這是寬容；不因為一點小事而不被理解或失去信任，不苛求任何人，以律人之心律己，以恕己之心恕人，這也是寬容。

俗語有「海納百川，有容乃大」之說，肚量大、性格豁達方能縱橫馳騁，處處契機應緣，和諧圓滿。

【職場活用】

美國心理專家威廉經過多年的研究，用事實證明，凡是對金錢利益和小事太能算計的人，實際上都是很不幸的人，甚至是多病和短命的。他們90%以上都患有心理疾病。這些人感覺痛苦的時間和深度也比不善於算計的人多了許多倍。換句話說，他們雖然精於算計，但卻時常悶悶

不樂。在職場上，有許許多多類似的經歷。想一想，在同事中，過去有過誤會和「有過節」的人，現在相處得如何？把過去的事情忘掉，事情好辦得多；不忘掉，只往一條路上走，報復、爭鬥，只能走進一條死胡同，除了心理上得到一時滿足，還能得到什麼？

【管理活用】

作為主管，對待下屬不能過分苛刻，不能雞蛋裡頭挑骨頭般地挑剔他們的工作。應該寬容圓通，多想一下他們的處境和他們的感受。生活、工作中，有許多角色在不停地轉換，在工作中你是他人的上級，但也許在某些場合你又不如他。此時你可能是服務者，但彼時就可能是被服務者。你希望別人怎樣對待你，最好要先那樣對待別人。你想讓下屬服從你的領導，就應該設身處地想想他們的困難之處。

齊桓公捐棄前嫌起用管仲

春秋時期齊國國君齊襄公被殺。襄公有兩個兄弟，一個叫公子糾，當時在魯國；一個叫公子小白，當時在莒國。兩個人身邊都有師父，公子糾的師父叫管仲，公子小白的師父叫鮑叔牙。兩個公子聽到齊襄公被殺的消息，都急著要回齊國爭奪君位。

在公子小白回齊國的路上，管仲早就派好人馬攔截他。管仲拈弓搭箭，對準小白射去。只見小白大叫一聲，倒在車裡。

管仲以為小白已經死了，就不慌不忙護送公子糾回到齊國去。怎知公子小白是詐死，等到公子糾和管仲進入齊國國境，小白和鮑叔牙早已抄小道搶先回到了國都臨淄，小白當上了齊國國君，即齊桓公。

齊桓公即位以後，即下令要殺公子糾，並把管仲一併治罪。

管仲被關在囚車裡送到齊國。鮑叔牙立即向齊桓公舉薦管仲。

齊桓公氣憤地說：「管仲拿箭射我，要我的命，我還能用他嗎？」

鮑叔牙說：「那時他是公子糾的師父，他用箭射您，正是他對公子糾的忠心。論本領，他比我強得多。主公如果要闖一番大事業，管仲可是個用得著的人。」

齊桓公也是個豁達大度的人，聽了鮑叔牙的話，不但不治管仲的罪，還立刻任命他為相，讓他管理國政。

管仲幫著齊桓公整頓內政、開發富源、大開鐵礦、多製農具，後來齊國就越來越富強了，最終齊桓公問鼎天下，稱霸諸侯。

領導用人需要雅量，用人的時候，不是看誰跟你有過節、誰跟你關係最好，而是看誰最有能力、誰才是你最需要的人才。古有齊桓公用管仲，李世民用魏徵，這些優秀的領導者大膽起用「仇人」，結果「仇人」幫他們締造了盛世江山。

人與人相處，難免會有衝撞、過節和恩怨，但最重要的是忘記過去，不計前嫌。如果你作為老闆與下屬鬧了點彆扭，就尋機報仇。那麼，你不是在給下屬難堪，而是在自己為自己製造麻煩。你打擊了你的下屬，最終受傷害的還不是公司？一個企業領導者，能做到像齊桓公這般不計個人恩怨，是企業發展的良好契機。

任用人才要知人善任

【原文】

任材使能，所以濟務。

【譯文】

任命有特殊才能的人，使用多才多藝的人，這是成就事業的要領。

【名家注解】

張商英注：應變之謂材，可用之謂能。材者，任之而不可使；能者，使之而不可任，此用人之術也。

王氏注：量才用人，事無不辨；委使賢能，功無不成。若能任用才能之人，可以濟時利務。如：漢高祖用張良陳平之計，韓信英布之能，成立大漢天下。

【經典解讀】

德才兼備的人，本來就有通權達變的本領，遇事能應變處理，應該只給他們委任職責，不可隨意支使。如果隨意支使，就會使他們失去自己的主體作用。人的能力各有所長，應該因材而用。張注對「材」和「能」的確切含義給予了界定。明白了有的人才適合於策劃創意，有的人才卻適合於處理事務性的工作，方可做到人盡其才，各安其位。

【管理活用】

美國學者庫克曾提出一種稱做「人才創造週期」的理論。他認為，人才的創造力在某一工作崗位上呈現出一個由低到高、到達巔峰後又逐漸衰落的過程，其創造力高峰期可維持3～5年。人才創造週期可分為摸索期、發展期、滯留期和下滑期四個階段。庫克認為，在衰退期到來之前適時變換工作崗位，便能發揮人才的最佳效益。用人是管理者的基本職能和必備能力，管理者不僅要知人善任，而且要知人善免，只有把善任與善免有機地結合起來，才能使更多優秀人才脫穎而出，使企業充滿生機，成為最終的大贏家。

在實際工作中，知人善免卻不那麼容易，有許多阻力和障礙需要加以清理和克服。有的管理者認為，只要不背離原則，不違法亂紀，即使下屬能力差一些，總要給個位子，以便平衡各種衝突。另外一些管理者受個人感情的羈絆，對一些資歷深、任職久、感情深的下屬、同鄉和同學遷就照顧，寬容放縱，即使責任心退化、使命感弱化、進取心淡化，也拉不下臉來予以免職。

在人才使用上，有的管理者熱衷於論資排輩，一些有膽識、有魄力、有作為的年輕人才，由於稜角分明，敢說敢做，往往被視為自高自大不予使用；而那些能力平平、善拉關係的人卻受到重用。這些問題嚴重影響了企業的發展，使一些企業停滯不前或瀕臨破產。要使企業走上健康發展的道路，就必須改變傳統的只上不下、只進不出、封閉僵化的用人機制，著手建立一個能上能下、有進有出的開放式流動體系。只有在這樣的體系中，員工才會努力進取，企業才會充滿活力。

讒言止於智者

【原文】

癉惡斥讒,所以止亂。

【譯文】

抑制邪惡,斥退讒佞之徒,這樣可以防止動亂。

【名家注解】

張商英注:讒言惡行,亂之根也。

王氏注:奸邪當道,逞凶惡而強為;讒佞居官,仗勢力以專權,逞凶惡而強為;不用忠良,其邦昏亂;仗勢力專權,輕滅賢士,家國危亡。若能僑絕邪惡之徒,遠去奸讒小輩,自然災害不生,禍亂不作。

【經典解讀】

讒言自古是禍亂的根由。讒言,或是無中生有,憑空捏造;或是捕風捉影,渲染誇張;或是利用衝突,挑撥離間……進讒使詐的人不論採取什麼詭計,目的只有一個:打倒政敵,害人利己。「明槍易躲,暗箭難防」一語道破了讒言可畏之處。

【處世活用】

為人處世,要慎待讒言。讒言概括起來特徵有三:一曰添油加醋原則,即抓住陷害對象的一點缺點,無限放大;二曰顛倒黑白原則,混淆是非;三曰聯想發揮原則,即充分展示想像才能,借題發揮。誤信讒言小則可能會使我們失去友誼,大則有可能喪身辱國。

吳王信讒

吳王夫差滅越之後,越國的人心還沒有平服,夫差因此憂心忡忡。一次,他在姑蘇山樓臺東建造了一座樓臺,以使參與朝政的大臣聽取百姓疾苦,查看各地的軍情。到了夏曆十一月,夫差派伍子胥去視察工程,還沒建到三四層臺階,伍子胥就奏報說:「大王的臣民挨餓了,大王的兵士疲憊了,大王的國家危險了。」夫差聽了很不高興,就讓太宰嚭替換伍子胥。九層都築完了,太宰嚭並沒有奏報實情,而且聲言:「四方的國家都畏懼大王,百姓歌頌大王。」伍子胥說:「他只是想自己極力往上爬,本來就沒有時間為大王明察秋毫,也不為百姓打算,這是在欺騙大王啊!」然而吳王執迷不悟,後來竟然命伍子胥自盡,而讓太宰嚭掌管朝政。第二年,越國的軍隊就攻入了吳國。

夫差因為聽信讒言,終至亡國。而在我們周圍存在許多愛進讒言之徒。有時,他們看到你直上青雲時會逢迎拍馬專揀好聽的話講;有時,他們看到你工作做得好,深得上級賞識,陷你於不利之地。欺騙、謊言、圈套從他們頭腦中醞釀成形強加在你身上,此刻,他們看到你墮入困境則幸災樂禍趁機打劫。所有的這一切,都告訴我們要慎待讒言。

陳軫妙語破讒言

戰國時候，張儀和陳軫投靠到秦惠文王門下，都受到重用。

不久，張儀發現陳軫很有才幹，擔心日子一長，秦王會冷落自己，偏愛陳軫，便找機會在秦王面前說陳軫壞話。

有一天，他對秦惠文王說：「大王經常讓陳軫往來於秦國和楚國之間，現在，楚國對秦國並不比以前友好，對陳軫卻特別好。可見陳軫所作所為全是為他自己，並不是誠心誠意為我們秦國做事。聽說，陳軫還常將秦國機密洩露給楚國。作為大王的臣子，他怎麼能這樣做呢？我不願和這種人在一起做事。最近，我又聽說，他打算離開秦國到楚國去。要是這樣，大王還不如先殺掉他。」

秦惠文王很生氣，馬上召見陳軫。一見面，他就對陳軫說：「聽說你想離開我這裡，準備上哪裡去呢？告訴我吧，我好為你準備車馬呀。」

陳軫莫名其妙，兩眼直盯著秦惠文王。但他很快明白，這裡面有問題，於是鎮定地回答：「我準備到楚國去。」

果然如此，秦惠文王對張儀的話更加深信不疑，便強壓住怒火說：「那張儀的話是真的？」

原來是張儀在搗鬼，陳軫頓時明白了。他不慌不忙地解釋說：「這事不單張儀知道，連過路的人都知道。我如果不忠於大王您，楚王又怎麼會要我做他的臣子呢？」

「既然這樣，那你為什麼將秦國機密洩露給楚國呢？」

陳軫坦然一笑，對秦王說：「大王，我這樣做，正是為了順從張儀的計謀，用來證明我不是楚國的同黨呀。」

秦惠文王一聽，糊塗了。

陳軫接著說:「楚國有個人有兩個妾。有人勾引那個年紀大一些的妾,遭一頓大罵。他又去勾引那個年紀輕一點的妾,得一時歡暢。這個楚國人死了,有人就問那個偷情者:『如果你要娶她們做妻子的話,是願意娶那個年紀大的呢,還是娶那個年紀輕的呢?』他回答說:『娶那個年紀大些的。』人們又問他:『年紀大的罵你,年紀輕的喜歡你,你為什麼要娶那個年紀大的呢?』他說:『處在她那時的地位,我當然希望她答應我。她罵我,說明她對丈夫很忠誠。要娶她為妻,我當然也希望她對我忠貞不貳,對那些勾引她的人破口大罵。』大王,您想想看,我身為秦國的臣子,如果我不把秦國的機密洩露給楚國,楚國會信任我、重用我嗎?楚國會收留我嗎?我是不是楚國的同黨,大王您該明白了吧?」

秦惠文王聽陳軫這麼一說,消除了疑慮,更加信任陳軫,給他更優厚的待遇。

俗話說,有人的地方就會有流言,學會處理它們是取得成功的必然。現代社會中的各類組織,人與事越來越變得錯綜複雜,微妙神祕,想要完全脫身,置身於一切流言之外是不可能的,幾乎很少有人能一生都不曾被人造謠中傷過,但我們必須相信,別人的嘴巴是長在別人的臉上,不可能管得了,但自己的耳朵卻是長在我們自己身上,完全有可能讓它去少聽少傳,更重要的是,手腳是在自己身上的,自己勤快些做事,以行動成果來對抗流言是最有效的。

【職場活用】

無論是職場還是官場,領導身邊,總有進讒之人。

古人早就總結過讒言的危害:「讒言不可聽,聽了禍殃結。君聽臣遭誅,父聽子遭滅,夫婦聽了離,兄弟聽了別,朋友聽了疏,親戚聽

了絕。」一個人，特別是領導幹部，當你正在氣頭上因為某個事情對過去總是與你友好相處的朋友，或者總是努力工作的某個人表示不滿時，這時有人會趁機在你的面前盡力訴說這個人的壞話，而且極盡讒言之能事。在這種情況下，你就要特別注意這樣的讒言了。否則，輕則你會失去一個很好的朋友，重則對工作的順利有效開展都會產生極大的負作用，從而造成不可估量的損失。

凡事三思而後行

【原文】

推古驗今,所以不惑。先揆後度,所以應卒。

【譯文】

推求往古,驗證當今,這樣可以不受迷惑;瞭解事態,心中有數,這樣可以應付倉促事變。

【名家注解】

張商英注:因古人之跡,推古人之心,以驗方今之事,豈有惑哉?執一尺之度,而天下之長短盡在是矣。倉卒事物之來,而應之無窮者,揆度有數也。

王氏注:始皇暴虐行無道而喪國,高祖寬洪,施仁德以興邦。古時聖君賢相,宜正心修身,能齊家治國平天下;今時君臣,若學古人,肯正心修身,也能齊家、治國、平天下。若將眼前公事,比並古時之理,推求成敗之由,必無惑亂。料事於未行之先,應機於倉卒之際,先能料量眼前時務,後有定度所行事體。凡百事務,要先算計,料量已定,然後卻行,臨時必無差錯。

【經典解讀】

社會的生活方式儘管多種多樣,但客觀規律是永遠不會改變的。推古人之變跡,可驗當今之存廢。世事難料,為了增強自身的應變能力,

就必須懂得揣情度理，首先應揣測事物的深淺、輕重，然後度量事物的長短、遠近，揣其得失，度其可否，以此作為準則。也就是說，一要通達人情世故，二要明白事理常規，這樣才會減少盲目性，掌握主動權，從而度時審勢，勝券在握。

【處世活用】

為人處世，需要慎重，凡事應三思而行。人沒有長遠的考慮，一定會遭遇眼前的憂患。事不三思，終會後悔。說話必須考慮後果，做事必須考察不利的因素。講話不宜求多，但必須考慮說話的主旨是什麼；做事也不宜求多，但必須弄清為什麼要這樣做。置其身於是非之外，而後可以明是非之因；置其身於利害之外，而後可以觀利害之變。人必須借鑑前人的經驗教訓，謹慎地為人處世，才能夠使自己的一生不出現大的失誤。

鮑曼太太的母親

家住紐奧爾良市的鮑曼太太有一位年老多病的母親住在布魯克林，由兩名婦人負責照料她的起居。鮑曼太太後來發覺很難維持這樣的開銷，而一位時常在財務上資助她的叔父，也在這時打電話向她表示是否可以減少開支，如減少那兩名看護婦人的費用，或縮減房屋的維修費等等。鮑曼太太一時不知該如何是好，便請求讓她好好想一下，等做了決定之後再回電話給他。鮑曼太太十分感激這位叔父長期的資助，也覺得應該想辦法減輕這位叔父的負擔。

「我取來一些紙張，然後開始分析。」鮑曼太太描述道，「我先把母親的收入列出來，如有價證券、叔父給她的補助等，然後再列出所有開支。沒多久，我便發現母親在衣、食方面的花費極少，但那棟擁有

十一間房的住所,卻得花一大筆錢來維持,再加上各種雜項開支和稅金,還有保險費等,為數十分可觀。當我看到這些白紙黑字的證據,便知道事情該如何處理了——那房子必須解決掉。」「從另一方面來看,母親的身體愈來愈壞,我擔心再讓她長途跋涉可能不太妥當。她一直希望能在那棟房子度過餘生,我也願意盡可能滿足她的願望。於是,我去拜訪一位醫師朋友,請他給我一些意見。這位醫師認識一名經營私人療養院的婦人,地點離我們住的地方只有3分鐘路程。這位婦人不但心地善良,人又能幹,所收的費用也極合理,因此我決定把母親送到她家去,讓她來照顧。」

這件事處理的結果,對每個人來說都十分理想。鮑曼太太的母親受到極好的照顧,一直還以為她住在家裡。鮑曼太太現在每天都能抽空去探望她,而不是每星期一次。她叔父的負擔減輕了,她們的財務問題也獲得解決。此次經驗告訴鮑曼太太,假如把問題寫下來,便能完整、清楚地看到所有的事實,問題往往能迎刃而解。

鮑曼太太的例子,很清楚地顯示出:能否做好一件事,往往要看事前的分析。假如鮑曼太太沒有好好去研究問題所在,也沒有好好去組織要採取的步驟,而是草率地採取行動,則很可能既無法解決財務問題,又會嚴重影響到母親的健康。這種把事實列在紙上,讓解決方法自行顯現出來的方式,在處理財務問題方面尤其有用。而如今,很少有人不會在財務方面碰到麻煩。

【職場活用】

職場生存法則,很多人認為,勤奮是成功的關鍵,只要堅持不懈地做下去,就會有所成就。勤奮的確非常重要,但也要建立在正確的行動之上。如果決策都不正確,無論有多勤奮,也不會有大的收穫。因此,

在行動前，你必須做出判斷，你得去研究渴望成功的領域，也要借助他人的專業知識，這樣你才會瞭解如何行動，才會達到目的。光有行動是不夠的，最重要的是得有好的決策。我們必須想清楚，怎樣才能把事情做好，儘快達到目標。為此，你必須：三思而後行，要分析、擬訂基本策略後再行動。

霍華德夫婦

美國一對年輕夫婦霍華德先生和太太，像許多新婚夫婦一樣，在蜜月後不久便發生財務問題。那時正值第二次世界大戰，霍華德先生必須進入海軍服役，但他們的許多帳單都還沒有付清。霍華德先生和太太知道光是發愁沒有用處，便坐下來盤算如何渡過難關。事實是這樣的：他們幾乎欠鎮上每一家商店的錢。雖然每家欠得都不多，卻也沒有辦法在入伍之前全部還清。為了保持良好的記錄，他們細細考慮之後決定這麼做——每個月向每家商店償付一點錢。事實上，最困難的大概就是去面對那些商店老闆，並向他們說明自己無法在入伍之前把債務還清。但出乎霍華德先生的意料，當他向第一家商店老闆說明他的困難，但表示願意每月逐漸付清款項的時候，老闆的態度十分和藹，使他不禁鬆了口氣，以下的幾家也都進行得十分順利。結果，這些債務後來都還清了，有家商店老闆甚至在他退伍回家之後還特地來找他，對他遵守諾言表示感謝。

若不是霍華德先生事前先坐下來仔細分析情況，他們很難作出適當的決定，並且付諸實施。事實證明，他們當初的決定是對的。我們之間有許多人常常沒有像霍華德先生這麼做，在行動之前從來不坐下來仔細研究一下究竟是什麼在困擾著我們。相反地，我們常常為問題而輾轉反側，一再拖延作決定的時間；或是我們沒有經過仔細研究，便在短時間

內倉促作出決定。結果不但沒有使問題得到解決，反而使問題惡化。霍華德先生的分析十分簡單，稍微動動腦筋誰都能做出這樣的分析，但是當事到臨頭的時候，又有幾個人顧得上分析一下當前的情況呢？大部分人往往認為時間緊迫，就馬上開始動手行動了。行動能力的確是成熟心靈的必備條件之一，但必須有知識和理解做基礎，才能避免毫無價值的草率行為。

【管理活用】

身在職場，作為管理者，三思而行尤為重要。時時事事都要三思而行，要用心去聽、去看、去學，才能不草率行事，才能使管理具有活力，以不變應萬變。三思而行的方法有許多，如剔除成見、全盤考慮、確定目標、重點思考外，其中最為重要的是管理者如何合理運用。

新來的主管

公司大多數的同仁都很興奮，因為最近新調來一位主管，據說是個能人，專門被派來整頓業務。可是一天天過去，新主管卻毫無作為，每天默默地走進辦公室，便躲在裡面難得出門，那些本來緊張得要死的壞分子，現在反而更猖獗了。「他哪裡是個能人啊！分明是個老好人，比以前的主管更容易欺騙！」四個月過去，就在大家為新主管感到失望時，新主管卻發威了：壞分子一律革職，能人則獲得晉升。下手之快，斷事之準，與四個月來表現保守的他大相徑庭，簡直像是換了個人。

年終聚餐時，新主管在酒過三巡之後致詞：「相信大家對我新到任期間的表現，和後來的大刀闊斧，一定困惑不解，現在聽我說個故事，各位就明白了：我有位朋友，買了棟帶著庭院的房子，他一搬進去，就將那院子全面整頓，雜草、樹一律清除，改種自己新買的花卉。某日原

先的屋主來訪，進門大吃一驚地問，那最名貴的牡丹哪裡去了？我這位朋友才發現，他竟然把牡丹當草給鏟了。後來他又買了一棟房子，雖然院子更是雜亂，他卻是按兵不動，果然冬天以為是雜樹的植物，春天裡開了繁花；春天以為是野草的，夏天裡成了錦簇；半年都沒有動靜的小樹，秋天居然紅了葉。直到暮秋，他才真正認清哪些是無用的植物，而大力剷除，並使所有珍貴的草木得以保存。」說到這裡，主管舉起杯來：「讓我敬在座的每一位，因為如果這辦公室是個花園，你們就都是其間的珍木，珍木不可能一年到頭開花結果，只有經過長期的觀察才認得出啊！」

　　新主管以不動聲色的暗中考察，剔出了公司中的「雜草」，可以說是三思而行的成功運用。要決定一件事情，畢竟不是很容易的。故事中的主管可以有時間來考察，但有的事情有時又不允許慢慢決定，而當機立斷又容易出錯，此時作為管理者就需要總覽全域，三思而行，切不可輕率行事。

靈活通變可解死結

【原文】

設變致權，所以解結。

【譯文】

採用靈活手法，施展權變之術，這樣可以解開糾結。

【名家注解】

張商英注：有正、有變、有權、有經。方其正，有所不能行，則變而歸之於正也；方其經，有所不能用，則權而歸之於經也。

王氏注：施設賞罰，在一時之權變；辨別善惡，出一時之聰明。有謀智、權變之人，必能體察善惡，別辨是非。從權行政，通機達變，便可解人所結冤仇。

【經典解讀】

事物有正常不可變的義理法則和原則，但仍要設想到事物因時勢變化而產生的變化。隨機應變，是智慧的表現，靈活通變不是犧牲原則，恰恰相反，是以機敏巧妙的迂迴戰術解開死結，以免激化衝突，同時引導誤入歧途的人走上正道。

【處世活用】

做人不真誠，總是華而不實，朋友就會疏遠你。時間久了你會被貼上騙子的標籤，後果嚴重。事實就是這樣，真誠是一個人在社會上生存最重要的一項品德。但是，如果一個人固執呆板，處世不懂得變通，同樣會到處撞牆。因為開車需要拐彎，為人處世同樣需要轉動方向盤。

中國儒家稱之為「三達德」的「智、仁、勇」當中，智被列在首位。一個成功者，並不一定非要有很高的才能，但他必須要有智慧，而智慧並不是照搬書上的教條，而是靈活運用智謀。

【職場活用】

變通是一門藝術，更是一門學問。所謂「窮則變，變則通」，很多人之所以一輩子都碌碌無為，那是因為他活了一輩子都沒有認真地去體會、揣摩過成功人士之所以成功的原因，都沒有弄明白變通對人生的決定性作用，都不知道怎樣變通才能為自己的人生畫上燦爛的一筆。懂得變通，才可以使你在危難關頭化險為夷，在職場中如魚得水。

我們都知道《刻舟求劍》的故事，這就是一個學富五車的人不懂變通的活例子。同樣的道理，我們如果不懂變通就會變得迂腐不堪，如同沒有生命的雕像和傀儡，為人處世就會不得要領，做出讓人哭笑不得的傻事來！

【管理活用】

在企業內部，一旦決策層制定出戰略目標，必須具有相對穩定的特性，但在具體執行過程中，我們還必須把握實用原則和變通原則。不同企業有不同的具體環境，再先進和優化的管理模式也必須與企業的具體環境相結合才能發揮出它的作用。只有結合企業的實際執行才能夠在這

個企業中達到最有效的結果。企業的目的是贏利，執行的目的是以最小的成本投入獲得最大的可靠回報。因此在執行的過程中最重要的原則就是實用，要適時變通。

商鞅變法

秦孝公時商鞅頗得重用。商鞅進行新法變革，為了證明自己說話算話，商鞅在國都咸陽的南門立了一根三丈長的木頭，聲明說，誰能將這根木頭搬到北門去，便賞他十金。事小而賞重，老百姓都覺得很奇怪，誰也沒有動作。商鞅又宣布：「能搬到北門去的，賞五十金。」重賞之下必有勇夫，有一中年漢子抱著試試看的心理把木杆搬了過去，商鞅立即給了他五十金。自此商鞅取得了百姓的信任與支持，然後便頒布了他變法的命令。

但是新法在最初執行時並不那麼順利。反對者數以千計，尤其是高官顯貴們，就連太子也不以為然，一再犯法。商鞅於是決定拿太子開刀，堅持要把太子繩之以法。當時有人勸他不要得罪太子，可是他卻說：「變法的法令之所以不能貫徹執行，是由於上層有人故意反抗。」但太子終究是國君的接班人，是不能施刑的，於是商鞅便拿太子的老師公子虛和公孫賈當替罪羊，一個被割掉了鼻子，一個在臉上刺了字。當時商鞅深得秦孝公的寵信，權勢極盛，太子拿他也無可奈何。商鞅變法果然見到了成效，僅僅十幾年的時間，便使秦國的國力一躍而成為七雄之首。

可是，正當秦國興盛之時，秦孝公死了，太子秦惠文王即位，商鞅一下子便失去了靠山。惠文王一上臺，公子虛便出面告發，說商鞅想要謀反。惠文王下了逮捕令，商鞅匆匆忙忙逃離咸陽，當他來到潼關附近想要投宿時，旅店的主人不知道他就是商鞅，拒絕收留他，說道：「根

據商君的法令，留宿沒有證件的客人是要進監獄的！」商鞅這才知道什麼是作法自斃，他走投無路，結果被捕，不久被車裂於咸陽街頭，家人也被滅族。

　　作為一個改革家，商鞅在政治上是成功者，秦國因其新法而強大。但他做人做事卻缺少變通。我們在管理中有許多棘手的事情，有時候會讓人找不到一點頭緒，因而會走到「危機」的關頭，但是要相信一句話：世上沒有解決不了的問題。關鍵是要及時轉變思路，找到解決問題的切入點。有時候只要換一種思路、變一個角度，就能把看來棘手的事情圓滿解決。

慎言可避禍

【原文】

括囊順會，所以無咎。

【譯文】

心中有數，閉口不言，凡事能順從時機，這樣可以遠怨無咎。

【名家注解】

張商英注：君子語默以時，出處以道；括囊而不見其美，順會而不發其機，所以免咎。

王氏注：口招禍之門，舌乃斬身之刀；若能藏舌緘口，必無傷身之禍患。為官長之人，不合說的卻說，招惹怪責；合說不說，挫了機會。慎理而行，必無災咎。

【經典解讀】

《周易‧坤卦》說：「括囊，無咎，無譽。」意思是說：六四爻在上卦之下、下卦之上，象徵著正人君子雖然品行端正，但不得中，況且陰柔過甚，靠近君主的位置是危險的地位。在這種情況下，隨境而處，方可免除禍患。此語意思頗豐，它告誡人們，在即將成功之時，不可得意忘形，到處誇耀。只有穩住陣腳，不露聲色，才能勝券在握。

【處世活用】

人生世上，遇有不平之事，當挺身而出，直言相斥。但多數時候，並非事事皆可直言，此時，我們需要的是「慎言」。唯有如此，相處之時才可以減少衝突，避免問題發生，有時甚至可以避禍。多言招禍，古不乏人，賀若弼就是這方面的例子。

賀若弼之死

賀若弼，字輔伯，河南洛陽人。父親賀若敦，在北周時任金州總管，遭宇文護妒忌而被害。賀若弼少年老成，善於騎馬射箭，又能寫詩作賦，故有很高的名聲。北周齊王宇文憲很賞識他，徵召他為記室。北周宣武帝即位後，讓賀若弼跟隨大將韋孝寬征伐陳朝，攻下數十城，賀若弼因功拜壽州刺史，進襄邑縣公。隋朝建立後，準備剿滅陳朝，賀若弼上「平陳十策」，引起文帝的重視。

伐陳戰爭開始時，文帝任命賀若弼為行軍總管（軍事長官）。賀若弼率大軍渡過長江，殲滅了陳軍主力。待兵臨金陵時，隋將韓擒虎已攻克金陵，俘獲陳後主，陳朝宣告滅亡。

在滅陳戰爭中，晉王楊廣是主帥，但賀若弼對楊廣甚為藐視，往往不服從指揮。特別是在與陳軍主力的決戰中，不聽號令，立功心切，在預定攻敵之前出兵決戰，未能集中優勢兵力形成對敵人的合圍，雖擊潰了敵軍，但隋軍損失慘重。楊廣命人將賀若弼拘押，欲治其罪。但隋文帝聞訊後，下令將賀若弼釋放，並將他召到京師，賜其玉帛，又將陳後主的妹妹賜給他為妾，封其為上柱國、宋國公、右領軍大將軍，轉升右武侯大將軍。其兄其弟皆封郡公、將軍。這引起楊廣的極大不滿，但楊廣隱忍不發，賀若弼則對楊廣更加不屑一顧。賀若弼認為自己對隋朝開

國、一統華夏立有首功,「功名出朝臣之右」,理應擔任宰相。後來,楊素升為宰相,賀若弼仍任原職,心中甚為不平,怨恨文帝,公開誹謗朝政,遂被削職拘禁,按律當斬,但文帝念其前功,恕其無罪,後又恢復了他的爵位。然文帝對他心存顧忌,不再讓他擔任要職,只是待他仍很優厚。當文帝欲廢黜太子楊勇,而新立楊廣為太子時,賀若弼竭力反對,這更加深了楊廣對他的仇恨。

楊廣奪嫡成功後,賀若弼前往東宮祝賀。楊廣問道:「楊素、韓擒虎、史萬歲三人,都可稱良將,但如何評價他們的高下呢?」賀若弼答道:「三人皆非大將之才。」楊廣問道:「誰是大將之才?」賀若弼道:「由殿下來評判。」賀若弼的意思是只有他一人堪稱大將。等楊廣即位後,賀若弼尤其被疏遠和忌用。隋煬帝楊廣大規模營建東都洛陽,並遷都至此。為了顯示國威,又北巡至榆林,建造可容坐千人的大帳篷。時賀若弼隨駕北巡,認為太奢侈,並私下攻擊隋煬帝登基以來的新政,被人告發,犯了隋煬帝的大忌。隋煬帝下令將其斬首,抄沒家產,其妻子收為官奴婢,家人流放邊塞。

賀若弼父親賀若敦被宇文護所忌而害之,臨刑,對若弼叮囑說:「吾必欲平江南,然此心不果,汝當成吾志。且吾以舌死,汝不可不忍。」後賀若弼平定江南,但他信口開河,屢屢冒犯隋煬帝,最終被處死。〈賀若弼傳〉作者評論說:「賀若弼功成名立,矜伐不已,竟顛隕於非命,亦不密以失身。若念父臨終之言,必不及於斯禍。」

【職場活用】

從一定意義上說,職場即競技場,同事關係遠非朋友關係那樣單純。人事糾葛、利益紛爭,使得同事之間的關係變得敏感而微妙,因而管住和用好自己的嘴巴,乃職場第一要務。一項調查研究表明,即使在

最親密的朋友之間，能夠嚴守祕密的也只有不到10%的人，那麼眾多的同事中能夠嚴守祕密的比例該是多大呢？如果說被親密的朋友洩密大多數情況下是出於無意，那麼被名利場、是非窩裡的同事洩露隱私，難道只存在無意的失誤這一種可能嗎？

不少人在工作、生活中遇到不順心的事，喜歡向同事訴苦，倒也無可厚非，但為了表示對同事的信任，把本屬個人隱私的一些東西毫無保留地掀個底朝天，就多有不妥了；如果再遇上一位嘴巴不緊或別有用心者，豈不正應了孔夫子兩千多年前的那句預言：「不得其人而言，謂之失言。」所以，職場上還是來得穩妥點好——對於形形色色的同事，必須知道應該說什麼、什麼時候說、對誰說和怎麼說。

【管理活用】

生意場上講究拚闖，年輕的管理者往往因為活力四射，而顯得特別勇猛。但是作為管理者還要聽信一句老話，那就是小心駛得萬年船。商場如戰場，充滿了變數和不可知性。儘管我們可以進行預案，但不是每一種情況都可以被考慮進去。所以適當的小心和謹慎是十分必要的，因為管理者身繫全域。你的謹慎不光是對自己前途的負責，也是對團隊全體員工的負責。許多優秀的管理者不但是一個大膽的投資家，更是一個謹慎的人。

慎言的唐太宗

領導者說之無心，而群眾卻能聽出你話裡的弦外之音。因此，領導者一定要慎言，約束自己的言行，做到言必適時，言必適情，言必適度。歷史上的唐太宗心憂天下黎民，將對百姓是否有利，看作是慎言語的標準。

貞觀二年，太宗對侍臣說：「朕每天坐朝，想要說出一句話，就要考慮這一句話是否對人民有益、對國家有益，朕實在不敢多說話啊。」

掌管皇帝起居事務的杜正倫，為人忠誠正直，對國君的言行必定認真記錄在《起居注》裡，他向太宗進奏說：「陛下如果有一句話違背了天理，那麼這句錯話便會千秋萬代流傳下去，損害陛下的道德形象，不單只是今天對國家、對百姓有害處，所以，臣也希望陛下說話謹慎。」

太宗聽後非常高興，賜給杜正倫彩綢百段，獎勵他的諫言。

貞觀八年，太宗對身邊的大臣們說：「言語是君子的關鍵，豈是隨便的事情？一般百姓一句話說不好，就有人記住它，成為他的恥辱和累贅，何況是一個國家的君主，說話更不能有什麼疏忽。國君信口開河危害特別大，難道會和百姓隨口說話後果一樣嗎？我經常拿它作為警戒。隋煬帝初次駕臨甘泉宮時，很滿意宮裡的泉水山石，卻嫌沒有螢火蟲，下令說：『捉一些放到宮裡，晚上用來照明。』主管官署急忙派遣幾千人去捕捉，送了五百車螢火蟲到宮廷旁邊。小事尚且是這樣，何況那些大事呢？」

魏徵讚賞太宗：「君王處於天下最高之位，如果講話失誤，就像日食月食一樣，天下人都會看見，確實是要像陛下這樣兢兢業業、謹戒慎重的。」

慎言就是要言語謹慎，持之有據，言之成理，說話要充分考慮客觀條件，切忌信口開河。慎言是古訓，祖先們創造這個詞的本意是要我們說話謹慎。它總是和「禍從口出」、「言多必失」、「明哲保身」等詞語聯結在一起的。

堅守信念才能立功

【原文】

橛橛梗梗，所以立功；孜孜淑淑，所以保終。

【譯文】

依靠人民而不可動搖，有耿直氣節而不可屈撓，這是忠良將相建功立業的辦法；孜孜不倦、精益求精，這是忠良將相保持善終的辦法。

【名家注解】

張商英注：橛橛者，有所恃而不可搖；梗梗者，有所立而不可撓。孜孜者，勤之又勤；淑淑者，善之又善。立功莫如有守，保終莫如無過也。

王氏注：君不行仁，當要直言、苦諫；國若昏亂，以道攝正、安民。未行法度，先立紀綱；紀綱既立，法度自行。上能匡君、正國，下能恤軍、愛民。心無私徇，事理分明，人若處心公正，能為敢做，便可立功成事。誠意正心，修身之本；克己復禮，養德之先。為官掌法之時，慮國不能治，民不能安；常懷奉政謹慎之心，居安慮危，得寵思辱，便是保終無禍患。

【經典解讀】

《孟子》云：「富貴不能淫，貧賤不能移，威武不能屈，此之謂大丈夫。」意思是說大丈夫可以不受富貴誘惑，不為貧賤動搖，不為武力

屈服。不隨波逐流，不朝秦暮楚，梗植如松竹，堅定如磐石，此係大丈夫之風範，是成就事業的保障。創業不易，守業更難，唯有勤勉奮發，精益求精，才能善始善終。

【處世活用】

魏晉時代的文學家、思想家嵇康曾指出：「人無志，非人也。」志向，歷來是衡量一個人道德修養的重要標準之一。中國古人是很崇尚立志的。三國的大政治家諸葛亮說過：「志當存高遠。」北宋的大文學家蘇軾說過：「古之立大事者，不唯有超世之才，亦有堅韌不拔之志。」明代的大思想家王陽明說過：「志不立，天下無可成之事，雖百工技藝，未有不本於志者。」有志，就是有理想；無志，就是無理想。處世為人，不可無堅定的信念。

然而，我們要真正領會「志當存高遠」這句話中「高遠」二字的真正含義。所謂「高遠之志」，是指所立的「志」不是為個人的一己私利，貪圖個人享樂，而是能為社會、為他人作出貢獻之志。歷史上不乏身處高位之人，終因其所謂的「志」的不正而遺臭萬年，南宋宰相賈似道就是這樣一個例子。

賈似道的人生

賈似道，是中國歷史上著名的奸臣。他在政治腐敗、國運衰微的南宋末年，由一個專事吃喝嫖賭的浪蕩子弟，迅速爬到了右丞相兼樞密使的高位。他殘酷壓榨人民，過著極其荒淫奢侈的生活。在元軍大舉攻宋的時候，他又向元統治者稱臣請降，成了出賣朝廷、賣主求榮的罪人，最後落得個人人唾棄的可恥下場。

咸淳六年（1270），蒙古兵圍攻襄陽，南宋前線形勢十分危急，

賈似道卻悠閒地躺在葛嶺私宅中，過著極端荒淫的生活。他在住處建起樓閣亭榭，又治「養樂圃」，作「半閒堂」，還請道士在堂中供奉自己的塑像。他納宮女葉氏和張淑芳以及許多美貌的妓女、尼姑為妾，日夜淫樂。賈似道又請來從前的賭友，關門賭博，不許別人偷看。他的一個侍妾的哥哥，來賈府探看妹子，正站在大門口想進去，被賈似道看見，立即將他捆起來投入火中。賈似道對身邊的侍妾也極其殘酷。有一名侍妾因見到西湖上兩個遊客，只讚了一聲「多美的少年」，賈似道就醋勁大發，立刻叫人砍下了她的頭。為了殺雞儆猴，他還將這顆砍下的頭裝在盒子裡，捧給其他侍妾觀看，嚇得那些可憐的婦女魂不附體。賈似道又經常與群妾一起，蹲在地上鬥蟋蟀。他還寫了《蟋蟀經》，描述他養蟋蟀、鬥蟋蟀的經驗。他身邊的狎客曾拍拍他的肩開玩笑說：「這是平章的軍國重事嗎？」賈似道還特別愛好奇玩珍寶，廣為搜羅。他聽說已故兵部尚書余階有玉帶殉葬，竟掘墳取來。誰要是有珍寶不肯送給他，他即誣加罪名，進行迫害。他所搜集到的大量古銅器、法書、名畫、金玉珍寶，都交給廖瑩中鑑定，並建多寶閣貯藏，每日登閣玩賞一次。賈似道在葛嶺恣意淫樂，整月不上朝，如果有人提及邊防之事，他便加以貶斥。有一天，度宗問他：「襄陽被圍已三年，怎麼辦？」他撒謊道：「北兵已退，陛下從何處聽得此言？」度宗告訴他是聽一個宮女講的，事後，他立即處死了那個宮女。自此，不管前線情況多麼吃緊，誰也不敢透露半點真實消息。

　　賈似道越來越專橫，但他又怕輿論指責自己。特別是當時的太學生非常厲害，他們直接批評宰相、御史臺，連皇帝也對他們沒辦法。曾有太學生上書指責賈似道，說他遊山玩水，不管社會蕭條；大吃大喝，不管物價飛漲。賈似道為了封閉輿論，施行權術，用官爵籠絡當時的名士，又增加太學生餐錢，放寬科場恩例，以種種小利去誘惑和拉攏讀書

人。從此，言路斷絕，賈似道作威作福，更加肆無忌憚。

　　賈似道位至宰相，從庸俗的觀點來說，其人生不可謂不成功。然而，他所謂的「志」不過是專圖享受並為之不擇手段，最終導致了政治更為腐敗，加速了南宋的滅亡，至今為人們所譴責、唾棄。

【職場活用】

　　如果你不知道要到哪裡去，通常你哪裡也去不了。志向是事業成功的基本前提，沒有志向，事業的成功也就無從談起。俗話說：「志不立，天下無可成之事。」綜觀古今中外，各行各業的佼佼者，都有一個共同的特點，就是具有遠大的志向。立志是人生的起跑點，反映著一個人的抱負、胸懷、情趣和價值觀，影響著一個人的奮鬥目標及成就。所以，在制訂職業生涯計畫時，首先要確立志向，這是制訂職業生涯計畫的關鍵，也是職業生涯計畫中最重要的一點。

志向與成功

　　據英國《衛報》報導，曾有一項持續30多年追蹤上萬名英國人生活的調查顯示，志向遠大的孩子成人後事業更成功。

　　英國教育研究所的研究人員分析了被調查對象在11歲時寫的展望自己未來的短文，然後將短文內容與作者42歲時的實際情況相比較。

　　分析顯示，即使孩子家境貧窮或能力不那麼強，在小學畢業時如果志向遠大，長大後從事專業技術職業的機率就大得多，哪怕實際從事的未必是他們當年夢想的職業。

　　在11歲時便有專業技術職業抱負（醫師、律師、建築師等）的孩子當中，50%的人42歲時在從事這類職業；在沒有類似職業抱負的孩子中，這個比例僅為29%。無論男孩女孩，無論其家長從事體力還是專業

技術工作，這種差別都十分明顯。

　　研究依據的短文來自英國1958年啟動的全國兒童發展研究。該大型研究計畫跟蹤整整一代人的成長全程，為英國醫療保健、教育和社會變化提供資料。1969年，當這些孩子11歲時，學校要求他們參加了一項關於業餘愛好、喜歡的科目以及對未來預期的調查。

　　他們還被要求寫一篇短文，想像自己25歲時的情景，包括生活狀況、興趣愛好、家庭和工作等。

　　負責分析這些短文的簡・伊里亞德說：「11歲時的理想與長大後的職業之間絕對有某種明顯的關聯。」在接受調查的孩子中，抱負的分布並不平均。志向最遠大的是來自中產階層、較為聰明的孩子，而且多為男孩。伊里亞德說，即使把這些因素考慮在內，遠大理想仍然能預示未來事業狀況。人們常說「非學無以廣才，非志無以成學」。職場之上，我們應當志存高遠。

【管理活用】

　　成功之士沒有一個不是志向遠大，且信心十足的人。一個對自己都沒有信心的人，那麼別人自然不會對他有信心。一個缺乏志向的人，別人也很難在他那裡實現自己的志向。所以身為管理者，自信心和志向顯得特別重要。因為它不光關係到自己事業的發展和人生價值的實現，它更關係到下屬的前途和志向。如果管理者缺乏相應的信念，那麼團隊就會顯得沒有方向感。而管理者也無法將下屬團結在一起。成功管理的第一步就是要讓你的下屬和員工感到你十足的信心和遠大的志向，這樣會給他們帶來希望和保障。

富爾頓的信念

　　富爾頓‧羅伯特，1765年出生於美國的賓夕法尼亞州開斯特郡。21歲時，他到英國的倫敦畫畫謀生。在一次社交會上，富爾頓結識了蒸汽機發明家瓦特，兩人遂成為莫逆之交。富爾頓當時意識到瓦特改良的蒸汽機將會給人類帶來巨大的變化。他當時想，如果能將它用在輪船上就好了。在法國時，他見到了美國駐法國公使李文斯頓。他自信十足地向這位大使介紹自己的設想，並聲稱這一成果將改變世界。李文斯頓決定資助富爾頓進行發明輪船的研究，而且將富爾頓招為自己的女婿。

　　富爾頓經過9年時間的研製，到1803年，終於製造出了由他自己設計的第一艘以蒸汽機為動力的輪船。他在法國的塞納河上進行試航，一舉成功。但樂極生悲，當天晚上那艘船就不幸被暴風雨所摧毀。但是富爾頓沒有氣餒，因為他看到了希望，於是立即投入第二次改建工作。1804年，改建後的輪船再次在塞納河上航行成功。但富爾頓還是不甚滿意，他認為還可造得更好一些，因此決心再建造一艘性能更理想的蒸汽輪船。1805年，他得到瓦特的支持，在英國瓦特‧博爾頓工廠購買了瓦特新設計功率更大的蒸汽機，把它帶回美國。1807年8月，一艘新造的鐵殼輪船出現在美國哈德遜河上。這艘船長45公尺、寬4公尺，被命名為「克萊蒙特號」。8月17日，「克萊蒙特號」起航，坐在船上的40位乘客和好奇的觀眾，不斷地對它進行冷嘲熱諷。隨著蒸汽機的轟鳴聲，「克萊蒙特號」緩緩離岸，駛向江心。一位觀眾大聲喊叫起來：「啊，上帝，那玩意真開動啦！」

　　人們從來沒有見過江面上行走這樣巨大的怪物，它大聲轟鳴著駛來，高高的煙囪裡冒出黑煙，輪子推動江水發出嘩嘩的響聲。經過32小時的逆水航行，「克萊蒙特號」完成了從紐約到奧爾巴尼距離為240

公里的航程。要走完這段漫長的航程，即使是最好的帆船，一路順風也得走48個小時。「克萊蒙特號」順水回航時僅用了30個小時，它的平均時速達到時速5.6公里，從此揭開了蒸汽輪船時代的帷幕。不久，富爾頓取得了在哈德遜河上航行的獨佔權，並開辦了船運公司，成為美國有名的富翁。

　　如果富爾頓當時缺乏信心，那麼美國大使不可能給予他資助。如果在初次失敗後，他便喪失了遠大的志向，那麼不會有改良的蒸汽機輪船，更不會有後來的輪船公司。別人對富爾頓的支持正是基於他那具有現實可能性的遠大志向，以及他飽滿的自信心。這份自信支持了他十幾年來從一個畫家最終成為一個發明家和富翁。管理者如果信心十足，這不僅是他自己的成功，也是員工的福音。

本德宗道章第四
道德乃人生之根本

　　此章言想要成就偉大的事業，就必須以德為根本，以道為宗旨。故以「本德宗道」為章名。道之於物，無處不在，無時不有。深切體味天道地道之真諦，才能出神入化地用之於人道——精神境界之提高。全章的大意，是將「本德宗道」、志心篤行的妙術分為應當爭取和保持的技藝以及需要預防和戒備的方略兩大類分而論之。人生漫漫，世路茫茫，如何建立功業，慎始慎終，盡在於此。

長於謀劃，才能有所成就

【原文】

夫志心篤行之術，長莫長於博謀。

【譯文】

凡是按自己意志、專心行事的方法，沒有比廣泛地諮詢意見，從精微處決策能獲得更大的長處了。

【名家注解】

張商英注：謀之欲博。

王氏注：道、德、仁、智存於心；禮、義、廉、恥用於外；人能志心篤行，乃立身成名之本。如伊尹為殷朝大相，受先帝遺詔，輔佐幼主太甲為是。太甲不行仁政，伊尹臨朝攝政，將太甲放之桐宮三載，修德行政，改悔舊過；伊尹集眾大臣，復立太甲為君，乃行仁道。以此盡忠行政。賢明良相，古今少有人；若志誠正心，立國全身之良法。君不仁德、聖明，難以正國、安民。臣無善策、良謀，不能立功行政。齊家、治國無謀不成。攻城破敵，有謀必勝，必有機變。臨事謀設，若有機變、謀略，可以為師長。

【經典解讀】

任何人想要成就一番事業，都不是一帆風順的，《孟子》說：「天

之將降大任於斯人也,必先苦其心志,勞其筋骨,餓其體膚,空乏其身,行弗亂其所為。」這是千古不易的至理名言。而成就事業的首要條件,是需要有超於常人的見識,人所未知的謀略。如姜子牙胸懷《六韜》,故能助武王誅滅無道商紂,榮得天子稱相父之尊,此皆「博謀」的結果。

【處世活用】

為人處世,要講求以誠相待,但有時遇到複雜的情況,我們應當講求一些策略。下文狄青擲幣就給我們提供了一個很好的例子。

狄青向天買卦

宋朝名將狄青,有一次奉命出兵討伐南越壯族。當軍隊在桂林誓師,準備出發的時候,狄青當著所有將士的面,跪在地上念念有詞,向天禱告說:「這一次出兵,勝敗難料,請允許我手拿著百枚銅錢向您請願,如果能夠大獲全勝,就讓這些擲出去的銅錢,全部正面朝上。」話剛說完,左右將領和幕僚,都面面相覷,不知道將軍到底在搞什麼鬼。有人馬上湊上前去向狄青勸諫說:如果不能全部正面朝上,將會嚴重影響軍心,對戰事不利。可是狄青當做沒聽見,仍然在官兵面前順手一揮,將手中銅錢全部擲了出去。怪的是,銅錢居然全部正面朝上,看得全體官兵歡聲雷動,聲音迴盪在山谷之間,狄青自己也笑得合不攏嘴。接著,狄青叫人拿來100支鐵釘,將銅錢一一釘在散落的地方,然後又親自用輕紗覆蓋在上面,最後以愉快的口吻對著全體將士說:「等到凱旋歸來的時候,再來謝神取錢。」後來,他平定邕州,班師回朝時,故意重回舊地,按照先前的約定,準備還願,並取回銅錢。這時,幕僚和左右親近才發現,原來這些銅錢兩面都是

正面的。為何要這樣做？狄青回答說，南越之地山高路險，沿途險峻，加上士兵們一向迷信，難免會受到一些風吹草動的影響，如果不想辦法，幫他們壯壯膽，恐怕就無法發揮十足的戰鬥力。所以，他便假借神鬼護持，來加強兵士們必勝的信心。

帶兵為將要有權謀，因為某些問題方面需要運用策略，發揮一下小智慧，事情才會收到出乎意料的結果。做人也是這樣，有時講求策略。

【管理活用】

作為一個企業，其核心問題是戰略問題，而戰略的支撐點是戰略謀劃與戰略管理。戰略謀劃是企業面對激烈變化、嚴峻挑戰的內外環境，為求得生存和不斷發展而進行的總體性謀劃。戰略管理是企業對自己未來方向制定總體戰略並實施這些戰略管理過程。一個企業戰略謀劃與戰略管理的優劣，決定著這個企業的成敗。為什麼有的企業可以由不知名的企業發展成為大集團公司，成為行業的一面旗幟？為什麼有的企業容易「各領風騷三五年」，最後都逃不脫失敗的命運？從戰略的角度進行分析，他們的成功或失敗，其根本原因是企業戰略謀劃與戰略管理的成功或失敗。為此，作為管理者，應該長於謀劃。商場如同戰場，古人的戰略謀劃可以給我們提供不少學習經驗，耿弇即是一例。

耿弇聲東擊西

東漢初期，民兵首領張藍聚眾叛亂，他兵分兩路，以精兵二萬挺進西城，另外以萬餘人攻打臨淄。沒多久，兩城相繼失陷。這時，光武帝劉秀派遣部將耿弇前往追剿。

由於兩城相距不遠，大概只隔40里，所以，耿弇率領兵馬來到兩城之間的時候，為了決策先攻哪裡，在內部幕僚之間起了爭執。為了平息

爭議，耿弇經過一番研判，發現西城雖然比較小，但是城池堅固；臨淄雖然比較大，防備形勢卻較鬆散，應該不難攻取。儘管耿弇內心決定先攻臨淄，卻故意當眾做出決策，表示五天之後，將先打西城。

張藍聽到消息後，馬上加強西城的防備。可是，到了第五天的午夜時分，耿弇緊急命令全軍提前吃早飯。天還沒亮，大軍出動，不過不是前往西城，而是直奔臨淄。當全軍還在納悶將軍有沒有搞錯的時候，臨淄已被團團圍住，繼而攻破，而且只用了半天的時間。

坐鎮西城的張藍聽到臨淄兵敗的消息後，大驚失色，便馬上棄城而逃。沒用多久，耿弇已經奪回了兩座城池。事後，左右幕僚仍然想不明白耿弇是怎麼盤算的，居然用兵如此輕鬆神速，於是紛紛問他說：「為什麼將軍下令進攻西城，卻又直逼臨淄，而且居然能一舉就取下兩座城池，圓滿完成任務？」耿弇這才回答說：「我當時的盤算是，當西城的叛軍聽到我軍要進攻他們的時候，一定會嚴加備戰，而臨淄那邊卻會因此而暫時鬆懈。當他們在無意之中，發現遭到攻擊時，必然會措手不及、心慌意亂，所以一下子便被我們打敗了。臨淄攻破之後，西城敵兵會感到孤立無援，軍心渙散、兵無鬥志，所以也難逃被我軍一舉攻下的命運。」

耿弇接著說：「以我們這邊的形勢來看，假設我們先攻西城，敵人早有防備，且是以逸待勞，如果久攻不下，我軍必然傷亡慘重，即使攻下該城，恐怕也已元氣大傷、兵疲馬困，加上糧草若來不及補給，那時想再攻臨淄，就難有勝算的把握了。」

眾人聽了之後，無不佩服耿弇的聰明才智。

耿弇以聲東擊西之術攻取了臨淄，計策似乎常見。然而，真正讓人嘆服的是他對戰局的全面掌握和周密考慮。所謂商場如戰場，作為管理者，不妨從中領會謀劃的重要性。

忍辱方能身安

【原文】

安莫安於忍辱。

【譯文】

想要做到平安無事，最好的辦法莫過於忍辱負重。

【名家注解】

張商英注：至道曠夷，何辱之有。

王氏注：心量不寬，難容於眾；小事不忍，必生大患。凡人齊家，其間能忍、能耐，和美六親；治國時分，能忍、能耐，上下無怨相。如能忍廉頗之辱，得全賢義之名。呂布不捨侯成之怨，後有喪國亡身之危。心能忍辱，身必能安；若不忍耐，必有辱身之患。

【經典解讀】

王安石說：「莫大的禍，起於須臾之不忍。」人是感情動物，內心活動如潮起潮落，瞬息即變，如若自己善加克制，就可能轉禍為福，在時機不順、運氣不佳、遭受恥辱的情況下，能忍辱負重，才能避害安身。如韓信忍一時胯下之辱，方能有後來的拜將封侯。而身居高位的人，這一點尤需注意。作為一個真正的政治家，必須具備三忍：容忍、

隱忍、不忍。

【處世活用】

大丈夫處世，當能屈能伸。面對恥辱，要冷靜地思考，三思而後行，而不是憑自己的一時意氣用事。一時意氣是莽夫的行為，絕不是成就大事業之人的作為。能屈能伸，「屈」是暫時的，暫時的忍辱負重是為了長久的事業和理想。不能忍一時之屈，就不能使壯志得以實現，使抱負得以施展。「屈」是「伸」準備和積蓄的階段，就像運動員跳遠一樣，屈腿是為了積蓄力量，把全身的力量凝聚到發力點上，然後縱身一躍，在空中舒展身體以達到最遠的目標。

胯下之辱

秦朝滅亡後，劉邦和項羽爭奪天下。韓信以其卓出的軍事才能，輔佐劉邦在垓下困住項羽，項羽四面楚歌，走投無路，刎頸自殺。劉邦借助韓信一統天下，韓信也因此封王封侯，位極人臣。然而這個封王封侯的韓信卻曾忍受胯下之辱。

年輕時候的韓信，頗為潦倒。其時淮陰有一個年輕的屠夫侮辱韓信，說道：「你的個子比我高大，又喜歡帶劍，但內心卻是很懦弱的啊。」並當眾侮辱他說：「假如你不怕死，那就刺死我；不然，就從我的胯下爬過去。」韓信思考了一會兒，便伏下身去從他的胯下爬過去，然後拍拍衣上的塵灰揚長而去。那些地痞流氓哈哈大笑，說韓信是個膽小怕事的人，不會成就什麼大事業。後來韓信發憤圖強，學得一身兵法，軍事才能無人能及，被蕭何引見到劉邦帳下，很快就做了大將軍，幫助劉邦平定天下。

【職場活用】

在職場上，任何人都不可能一帆風順，總會遇到一些這樣或那樣的不平事、煩心事。比如，同職不同酬；庸者居高位，能者居其下；獎懲不公；任人唯親，等等。倘若真遇到這些事，一定要學會冷靜，學會忍耐，分析原因，尋找對策，而不是簡單地發洩不滿，滿腹牢騷。任何一個單位，都不喜歡一個不專心做事，卻對自己的待遇斤斤計較、到處發洩不滿的人。即使這種人當時因某種原因達到了自己的要求，以後也不會得到單位的重用，反而因小失大、得不償失。

【管理活用】

身在職場，作為一個管理者，本身的社會地位就高於普通員工，除了應該表現出謙虛、平易近人的態度之外，更多的時候還要學會忍辱負重。某些時候可以問問自己，我做出的決策是否公正，下屬對於我這樣的管理模式是否滿意等類似的問題。當一個人覺得自己的精神壓力不斷增加、面臨的困難不斷增強的時候，也是個人能力得到鍛鍊和進步的最好時機，因此要有恆心，不輕易放棄，堅定信心走出困境，讓個人能力在實踐中得到有效提高。然而，我們要說的「忍耐」不是一種權宜之計，而應該是一種修養。修養也需要忍耐，但這種忍耐不是以報復和奪取利益為目的，而是用寬容和智慧化解一切塵俗恩怨，追求自我心靈的安寧和偉大。

管理者所具備的忍耐，不是一種為忍耐而去忍耐，而是要將它變成一種修養。達到這一要求並不容易，這需要修身、養性、修知、養氣、修形。以包容心、平常心待之，始終能維持心理的平衡。對於領導者來說，選擇哪種類型的忍耐會對社會環境造成不同的影響，而這種影響往往是很大的。作為管理者，要慎重待之。

進德修業乃首要之事

【原文】

先莫先於修德。

【譯文】

最優先的要務，莫過於進德修業。

【名家注解】

張商英注：外以成物，內以成己，此修德也。

王氏注：齊家治國，必先修養德行。盡忠行孝，遵仁守義，擇善從公，此是德行賢人。

【經典解讀】

《禮記・大學》中說：「自天子以至於庶人，壹是皆以修身為本。其本亂而末治者，否矣！」修身之本是修德。道德是否高尚，既關係到自身的人品修養，也關係到對周圍環境的影響、事業的成功。作為一個領導人，想要使各級屬下忠心擁戴，必須首先讓人心悅誠服，而要達到這一目的，非德莫屬。

【處世活用】

個人品德,是有關道德的品質和行為,是人的思想、性格、才能、作風、氣質的綜合呈現。品德是做人之本,一個人的成功成才,歸根結底是建立在良好的個人品德之上。古人講「舉賢」,今人說德才兼備,其意思都是講德、重德、修德,把德擺在重要位置上。

名人的品德修養

舉凡在歷史上很有作為的傑出人物,他們的性格都有許多優良之點。其優良性格是他們在後天實踐活動過程中,頑強地進行自我修養的結果。人們性格成熟的進度,往往是與性格修養的認真程度成正比的。性格的自我修養進行得越認真,性格成熟得也就越快。

孔子也不相信自己是「天生聖人」。他說:「吾十有五而志於學,三十而立,四十而不惑,五十而知天命,六十而耳順,七十而從心所欲不逾矩。」俄羅斯大文學家列夫・托爾斯泰青年時期,就開始為自己擬定「意志發展的規則」。開始是規定生活制度方面的要求,如什麼時候起身、睡覺,吃什麼等等。後來,直接的意志訓練內容在這個規則中佔了主要地位,如「集中全力去做一件事情」、「盡力而為」、「只有在必要的情況下,一件事情沒有結束,才著手做其他的事情」、「在從事一切工作前,要考慮它的目的」,等等。

俄羅斯著名教育家烏申斯基青年時期,也十分重視從行為規則入手控制和培養性格。他為自己定過以下規則:(1)絕對的平靜,至少,表面上絕對的平靜。(2)在言行方面老老實實。(3)行動時要深思熟慮。(4)果斷。(5)不講一句不必要的話。(6)不無意識地浪費時間,只做那些應該做的事,而不是偶然想到的事。(7)只把金錢花在必

要的地方，而不花費在不必要的欲望方面。（8）每天晚上誠實地檢查自己的行為。（9）從不誇張過去、現在所做的事情和將來要做的事情。他的堅定沉著、冷靜自持等優良性格，就是從這樣一點一滴培養起來的。著名美國科學家富蘭克林早在年輕的時候就下決心「克服一切壞的自然傾向、習慣或夥伴的引誘」。為此，他給自己制定了一項包括十三個名目在內的性格修養計畫：節制、靜默、守秩序、果斷、儉約、勤勉、真誠、公平、穩健、整潔、寧靜、堅貞和謙遜。

【職場活用】

面對激烈的職場競爭時，職場人士會為獲得一次面試機會或者晉升機會而說謊嗎？一項調查顯示，在求職者虛報或隱瞞的資訊中，學歷與薪酬造假的比例最高。越來越多企業在招聘中特別強調應聘者的誠信。職場專家表示，對於職場人士而言，品德永遠比能力重要，個人誠信對其職業發展有極其重要的影響。

吉田忠雄的成功之路

日本著名的企業家吉田忠雄在回顧自己的創業成功經驗時說，為人處事首先要講求誠實，以誠待人才會贏得別人的信任，離開這一點，一切都成了無根之花、無本之木。

創業初期，他做過一家小電器商行的推銷員。開始的時候，他做得並不順利，很長時間業務並沒有什麼起色，但他並沒有灰心，而是堅持做下去。有一次，他推銷了一種刮鬍刀，半個月內與二十幾位顧客做成了生意，但是後來突然發現，他所推銷的刮鬍刀比別家店裡的同類型產品價格高，這使他深感不安。經過深思熟慮，他決定向這二十家客戶說明情況，並主動要求向各家客戶退還價款上的差額。他這種以誠待人的

做法深深感動了客戶，他們不但沒收價款差額，反而主動要求向吉田忠雄訂貨，並在原有的基礎上增添了許多新品種。這使吉田忠雄的業務數額急劇上升，很快得到了公司的獎勵，這給他以後自己創辦公司打下了良好的基礎。

　　吉田忠雄的以誠待人為他贏來事業的成功，這個故事對初涉職場者應該有所啟迪。品德是綜合衡量一個職場人士的關鍵標準，作為上級領導的管理者，在觀察、分析和甄別下屬的道德品行時，他們會觀察和判斷你對別人的興趣、利益和需要是否關心，還是只關心你自己；你是否是個敬業的人；在對待索取與奉獻的問題上立場是什麼，等等，並據此對你做出錄用、提升與否的決定。職場人士應時刻保持良好的品德。

【管理活用】

　　作為領導幹部，個人品德建設，是做人做官的基礎。品德既是一個人在生命舞臺上所扮演的角色，也是群眾對領導幹部誠信度的價值判斷標準。可見，領導幹部個人品德建設如何，直接關係和影響著他們在群眾中的形象，同時又展示和代表著集體的形象。個人品德端正的領導者通常在群眾中的威信都比較高，個人品德不端即便能力素質再強，也不為群眾所認可。領導幹部人人都應重視個人品德建設，在提升個人品德中不斷完善自己，在完善自己中實現自身價值。個人品德修養好了，人的形象自然就會高大起來，其社會責任感和進取心就會產生飛躍，就會促進事業成功。

多做好事就會快樂

【原文】

樂莫樂於好善。

【譯文】

最大的快樂莫過於樂於做善事。

【名家注解】

王氏注：疏遠奸邪，勿為惡事；親近忠良，擇善而行。子胥治國，惟善為寶；東平王治家，為善最樂。心若公正，身不行惡；人能去惡從善，永遠無害終身之樂。

【經典解讀】

所謂「善」，凡是順應天理，不背人倫，能宜事物之情，順事物之理的行為，都可以稱之為善。其具體表現是：救極難，恤孤貧，矜窮困，和解冤仇。施行善舉，必須從內心出發，《孟子》言：「老吾老以及人之老，幼吾幼以及人之幼。」將對親人的親愛之心，推之於社會，其所實踐的行為就會自然而真誠。民諺有云：「但行好事，莫問前程。」只要行善積德，自然福壽平安。修百善自能邀百福。多做好事對心理素質會漸漸造成一種良好的影響，那就是無時無處都能處在一種寧

靜坦蕩的心境中。這是人生最大的快樂。

【處世活用】

蜀漢先主劉備曾說：「勿以惡小而為之，勿以善小而不為。」這句話講的是做人的道理，只要是「惡」，即使是小惡也不做；只要是「善」，即使是小善也要做。「行善」在同一旋律中和諧顫動，它不是一句簡單蒼白的口頭語，也不是圖他人回報的念頭，而是表達我們對他人的關懷之意，它是見證以實際行動體現自身存在價值的意義。

其實，幫助別人是一種習慣，而不是做給別人看的。人是種奇怪的動物，很容易被群體意識所感染，周圍的人善良，我們也會變得善良。讓行善成為一種習慣，變成一種風氣，對社會非常重要。

【職場活用】

職場上，競爭激烈，但是如果我們做事情豁達一些，看淡功利、富貴，懷著一顆平常心，與人為善，那麼你不但活得輕鬆，而且還會有意想不到的其他收穫。

與人為善，就是做一個好人，做一個助人為樂的人。對待周圍的朋友、同事、家人甚至陌生人，都始終懷著一顆感恩、善良的心。在他人遇到困難時，主動伸出友愛之手，給予你最真誠的幫助和呵護。在你溫暖、感動他人的時候，也必能從對方那裡獲得溫暖和感動。

心志專一者能成大事

【原文】

神莫神於至誠。

【譯文】

最神奇的神通，莫過於用心至誠。

【名家注解】

張商英注：無所不通之謂神。人之神與天地參，而不能神於天地者，以其不至誠也。

王氏注：志誠於天地，常行恭敬之心；志誠於君王，當以竭力盡忠。志誠於父母，朝暮謹身行孝；志誠於朋友，必須謙讓。如此志誠，自然心合神明。

【經典解讀】

《易經》上說，誠能通天。心誠的含義不單是誠實無欺而已，更重要的是虛靈不昧。人心達到專一、真誠的極點，就會出現不可思議的奇功異能，此可稱之為「神」。如南北朝劉義慶《世說新語》中「周處斬蛟」的傳說，唐代詩人盧綸《塞下曲》中李廣射虎的傳說，皆是心誠所致。真能做到這一點，必然會有許多神奇不可言喻之處。宋、明諸儒終生所修，只此一個「誠」字。

【處世活用】

　　為人處世，當有理想。樹立了要達成的理想，就要心志專一，全心全意地付出。如果發現自己的所作所為偏離了目標，就要及時返回。否則，當你越走越遠時，再想回頭，可能已經來不及了。人的精力是有限的，故要有所為就要有所不為。如是心志不專，四面出擊，必然精力渙散，徒勞無功。常立志者志不常，講的就是這個道理。

慧遠修禪

　　年輕時的慧遠禪師喜歡四處雲遊。有一次，他遇到了一位極愛抽菸的行人。兩人走了很長一段山路，然後坐在河邊休息。那位行人給了慧遠禪師一袋菸草，慧遠禪師高興地接受了行人的饋贈，然後他們就坐在那裡談話。由於談得投機，那人便送給慧遠禪師一根菸管和一些菸草。

　　與那人分開以後，慧遠禪師心想：這個東西會讓人感到很舒服，肯定會打擾我禪定，時間長了一定會惡習難改，還是趁早戒掉的好。於是，就把菸管和菸草全部都扔掉了。

　　又過了幾年，慧遠禪師又迷上了《易經》。那時候正是冬天，天寒地凍。於是，慧遠禪師寫信給自己的老師，向老師索要過冬的寒衣。信寫完後，他託人騎快馬送到老師那裡。

　　但是，信寄出去很長時間，當冬天已經過去，山上的雪都開始融化時，老師還沒有寄衣服來，也沒有任何音信。於是，慧遠禪師用《易經》為自己占卜了一卦，結果算出那封信並沒有送到老師手上。

　　他心想：「《易經》占卜固然準確，但我如果沉迷此道，又怎麼能夠全心全意地參禪呢？」從此以後，他再也不接觸易經之術。

　　過了不久，慧遠禪師又迷上了書法，每天鑽研，居然小有成就。當

時有幾個書法家也對他的書法讚不絕口。這時，他轉念一想：「我又偏離了自己的正道，再這樣下去，我就很有可能成為書法家，而成不了禪師了。」

從此，他便一心參悟，放棄了一切與禪無關的東西，終於成了禪宗高僧。

【職場活用】

在職場上，想要獲得成功，必須心志專一，持之以恆。你可以不思成功，但你的生活並不會因此而輕鬆。每個人都應耐心追逐成功，你會因此而品嘗到成功的果實。成功就是重複做簡單的事情，只要持之以恆地堅持下去，成功遲早會光顧你。

推銷大師的錘子

一位著名的推銷大師，即將告別他的推銷生涯，應行業協會和社會各界的邀請，他將在該城中最大的體育館，做告別職業生涯的演說。

那天，會場座無虛席，人們在熱切地、焦急地等待著那位當代最偉大的推銷員作精彩的演講。當大幕徐徐拉開，舞臺的正中央吊著一個巨大的鐵球。為了這個鐵球，臺上搭起了高大的鐵架。

一位老者在人們熱烈的掌聲中走了出來，站在鐵架的一邊。他穿著一件紅色的運動服，腳下是一雙白色膠鞋。

老人一聲不響從上衣口袋裡掏出一個小鐵錘，然後認真地面對著那個巨大的鐵球敲打起來。

他用小錘對著鐵球「咚」敲一下，然後停頓一下，再一次用小錘「咚」地敲一下。人們奇怪地看著，老人就那樣「咚」敲一下，然後停頓一下，就這樣持續地敲著。

10分鐘過去了，20分鐘過去了，會場早已開始騷動，有的人乾脆叫罵起來，人們用各種聲音和動作發洩著他們的不滿。老人仍然敲一小錘停一下地工作著，好像根本沒有聽見人們在喊叫什麼。人們開始憤然離去，會場上出現了大片大片的空缺。留下來的人們好像也喊累了，會場漸漸地安靜下來。

　　大概在老人敲打了40分鐘的時候，坐在前面的一個婦女突然尖叫一聲：「球動了！」剎那間會場鴉雀無聲，人們聚精會神地看著那個鐵球。那球以很小的幅度動了起來，不仔細看很難察覺。老人仍舊一小錘一小錘地敲著，吊球在老人一錘一錘的敲打中越盪越高，它的巨大威力強烈地震撼著在場的每一個人。終於場上爆發出一陣陣熱烈的掌聲，在掌聲中老人轉過身來，慢慢地把那把小錘收進口袋裡。

　　最終老人只說了一句話：「在成功的道路上，你如果沒有耐心去等待成功的到來，那麼，你只好用一生的耐心去面對失敗。」

　　身在職場，你也必須擁有持之以恆的工作態度，不要遇到困難就想到退卻。人生的路本來就不長，不要每到一個人生的十字路口就往回走。要正確看待自己，尋找自己的長處。整體目標的實現必須要有長期為之奮鬥的思想準備和持之以恆的努力。整體目標的實施過程是將其科學地分解成階段性目標，再各個擊破，直到總目標的實現。不懈的追求和拚搏可以引導人們走出失敗的困擾，每一次努力都會接近成功一步。當今的職場如賽場，要取得職場的成功，必須做好職業生涯規劃，持之以恆地為之努力。

【管理活用】

　　作為一個管理者，在管理實踐中，僅僅是「該說的說到」是遠遠不夠的，更重要的是「說到的要做到」。不僅「說到的要做到」，而且

要做得徹底，身體力行，並且要堅持不懈，不管碰到什麼情況，都不要放棄，可是，有不少人在學習、成長的過程中，遇到一點小小的困難就停步不前。他們認為困難的力量超過了他們的能力，所以不可能再堅持下去了。殊不知困難就像一根彈簧，你強它就弱，你弱它就強。害怕困難，並不是困難把我們打敗，而是我們自己打敗了自己。學習不能停止，工作就擺在面前，機遇就在我們身邊。如果我們不加倍努力，難道成功會自己送上門來嗎？所謂：「鍥而捨之，朽木不折；鍥而不捨，金石可鏤。」

無數事實證明，最困難的時候往往也是最容易出現轉機的時候。成功者與失敗者的區別正是在於面對困難，成功者會堅持下去，而失敗者會早早放棄。所以，堅持下去就能克服困難，堅持下去就能創造奇蹟。如果我們想取得成功，就必須持之以恆地做下去。

具體到企業的管理實務，「說到的要做到」這句話的含義要容易理解得多，但執行的難度也大得多。「說到的要做到」指的是，凡是制度化的內容，都必須不折不扣地執行。企業管理最可怕的不是沒有制度，而是制度沒有權威性。有制度而不能有效執行或不執行，比沒有制度對企業管理的危害更大。管理工作如此，學習安排亦然。

細微之處察本質

【原文】

明莫明於體物。

【譯文】

若說明智，莫過於明辨事物的是非，看透事物的本質。

【名家注解】

張商英注：《記》云：「清明在躬，志氣如神。」如是，則萬物之來，其能逃吾之照乎！

王氏注：行善、為惡在於心，意識是明，非出乎聰明。賢能之人，先可照鑑自己心上是非、善惡。若能分辨自己所行，善惡明白，然後可以體察、辨明世間成敗、興衰之道理。復次，謹身節用，常足有餘；所有衣食，量家之有無，隨豐儉用。若能守分、不貪、不奪，自然身清名潔。

【經典解讀】

能深入事物之中，親身體察事物之理，才能對事物的法則、規矩、總體、枝節以及前因後果等了然於胸。所謂「世事洞明皆學問，人情練達即文章」，善於體察人情世故者，必是聰明不惑之人。在心理學上，這種修養方法被稱做「進入他人思維」。人只要能跳出自身的思維定

式，設身處地站在別人的處境中思考處理問題，事情既比較容易解決，又會得到他人的贊許。

【處世活用】

為人處世，不學會見微知著，就無法洞若觀火。有些人善於揣摩他人的心思，洞察他人的想法。有些與我們相關甚密的事，明智之人雖然深知底細，卻總是半吞半吐，欲說還休。如果你能細心留意，就能見微知著，悟出深意。因此，對那些看似簡單的事，則可信其無；對那些好像有害的事，則可信其有。

箕子：見紂為奢，知其死期

商紂王即位不久，便在用餐時使用華貴的象牙筷子。紂王的庶兄、賢臣箕子看見了，在背後感嘆道：「唉，大王用象牙筷子，盛飯就不會再用粗糙的瓦器了，而將配以犀牛角雕刻的、白玉琢的酒杯了。有了玉杯和象牙筷子，必然就不會吃粗糧，穿褚衣，住簡陋的茅草屋，而要吃山珍海味，穿華貴的服裝，住宮殿樓宇。如此追求享受，那麼，天下也就難以滿足他那無休止的貪欲了，從遠方山上的珍奇寶物，到宮室裡所需的豪華車馬，從此會被搜羅得乾乾淨淨。因此，臣非常為他擔心著急啊！」

果然，不久，紂王的貪欲愈來愈大，他抓了成千上萬的勞工為他建築鹿臺，修建瓊宮玉門；派人到全國各地搜羅各種珍奇寶物，置於宮中，同時還以酒為池，以肉為林，使宮中成為一個荒淫無道的地方。終於，老百姓忍無可忍，紛紛反叛，最後，紂王死在鹿臺的熊熊大火之中。

【職場活用】

我們常常說細節決定成敗。細節有兩層意思，一方面是事物細小的地方；另一方面是我們做事時對細微之處的體察。對細節的觀察和留意往往會彌補我們工作中的不足之處。在職場中，很多工作的性質決定了細節是上司考量你的重要標準之一。也許你才能突出，但是對細微之處的忽視往往會讓你很難獲得上司的青睞。

拉斐薩托的精神

法國銀行大王賈庫・拉斐薩托年輕時曾一度失業。一天，他到一家銀行求職又遭拒絕，這已是他第52次碰壁了。當他垂頭喪氣地走出銀行時，忽然發現門前臺階上有一枚大頭針，就彎腰撿了起來，沒想到第二天銀行發來了錄用通知。原來，昨天他蹲下撿大頭針的情景恰好被這家銀行的董事長看見。在董事長看來，從事銀行工作，需要的正是拉斐薩托的這種精神。從此，拉斐薩托憑著自己的才幹和努力，終於在法國銀行界嶄露頭角。

拉斐薩托的精神無疑是細微之處決定命運的最好詮釋。銀行工作需要細緻的觀察，而拉斐薩托平日養成的良好習慣幫助他贏得了這份工作。我們在職場中往往看重的都是人們最關注的方面，而對於那些細微之處卻嗤之以鼻。然而成功也許就藏在這不為人注意的細節之中。

【管理活用】

作為管理者，要具有見微知著的能力，也就是鑑識能力。所謂「鑑識能力」，並不是用樂觀的眼光看待世界；也不是掩蓋問題，假裝錯誤不存在，或是將不好的事情說成好的；更不是對不稱職或是缺乏才幹的一種鼓勵。當人們運用鑑識力去重新分析狀況、發現積極因素的時候，

他們並沒有否認消極的因素，或否認存在破壞因素的可能性。他們的目標和期望很高，但是這並不是毫無根據的高。他們運用自身的優勢、可以利用的資源以及那些來自正面和負面的經驗，朝前邁進。

哈泰爾的見微知著

2005年，大聯資產管理公司（Alliance Capital Management）決定重新打造公司品牌。公司副總裁兼投資者關係主管瓦萊麗・哈泰爾和品牌顧問組織了多次會議，把重塑品牌的計畫告訴了公司的員工，還與領導資產管理公司的內部顧問團一起評估了工作量和所需的資源，並準備一份該專案的成本分析，以幫助公司決定是否要實施這一舉措。當管理層決定繼續實施這個項目時，總裁和COO（首席運營長）請哈泰爾來領導這個項目。起初，她覺得接受這個專案很勉強，因為管理層並不清楚這個專案涉及的各方關係的艱鉅性。但是，在管理層向她保證她將可以調用的資源後，她決定接受這項任務。

哈泰爾說，她將這項任務視為一個挑戰，同時也是一次機會。她贊同率先進行品牌重塑的舉措，可以把這個過程當成一個瞭解公司運作、人事、品牌定位和信譽管理的方法。哈泰爾也明白，她能藉此來證明她的策略領導能力，同時還能增加她在公司中的顯著性。而且，與其把這當做是把時間浪費在花了很長時間的戰略任務上，或是當做花費精力替別人管理寵大的團隊，還不如用這種方式去看待這個專案。

根據哈泰爾所說，她和品牌顧問一起制訂了一個戰略計畫和一個包含每項任務及責任人在內的執行進度表。她又建立了一個包括法務、策略資源、市場、內部顧問、事件管理和ＩＲ人員在內的監管委員會。除了領導這個監管委員會以及由40個成員組成的全球執行團隊外，哈泰爾還協助管理專案的預算，並讓公司總裁和執行委員會參與到專案中，讓

他們瞭解每個環節的最新進展。公司的全新品牌、交易代碼和名稱——Alliance Bernstein在短時間內便成功啟用了。

「這個項目獲得了驚人的成功，」哈泰爾說：「所有關鍵的、需要交付的任務都在預算內按時完成了。針對品牌的完整性，我們的成果突出顯示了在溝通和實踐過程中進行變革的必要性。除了品牌重塑行為外，它也鼓勵我們要去改進。作為這個項目的一個成果，ＩＲ引領著全公司範圍的綜合傳播團隊，合理利用了我們的資源，並使我們眾口一致。」她說。

哈泰爾的經歷是見微知著的一個很好事例，她從公司和她的專業發展中看到了潛在的優勢。對於從事投資管理的官員來說，以見微知著為標誌的鑑識才能是極其重要的才能，它是指根據當前狀況，去感知事物積極的、本質的、會發揮某些潛能的一種能力。與智商、純粹的專業知識技能、或已經掌握的大量資源相比，鑑識才能對成功的影響更為重要。每個人都有不同程度的鑑識能力，管理者們可以在工作中運用他們的鑑識能力，去改變他們的規劃、職業道路，乃至改變整個公司。海爾的管理層常說一句話：「要讓時針走得準，必須控制好秒針的運行。」這句話說明細節管理的重要性。只注重大的方面，而忽視小的環節，放任的最後結果往往是「千里之堤，潰於蟻穴」。

知足是福，多願則苦

【原文】

吉莫吉於知足，苦莫苦於多願，悲莫悲於精散，病莫病於無常。

【譯文】

若想要一生平安，莫過於知足。人世間的痛苦，多半是由於欲望太多且不知道及時遏制而引起的；世間最令人悲傷的事情，莫過於心煩意亂、精神渙散；最大的病患莫過於內心不平靜而導致喜怒無常。

【名家注解】

張商英注：知足之吉，吉之又吉。聖人之道，泊然無欲。其於物也，來則應之，去則無係，未嘗有願也。古之多願者，莫如秦皇、漢武。國則願富，兵則願強；功則願高，名則願貴；宮室則願華麗，姬嬪則願美豔；四夷則願服，神仙則願致。然而，國愈貧，兵愈弱；功愈卑，名愈鈍；卒至於所求不獲而遺恨狼狽者，多願之所苦也。夫治國者，固不可多願。至於賢人養身之方，所守其可以不約乎！道之所生之謂一，純一之謂精，精之所發之謂神。其潛於無也，則無生無死，無先無後，無陰無陽，無動無靜。其捨於神也，則為明、為哲、為智、為識。血氣之品，無不稟受。正用之，則聚而不散；邪用之，則散而不聚。目淫於色，則精散於色矣；耳淫於聲，則精散於聲矣。口淫於味，則精散於味矣；鼻淫於臭，則精散於臭矣。散之不已，豈能久乎？天地所以能長久者，以其有常

也；人而無常，不其病乎？

王氏注：好狂圖者，必傷其身；能知足者，不遭禍患。死生由命，富貴在天。若知足，有吉慶之福，無凶憂之禍。心所貪愛，不得其物；意在所謀，不遂其願。二件不能稱意，自苦於心。心者，身之主；精者，人之本。心若昏亂，身不能安；精若耗散，神不能清。心若昏亂，身不能清爽；精神耗散，憂悲災患自然而生。萬物有成敗之理，人生有興衰之數；若不隨時保養，必生患病。人之有生，必當有死。天理循環，世間萬物豈能免於無常？

【經典解讀】

孔子稱讚其弟子顏回時說：「賢哉回也！一簞食，一瓢飲，在陋巷。人不堪其憂，回也不改其樂。賢哉回也！」顏回能得到如此高的稱讚，是因為他自感無愧於人、不愧於心，雖然在貧窮的環境中也可以快樂幸福地生活。人生所需，其實甚少，懂得個中道理，人才會知足常樂。但「知足」不是安於現狀、不思進取，而是進取之餘的淡定。

為人應因時順理，坦蕩平易，不可私欲過甚，傾慕心切，貪求過度。貪求過度必然會心神疲困，憂苦累累，難以成功。所謂聖人之道，淡泊無欲。對於身外之物，需任其來去，不縈於心。佛教認為有求皆苦，人的生、老、病、死莫不是因為人們渴求太多而苦難纏身。儒家以無欲則剛，恭謙儉讓，對人不求名，對物不求奢，是為君子。道家則崇尚「無欲無求，一身傲骨，兩袖清風，遨遊人間」。清心寡欲，治國如此，養生亦如此。

【處世活用】

人們常將社會適應的方式劃分為兩種狀態：積極適應和消極適應。所謂積極的適應，指的是個體試圖透過積極的努力，增強自己行為的動

機和態度，使自己對變化了的環境，獲得一種優勢的或支配性的地位。所謂消極適應，指的是對變化了的環境採取沒有摩擦的、簡單反應的方式，或是隨波逐流，或是心甘情願地使自己處於服從他人的地位。

生活之中，我們不可消極適應，但在一些無可如何的情況下，我們不應忘記知足常樂。下文《富人與窮人》即是一例。

富人與窮人

清代李漁的小說《鶴歸樓》裡，講了一個由「不知足」到「知足」的故事：近日有個富民出門作客，歇在飯店之中。時當酷夏，蚊聲如雷，自己懸了紗帳，臥在其中，但聞轟轟之聲，不見嗷嗷之狀。回想在家的樂處，丫環打扇，伴當驅蚊，連這種惡聲也無由入耳，就不覺怨悵起來。

另有一個窮人，與他同房宿歇，不但沒有紗帳，連被單也不見一條。睡到半夜，被蚊蟲叮咬，只得起來行走，在他紗帳外面跑來跑去，竟像被人趕逐一般，要使渾身肌肉動而不靜，省得蚊蟲著體。富民看見此狀，甚有憐憫之心，不想那個窮人，不但不叫苦，還自己稱讚說他是個福人，把「快樂」二字叫不絕口。富民驚詫不已，問他：「勞苦異常，哪些快樂？」

那窮人道：「我起先也曾怨苦，忽然想到一處，就不覺快樂起來。」富民問他想到哪一些。窮人道：「想到牢獄之中，罪人受苦的形狀，此時上了押床，渾身的肢體動彈不得，就算被蚊蟲叮死，也只能忍受。要學我這舒展自由，往來無礙的光景，怎得能夠？所以身雖勞碌，心境一毫不苦，不知不覺就得意起來。」

富人聽了，不覺渾身汗下，才曉得睡在帳裡、思念家中的不是。若還世上的苦人都用了這個法子，把地獄認作天堂，逆旅翻為順境，黃連

樹下好彈琴，陋巷之中盡堪行樂，不但容顏不老，鬚髮難皤，連那禍患休嘉，也會潛消暗長。

【職場活用】

人們說：「成功可以借鑑但不可以複製。」身處職場之上，如果亦步亦趨地按照某一個「精英」的職場軌跡行走，事事比照，最終或許也會取得成功，但多數結果是身心俱疲，毫無收穫。我們應該學會進入到「普通人」這一角色。以「知足常樂」的心境去進取。

不貪不義之財

【原文】

短莫短於苟得。幽莫幽於貪鄙。

【譯文】

見識淺薄中沒有比滿足於苟且所得更見識淺薄的了；昏庸沒有比貪婪卑鄙更昏庸的了。

【名家注解】

張商英注：以不義得之，必以不義失之；未有苟得而能長也。以身殉物，闇莫甚焉。

王氏注：貧賤人之所嫌，富貴人之所好。賢人君子不取非義之財，不為非理之事；強取不義之財，安身養命豈能長久！美玉、黃金，人之所重；世間萬物，各有其主，倚力、恃勢，心生貪愛，利己損人，巧計狂圖，是為幽暗。

【經典解讀】

凡以不符於理，不合於義的方法得到的東西，皆稱「苟得」，如偷盜、搶劫、詐騙、貪贓、行賄等。以不義的方法得來的東西，必將以不義的方法喪失。身處平安之地而不忘危難，現在擁有的東西能夠珍惜，這樣的人才無所短而有所進。孔子曾以「富貴無常」告誡王公，勸勉百

姓。所以苟安現狀的人，即使不敗亡也不會有所進步。

【處世活用】

　　為人處世，要懂得一個道理：不義之財不可取！取不義之財者，開始之初，面對著那些因自己非法奪取不義之財而蒙受損失甚至家破人亡的受害者，自己的良心是會受到譴責的。日積月累，則會變得麻木不仁、肆意妄為。但我們應該謹記一句格言：「若要人不知，除非己莫為。」一旦東窗事發，輕則進牢房，重則會斷頭！貪取不義之財本是為了過好日子，結果卻事與願違，使自己活得人不像人、鬼不像鬼。細細想來，真是可悲！

自滿者敗，自恃者孤

【原文】

孤莫孤於自恃。

【譯文】

最大的孤立，莫過於狂妄傲物、目空一切。

【名家注解】

張商英注：桀紂自恃其才，智伯自恃其強，項羽自恃其勇，高莽自恃其智，元載、盧杞，自恃其狡。自恃，則氣驕於外而善不入耳；不聞善則孤而無助，及其敗，天下爭從而亡之。

王氏注：自逞己能，不為善政，良言旁若無知，所行恣情縱意，倚著些小聰明，終無德行，必是傲慢於人。人說好言，執蔽不肯聽從；好言語不聽，好事不為，雖有千金、萬眾，不能信用，則如獨行一般，智寡身孤，德殘自恃。

【經典解讀】

自矜自誇，使人不如己，賢者不能進其言，智者不得助其力，這是有才華的人最容易犯的一個錯誤。項羽自恃其強，而最終的結局是自刎烏江。因此，無兄無弟不足為孤，唯有驕傲自滿，恃才凌人的人才是真正的孤。世上好驕傲之人可分兩類，一是真有才，因而目中無人；一

是腹中空空，以傲慢來維持其心理平衡。對於後者，無話可說；對於前者，應該銘記「水唯善下方成海，山不矜高自極天」的格言警句。

【處世活用】

做人是一門學問。《論語》中說：「無欲速，無見小利。欲速，則不達；見小利，則大事不成。」做人不要揭他人之短，不探他人之祕，不思他人之舊過，則可以此養德疏害。在與人相處的時候，斤斤計較，永遠不會贏得他人的好感。要做一個謙虛的人，驕傲是阻礙進步的大敵。

驕傲對所有的人都是公平的，它讓所有人都分享到它的「恩澤」，只是每個人用不同的表現方式和手段來表現它罷了。我們常常批評別人太過驕傲，但是卻看不到自己有同樣的品性，如果你自己沒有驕傲之心，就不會覺得別人的驕傲是種冒犯。

【職場活用】

身在職場，最忌驕傲自滿。驕傲有很多害處，但最危險的結果就是讓人變得盲目，變得無知。驕傲會培育並使人增長盲目，讓我們看不到眼前一直向前延伸的道路，讓我們覺得自己已經登峰造極，再也沒有爬升的餘地，而實際上我們可能正在山腳徘徊。所以說，驕傲是阻礙我們進步的大敵。

湯瑪斯・肯比斯說：「一個真正偉大的人是從不關注他的名譽高度的。」一個人不會因為自己輝煌的成就而傲慢，也就不會抱怨自己命運的悲慘。相反，追慕虛榮、自我賣弄，是一種腐蝕人類心靈的通病，沒有人在一生中能夠完全不受它的影響。好賣弄的人往往都是虛榮心很強的人。虛榮使你變得自負，誤以為自己很了不起，但事實上並非如此。

【管理活用】

作為管理者，要有謙虛的品質。所謂人無完人，任何人都有缺陷，有自己相對較弱的地方。也許我們在某個行業已經游刃有餘，但是對於新企業，新經銷商，新客戶，我們仍然是原來的自己，沒有任何特別之處。我們需要用謙虛的心態重新去整理自己的智慧，去吸收現在的、別人的、正確的、優秀的東西。企業有企業的文化，有企業發展的思路，有自身管理的方法，只要是正確的、合理，我們就必須去領悟、感受。把自己融入到企業、團隊之中；否則，你將永遠是企業的局外人。

eBay執行長唐納修帶領eBay擺脫自滿

唐納修（John Donahoe）於2005年加入eBay，擔任行銷長。2008年他從惠特曼手中接下執行長一職。當時，eBay的營收成長力逐漸疲乏，也已喪失事業重心，造成這種情況主要是因為eBay做的事業變得太龐雜，並忽略了其核心產品亟需改善等問題。此後，唐納修拯救eBay脫離自負自滿的深淵，開創了新的局面。

唐納修任職執行長的頭一年，eBay股價一度跌破每股11美元，等於是從股價高峰滑落81%。而由於來自亞馬遜（Amazon.com）的競爭壓力越來越大，又遭逢購物網站如雨後春筍般出現，連分析師那時也不能確定，曾任管理顧問公司Bain & Company執行長的唐納修能否勝任科技公司執行長職務。

唐納修指出，他接管時的eBay已變得自滿，電子商務在經營初期並沒有強大的競爭者，eBay的三大部門——eBay、PayPal和Skype都享受到網路效應，越來越多的人使用eBay、PayPal和Skype。唐納修表示，eBay能擁有驚人的成長率是一種恩典，但這也引發了盲目的自滿心理，eBay

看不見別的公司如何在滿足顧客需求上超越自己。

為振興eBay，唐納修從電子裝置下手，他使用iPad上網、用iPhone試用應用程式和看eBay股價、用黑莓機收發電子郵件、用摩托羅拉Razr通話、用Ｆｌｉｐ相機錄影、用戴爾電腦處理較複雜工作，因為他相信，eBay即將稱霸行動購物這一新興領域。PayPal也推出能讓使用者匯錢的應用程式，頗為成功，並建立大量產出各種有用的應用程式平臺。若加上eBay，預估交易總額將達15億美元。

此外，唐納修正嘗試將eBay從拍賣網站轉型為批發倉儲，方法是把重心放在固定價格商品和大數量賣家上；他正努力增加PayPal的非eBay業務，並使PayPal成為既定的網路錢包；他已讓Skype分割出去，成為獨立公司。eBay去年營收為87億美元。

唐納修之所以如此注重科技，原因之一是有顧客和員工直接向他抱怨，eBay已喪失其優勢。因此，為使eBay重拾業界領導地位，唐納修樹立了聆聽是關鍵這樣的管理風格。

2008年12月，他首次聚集eBay前百大經理人和8位顧客服務代表，後者把他們的挫折和使用者的怨言說出來。此後，唐納修要求eBay前百大經理人每年要花一星期坐鎮顧客支持中心。

唐納修也建立與eBay顧客會面的習慣，他每季會挑選一個城市參加一場可聽到顧客談論eBay哪些做法可行及不可行的活動。每次，他都會選出數名顧客，請他們吃午餐，然後用相機錄下訪問這些顧客的過程。

之後唐納修會把顧客認為eBay措施不便利的談話內容寄給負責的經理人。唐納修表示，這是生動呈現顧客需求的例子，eBay有8000萬名顧客，所以很容易忽略有人單靠販賣古董錶討生活，eBay所做出的小調整，便可能讓他們的生活更加辛苦。唐納修正是以謙虛的品格，使企業克服自滿帶來的困境，其所作所為，值得每個管理者學習。

用人忌疑心太重

【原文】

危莫危於任疑。

【譯文】

最危險的事情，莫過於任用人才的時候卻存有疑心。

【名家注解】

張商英注：漢疑韓信而任之，而信幾叛；唐疑李懷光而任之，而懷光遂逆。

王氏注：上疑於下，必無重用之心；下懼於上，事不能行其政；心既疑人，勾當休委。若是委用，心不相託；上下相疑，事業難成，猶有危亡之患。

【經典解讀】

既要用人，又要懷疑，這對用人者來說是一件很危險的事情。常言道：「用人不疑，疑人不用。」分析起來，一是真的知人而不疑，一是以不疑的態度去對待所用之人。這一方面是出於對事業成敗的考慮，另一方面也是為自身安危著想。

【處世活用】

　　法國作家莫洛亞說：「多疑的人永遠不能成為好朋友。友誼需要整個的信任：或全盤信任，或全盤不信任。如果要把信心不斷地分析、校準、彌縫、恢復，那麼，信心只能增加人生的愛的苦惱，而絕不能獲得愛所產生的力量和幫助。但若信心誤用了又怎樣呢？也沒關係，我寧願被一個虛偽的朋友欺弄而不願猜疑一個真正的朋友。」為人處世，我們切不可多疑。我們不妨看看古代帝王多疑的惡果。

袁崇煥冤獄

　　明朝第十六位皇帝明思宗朱由檢是明朝最勤政的皇帝之一，他事事親為，卻沒收到相應的效果，他的亡國身死與他自己多疑的個性有很大關係。由於生性多疑，他對犯法的官吏實行嚴厲的打擊，但對忠貞的大臣也不能做到充分的信任，尤其對待舉足輕重的著名武將，更是良莠不分，忠奸不辨。

　　後金開國之主努爾哈赤佔領遼瀋地區後，揮軍西向，靠明朝降將為內應，攻佔了廣寧，他死後，其子皇太極繼續向明朝用兵。寧錦戰役中，皇太極曾敗在袁崇煥手下，他深知袁崇煥富有將才，時刻想著要除掉袁崇煥，從而實現進軍關內的目的。西元1629年10月，皇太極率軍繞道內蒙古，從喜峰口入關，直逼京師。袁崇煥連夜揮師入關保衛京師。皇太極馬不停蹄，一路攻克玉田、三河、香河，兵臨北京城下。袁崇煥急忙率軍趕往京師。抵左安門時，身邊只剩下九千兵馬了。

　　不想這時，京城謠言四起，說後金兵是袁崇煥引入關的。袁軍雖在廣渠門外，從凌晨打到傍晚，衝殺十多次，打退後金兵，但朱由檢仍深信謠言。十月二十三日，袁崇煥請求覲見，遭到朱由檢的拒絕。朱由檢

是個猜忌心極重之人，對袁崇煥已有戒備，袁崇煥卻絲毫沒有覺察。

　　後金軍剛打到北京城下時，活捉了兩個明朝太監，押在軍中。皇太極讓人夜裡坐在靠近關押太監的地方，故意小聲地說：「今天撤兵是計謀，汗王和袁督師早有密約，這回大事可成了。」太監們聽得一清二楚。後來，皇太極又命人故意放走他們。讓他們跑回宮向朱由檢上奏袁崇煥「通敵」之事。多疑的朱由檢聽了太監們的報告後，信以為真，以商議軍餉為名，召袁崇煥進宮。袁崇煥進宮後，朱由檢就以「叛國通賊之罪」把他逮捕。西元1630年，剛愎自用的朱由檢把袁崇煥處以磔刑，兄弟妻子被流放到三千里外的不毛之地。就這樣，一代愛國將領蒙受奇恥大辱。含冤而死。

　　袁崇煥死後，獨斷專行的朱由檢對其他失事將領也進行了重處。圍繞袁崇煥案，朝中發生了激烈的黨爭，這場黨爭是因袁崇煥誅殺皮島守將毛文龍而引起的。毛文龍原為遼東守將，遼東失守後，他擁兵數千。退守皮島，向朝廷要十萬人的兵餉，卻不積極抵抗後金。袁崇煥任遼東巡撫後決定除掉他，更換皮島守將，並將這個想法告訴過內閣大學士錢龍錫，後來設計殺掉了毛文龍。袁崇煥被逮捕後，王永光、溫體仁、高捷、袁弘勳等人攻擊袁崇煥擅殺大將，想借機把錢龍錫牽扯進袁崇煥案。他們攻擊錢龍錫賣國欺君，收納袁崇煥的賄賂。朱由檢大怒，欲重懲錢龍錫，在黃道周等人的救護下，才改為貶謫定海衛。

自私自利終致敗局

【原文】

敗莫敗於多私。

【譯文】

很多失敗的事情,根源就在於當事人的自私自利。

【名家注解】

張商英注:賞不以功,罰不以罪;喜佞惡直,黨親遠疏;小則結匹夫之怨,大則激天下之怒,此多私之所敗也。

王氏注:不行公正之事,貪愛不義之財;欺公枉法,私求財利。後有累己、敗身之禍。

【經典解讀】

《老子》中說:「是以聖人後其身而身先,外其身而身存。不以其無私邪?故能成其私。」私心愈重,德行愈薄;德行失,則眾心厭,如此必然會失敗。私心是一種心理現象,表露於外,則化為利。舉凡人類社會的絕大多數行為,皆有其功利性的目的,但這裡所說的利,是整體考慮的長遠之利,而不是小利、眼前的利、狹義的利。大利和小利所對應的心理活動就是大私和小私。小私的同義詞是自私自利,極端小人主

義；大私的同義詞卻是天下為公。作為一國之君，如能以天下民眾之私為私，在己為大公無私，在國則為民富國強，方為有為之君；如以一己之私為私，那就是道地的獨夫民賊。

【處世活用】

俄國作家屠格涅夫說：「自私心，這等於自殺。自私自利的人，好像一棵孤單單的、不結果的樹，總會枯萎。因為自私自利的人總是鼠目寸光，並且自釀苦酒；自私自利的人總是自絕其路，而且痛苦不堪。」所以，自私自利的人總是討人厭惡，自私自利的人總是沒有人緣。

乾涸的眼睛

億萬富翁罹患了眼疾，解除痛苦的唯一藥物，全靠他本人：只要他經常哭泣流淚，一切都會恢復正常。

人們特意為他上演了一些令人心碎的節目。他卻打量著這些化了妝的女演員，心中揣度著該出多少錢讓她們來陪他乘車兜風、或是過週末。因為他已結過幾次婚，約會經驗豐富，懂得不同的交往所需要的不同花費。好不容易收集到最悲傷的電影來放給他看，但仍然是空忙一場。因為，除了其他行業的生意，他還經營著一家電影製片廠。在為他放電影時，他不由自主地計算起拍攝電影所需的費用來了。放了一個半小時電影，他也計算了一個半小時。當然，在黑暗中，他的眼睛痛得更厲害了。

怎麼辦？事情發展到刻不容緩的地步了。醫生普勒斯頓想了整整一夜之後，終於在黎明時找到了一帖萬無一失的藥方。他設法找到一些面目、身材都酷似億萬富翁的人來，運氣還真不錯，他找到的人中，有一個正患著一種非常痛苦的病，在一家骯髒不堪的醫院裡奄奄一息。普勒

斯頓命人將病人抬到億萬富翁的住所。億萬富翁每天都要在這垂死的人身邊待上片刻。億萬富翁看到自己（兩人的面目非常相像）躺在床上，由於痛苦而臉部抽搐，渾身出汗，上氣不接下氣，雙手沒有一點血色，無論如何也接受不了這個事實。他晃了晃腦袋，終於哭了，為自身而傷心掉淚。

就這樣，每當他覺得眼睛痛時——不過，這種情況越來越少——只要他走到隔壁房間裡，在病榻旁坐一會兒，就會傷心掉淚，眼睛頓時就不疼了。另一個「他」越是病痛難熬，他的眼痛消失得越快。

不幸的是，那窮苦潦倒的病人受到了比以前好的治療，在某一個晚上溜走了。而那個億萬富翁卻不知怎麼搞的，染上了一種病，臥床不起，受著同樣的痛苦。病魔並沒有放過他，他很快變成了一具醜陋的僵屍，只有兩隻眼睛依舊完好無恙。

這是法國作家吉爾貝·塞斯布隆的小說《乾涸的眼睛》的梗概。故事為我們展示了一個徹底自私之人的醜陋嘴臉。

一般來說，自私自利的人都是鼠目寸光者。他們所關心的永遠是眼前的利益，他們所患的是利益上的近視症。他們錯誤地認為理想是空的，追求個人利益是實的，「理想、理想，有利就想；前途、前途，有錢就圖」。因而當他們處理與他人的關係時，永遠是斤斤計較的，永遠是爭先恐後的，總是擔心自己吃虧。而且他們往往還有這樣一種奇怪的變態心理：若是爭不到利益，那麼就等於自己利益的失去，其內心將在相當長的一段時間中平衡不下來，正因為有這種心態，所以自己無法享受的事，也絕不讓他人享受。自私自利的人處理不好與他人的關係，總是處於緊張、衝突之中，而且自私自利的人在解釋人際關係緊張的原因時，永遠將責任歸之於他人，並認為自己一點問題都沒有。

【職場活用】

一個人的心胸有多寬廣，他成功的機會就可能有多大。心胸和機會往往成正比。職場上，有些人總是將個人利益與集體利益之間的界線劃分得一清二楚，他們在工作中總是表現出一副例行公事的架勢。只知道獲取一分報酬才付出一分努力。這種自私自利的人一開始只是為了爭取個人的小利益，但久而久之，當爭名逐利變成一種習慣時，為利益而利益，為計較而計較，就會使人變得心胸狹窄。這不僅會造成老闆和公司的損失，也會扼殺他們的創造力和責任感。

布賴恩的故事

與布賴恩相處時，人們往往會被他發自內心的興致感染，所以能與他坐下來聊上好幾個小時。他對別人的言談話語很留意，對別人微妙的情緒變化也很敏感，並能適當地流露真情，單單和他待在一起就讓人覺得心情舒暢。但以前可不是這樣的，二十幾年來，布賴恩的生活發生了翻天覆地的變化。

布賴恩來找我的時候，正值事業的顛峰，他幾乎事事如意，只是對自己的成就缺乏滿足感。他已結了婚，有三個孩子，在風景秀麗的地方擁有兩所住宅，足跡遍布世界各地，而且想要什麼就能得到什麼。他定期去做禮拜，而且是教會董事會的成員。然而一無所缺的布賴恩最終卻感覺自己一無所有，沒有什麼能讓他滿足。

多年以來，布賴恩的眼裡只有自己，其他的人、事、物只不過是他獵取的對象罷了，做禮拜也僅僅是個形式。布賴恩似乎走不出自己的小天地，融入不到他人的世界中。他把自己禁錮起來，對什麼事都不滿意，這種情緒不斷增長，使他越陷越深。布賴恩終於嘗到了自私自利的

苦果。

　　布賴恩可謂是迷途知返。職場中，付出多少，得到多少，這是一個基本的社會規則。也許你的投入無法立刻得到回報，但不要因此氣餒，一如既往地付出，回報可能會在不經意間以出人意料的方式出現。除了老闆以外，回報也可能來自他人，以一種間接的方式出現。有些人通常會想：「公司和老闆為我做了些什麼？」而那些富有遠見的人則會想：「我能為老闆做些什麼？」大多數人都認為盡自己的能力完成分配的任務，對得起自己的薪水就可以了。但是這些還遠遠不夠，想要取得成功，必須付出更多，才能獲得更多。

【管理活用】

　　與下屬的相互信任關係，其最大的影響因素是管理者本身的人品、性格傾向以及人格。我們不能要求管理者做一個十全十美的人，有時管理者身上的缺點反而獨具魅力。但有一點是不能讓步的，那就是，管理者是否是一個以自我為中心的人，下屬對這一點嗅覺尤其靈敏。把自己不願意做或者嫌麻煩的事情推給下屬、自己光挑能出風頭的美差；吝嗇；把下屬的功勞據為己有；對上阿諛奉承，對下吹毛求疵；一心只想著自己，凡事從個人利益出發。諸如此類的現象都是自私自利型管理者的表現。

　　作為管理者，如果對下屬缺乏真正意義上的愛，把下屬當做工作的工具，當然就得不到下屬的信任。管理者應具備捨己為人的品質，把下屬培養成將來無論在哪裡都能夠出色完成工作的人。以自我為中心的管理者最終必將失敗，這種人沒有資格指導別人。

遵義章第五
成大事者須遵循的規律

　　此章言建功立業，必須遵循事物的自然之理，明辨事情的起因，判斷事情的結局。全章可分五節：第一節說想要立功立事，首先須明察自身，追本溯源；第二節講行事用人的弊病；第三節講處事應酬，賞罰裁決的利害關係；第四節講謀事的策略；第五節講明斷是非，賞罰公平的道理。

大智若愚

【原文】

以明示下者，闇。

【譯文】

對下屬表示自己過於明察的人，就會愚昧不明。

【名家注解】

張商英注：聖賢之道，內明外晦。惟不足於明者，以明示下，乃其所以闇也。

王氏注：才學雖高，不能修於德行；逞己聰明，恣意行於奸狡；能責人之小過，不改自己之狂為，豈不闇者哉！

【經典解讀】

《老子》中說：「自見者不明。」意思是說顯示自己有見識的人，自己必有不明之處。在我們處世、職場及管理當中，適當地處於一種「愚」的狀態，靜中觀察，自然能洞悉諸多規律。

【處世活用】

為人處世，有時要懂得大智若愚。這種人在生活中不是處處展示自

己的聰明，而是為人低調、厚積薄發。

王翦求賞

戰國末期秦國大將王翦奉命出征。出發前他向秦王請求賜給他良田美宅。

秦王說：「將軍放心出征，何必擔心呢？」

王翦說：「做大王的將軍，有功最終也得不到封侯，所以趁大王賞賜我臨時酒飯之際，我也斗膽請求賜給我田園，作為子孫後代的家業。」

秦王大笑，答應了王翦的要求。

王翦到了潼關，又派使者回朝請求良田。秦王爽快地應允，手下心腹勸告王翦。王翦支開左右，坦誠相告：「我並非貪婪之人，因秦王多疑，現在他把全國的部隊交給我一人指揮，心中必有不安。所以我多求賞賜田產，名為子孫計，實為安秦王之心。這樣他就不會懷疑我造反了。」

王翦不惜自污其身，以貪婪的形象而免除秦王的猜疑，可謂大智若愚，中國古代的道家和儒家都主張「大智若愚」，而且要「守愚」。大智若愚的人給人的印象是：虛懷若谷，寬厚敦和，不露鋒芒，甚至有點木訥，其實在「若愚」的背後，隱含的是真正的大智慧大聰明。大智若愚，真是一種人生智慧！

【職場活用】

一個人如何在公司立穩腳跟，有一個訣竅，那就是大智若愚。當你應聘到一家公司後，你很快就會發現，你處在一個愚人圈。但不久，你一定會發現，他們並不笨，他們是精英。聰明是一種天分。你聰明，並

不代表你高人一等。公司需要的往往是二等智慧，你把二等智慧應用到工作中，老實本分就足夠了。你的一等智慧要掩蓋其鋒芒，等待機會。

諸葛亮的大智若愚

在《三國演義》中，劉備死後，諸葛亮好像沒有大的作為了，不像劉備在世時那樣運籌帷幄、滿腹經綸、鋒芒畢露了。在劉備這樣的明君手下，諸葛亮是不用擔心受猜忌的，並且劉備也離不開他，因此他可以盡力發揮自己的才華，輔助劉備，建立蜀漢政權，三分天下有其一。劉備死後，阿斗繼位。劉備曾在臨終前對諸葛亮說：「若嗣子可輔，輔之，若不可輔，汝可自為成都之主。」諸葛亮聽後，汗流浹背，頓時手足無措，哭拜於地說：「臣怎麼能不竭盡全力，盡忠貞之節，一直到死而不鬆懈呢？」說完，叩頭流血。劉備再仁義，也不至於把基業讓給諸葛亮，他說讓諸葛亮接替他，其實只是試探諸葛亮。因此，諸葛亮一方面行事謹慎，鞠躬盡瘁，一方面則常年征戰在外，以防授人「挾天子」的把柄。而且他鋒芒大有收斂，故意顯示自己老而無用，以免禍及自身。這是韜晦之計，收斂鋒芒是諸葛亮的大聰明。

企業的中層主管，往往喜歡用忠厚、本分、肯幹的人作部下，他不會用一個頭腦發光，思緒飛揚的刺頭當下屬。你的智慧能馬上變成公司的效益嗎？不一定。鋒芒畢露，可能會害了你自己。那麼怎麼辦呢？那就是大智若愚。所謂「水至清則無魚，人至察則無途」。你要給自己留一個空間，也給別人留地盤。要學會配合，要記住：在公司裡，要勤勤懇懇，老實做人，本分辦事，先把你的二等智慧發揮得淋漓盡致。什麼時候有機會，或者當主管，或者自己創業，或者上級給你機會，再把一等智慧拿出來，讓它嶄露頭角。當你有機會，市場大潮需要你去搏擊時，再把你的一等智慧拿出來，搏擊商海，闖蕩世界吧！

【管理活用】

　　作為管理者，要知道大智若愚。一個人可以利用這種別人以為他「笨拙」、「愚蠢」來完成在「智慧」、「巧妙」的情況下不容易辦成的事情。比如說，你太聰明了、太精明了，別人防著你，你要瞭解一些真實情況就不太容易。你如果是高官，或是高級管理者，那麼在人際交往中大巧若拙、大智若愚有時可以給你莫大的幫助。齊威王可以說是一個很好的例子。

一鳴驚人

　　《史記・滑稽列傳》載：戰國時代，齊國有一個名叫淳于髡的人。他的口才很好，他常常用一些有趣的隱語，來規勸君主，使君王不但不生氣，而且樂於接受。當時齊國的國君是齊威王，本來是一個很有才智的君主，但是，在他即位以後，卻沉迷於酒色，不顧國家大事，每日只知飲酒作樂，而把一切正事都交給大臣去辦理，自己則不聞不問。因此，政治不上軌道，官吏們貪污失職，再加上各國的諸侯也都趁機來侵犯，使得齊國瀕臨滅亡的邊緣。雖然，齊國的一些愛國人士都很擔心，但是，卻都因為畏懼齊王，所以沒有人敢出來勸諫。

　　其實齊威王是一個很聰明的人，他很喜歡說些隱語，來表現自己的智慧，雖然他不喜歡聽別人的勸告，但如果勸告得法的話，他還是會接受的。淳于髡知道這點後，便想了一個計策，準備找個機會來勸告齊威王。有一天，淳于髡見到了齊威王，就對他說：「大王，為臣有一個謎語想請您猜一猜：某國有隻大鳥，住在大王的宮廷中，已經整整三年了，可是牠既不振翅飛翔，也不發聲鳴叫，只是毫無目的地蜷伏著，大王您猜，這是一隻什麼鳥呢？」齊威王本是一個聰明人，一聽就知道淳

于髡是在諷刺自己，像那隻大鳥一樣，身為一國之君，卻毫無作為，只知道享樂。而他此時再也不是一個昏庸的君王，於是沉吟了一會兒之後便毅然決定要改過，振作起來，做一番轟轟烈烈的事，因此他對淳于髡說：「嗯，這隻大鳥，你不知道，牠不飛則已，一飛就會沖到天上去，牠不鳴則已，一鳴就會驚動天下人，你慢慢等著瞧吧！」

從此齊威王不再沉迷於飲酒作樂，而開始整頓國政。首先他召見全國的官吏，盡忠負責的，就給予獎勵；而那些腐敗無能的，則加以懲罰。結果全國上下，很快就振作起來，到處充滿蓬勃的朝氣。另一方面他也著手整頓軍事，加強武力，奠定國家的威望。各國諸侯聽到這個消息後都很震驚，不但不敢再來侵犯，甚至還把原先侵佔的土地，都歸還給齊國。

有過不知為蔽

【原文】

有過不知者，蔽。迷而不返者，惑。

【譯文】

有過錯而不能自知，一定會受到蒙蔽；誤入歧途而不知返回正道，一定是神志惑亂。

【名家注解】

張商英注：聖人無過可知；賢人之過，造形而悟；有過不知，其愚蔽甚矣！迷於酒者，不知其伐吾性也。迷於色者，不知其伐吾命也。迷於利者，不知其伐吾志也。人本無迷，惑者自迷之矣！

王氏注：不行仁義，及為邪惡之非；身有大過，不能自知而不改。如隋煬帝不仁無道，殺壞忠良，苦害萬民為是，執迷心意不省，天下荒亂，身喪國亡之患。日月雖明，雲霧遮而不見；君子雖賢，物欲迷而所暗。君子之道，知而必改；小人之非，迷無所知。若不點檢自己所行之善惡，鑑察平日所行之是非，必然昏亂、迷惑。

【經典解讀】

常言有：「人不知己過，蛇不知自毒。」世間的一切真真假假，

虛虛幻幻，因為智慧的淺陋，有時候很難能看到生活的真相。如果執著於假相，往往會讓人陷入迷茫和苦惱之中。最聰明的人是看到別人的過失，引以為鑑，主動克服自身的類似不足；比較聰明的人是自己犯了錯誤能自覺反省改正；至於有了錯誤仍執迷不悟，一錯到底的人，那只有永遠蒙蔽自己於錯誤之中了。

失去了真常之性，恣情縱欲，迷於情妄，不知省悟，必然會愈迷愈深，以至心神昏冥，行事混亂，造成不良影響。常語說：「酒不醉人人自醉。」人心本自清淨，無奈想法不對，意志不堅，經受不住身外之物的誘惑。一入迷途，難以復返，對此我們應該慎重。

【處世活用】

古人云：「惟以改過為能，不以無過為貴」。誰能保證自己在這漫長的一生中不犯一點錯誤呢？由於人的認知能力及實踐能力有局限性，在認知和改造客觀世界和主觀世界的過程中，難免會出現缺點和錯誤。面對錯誤，我們不應該選擇逃避或推卸責任，這樣只能使我們一錯再錯；我們應該學會知錯就改，主動承擔責任，只有這樣才能進步。

晏子與馬夫

從前有一個人做了齊國宰相晏子的馬夫，他非常驕傲，目中無人。

一天，晏子坐著馬車出門，經過馬夫的家門時，正好被馬夫的妻子看見了。馬夫回家後，妻子提出要與他離婚，馬夫感到很納悶，就問妻子為什麼。妻子說：「晏子當了宰相，仍然態度謙和，而你坐在車上卻趾高氣揚，自以為了不起，所以我不願意再和你在一起了。」

馬夫接受了妻子的批評，從此處處注意謙虛待人。

晏子發現馬夫的態度和以前大不相同，就問他原因。馬夫把事情的

經過原原本本告訴了晏子。晏子覺得馬夫能很快改正錯誤、很有出息，就推薦他擔任大夫的職務。

孔子說：「過而不改，是過矣。」小人文過飾非，而君子有過必改。宋朝陸九淵說：「人之患，在不知其非、不知其過而已。所貴乎學者，在致其知改其過。」利斯特說：「我能想像到的人的最高尚行為，除了傳播真理外，就是公開放棄錯誤。」貝弗里奇說：「犯錯誤是無可非議的，只要能及時覺察並糾正就好。謹小慎微的科學家既犯不了錯誤，也不會有所發現。」所以說，錯誤是在所難免的，關鍵是要知錯能改、必改，只有這樣才能提高自我的道德品質，才能實現自我的完善與發展。

【職場活用】

身在職場，如果不慎犯有錯誤，要知錯能改。如果所犯之錯證據確鑿，即使你具有一流的辯駁功夫，也只是欲蓋彌彰，還是逃不掉責任；如果你所犯的只是小錯，強辯只能換取別人對你的厭惡。姑且不論犯錯所需承擔的責任，不認錯和辯駁也有損於自己的形象，不管你口才多麼好，又多麼狡猾，如果你逃避責任，那他人就會認為你「敢做不敢當」。於是，主管不敢信任你，別的部門的主管也「怕」你三分，同事們更因怕你哪天又犯了錯，把責任推得一乾二淨，於是抵制你，拒絕與你合作。而最重要的是，不敢承認錯誤會成為一種習慣，也使自己喪失面對錯誤、解決問題和培養解決問題能力的機會。

【管理活用】

作為管理者，要有寬廣的胸襟，有知錯能改的品質。從人的發展角度來說，需要的滿足、活動內容的豐富和範圍的擴大，都離不開人的素

質和能力的提高。「任何人的職責、使命、任務就是全面地提升自己的一切能力。」人是需要自我發展的。而只有透過自我反思、自我解剖、自我批評、自我總結，才能不斷地提升自我、發展自我、超越自我。所以，人必須敢於正視錯誤，懂得有錯必改。作為管理者，尤其要做到。

趙簡子改過

春秋時期趙簡子在晉陽被中行寅和范吉射兩家的軍隊圍困，經過一番苦戰，他把中行氏和范氏兩家消滅，當上了晉國的執政大臣。戰後，晉陽城外留下了許多中行氏和范氏兩家軍隊建築的營壘。

趙簡子派尹鐸去治理晉陽，臨行前吩咐他說：「你到了晉陽後把那些營壘給我拆平了。我不久就會去晉陽巡視，我不想再見到營壘。」

尹鐸到了晉陽以後，不但沒有拆除那些營壘，反而把它們增高了。

過了不久，趙簡子到晉陽巡視，在郊外遠遠地就望見了營壘，他十分生氣，說：「尹鐸居然敢違背我的命令！」於是趙簡子就駐紮在城外，要派人進城去把尹鐸抓來殺掉。

謀士孫明見勢不妙，急忙勸阻道：「據臣下來看，尹鐸不該殺，反而應該獎勵，尹鐸私自增高營壘確實是違背了您的命令，但他這樣做的意思本來是說：遇見享樂之事就會恣意放縱，遇見憂患之事就會勵精圖治，這是人之常理。如今主公見到營壘就會想到晉陽之圍，更何況是其他人呢？凡是有利於國家和主公的事情，即使加倍獲罪，尹鐸也寧願去做。而順從命令取悅於您，一般的人都能做到，更何況尹鐸呢？他明知違反您的命令會獲罪，還是這樣做，正是讓您保持憂患之心啊！希望您能好好考慮一下。」

趙簡子聽了孫明的話，覺得有理，便轉怒為喜，說：「啊呀，要是沒有先生您的話，我幾乎要犯一個大錯誤了！」於是就按使君主免於患

難的賞賜獎勵尹鐸。

　　德行最高的人，喜怒一定會按理而行；而次一等的人，雖然有時不會依理而行，但只要有人勸說，就一定會改正。趙簡子就是這一類人。不少領導者的弊病就在於把知錯就改當成羞恥，把自以為是當成榮耀，喜歡堅持錯誤而厭惡聽取規諫之言，以至於陷入尷尬乃至危險的地步，而這才是最大的恥辱。

謹防禍從口出

【原文】

以言取怨者，禍。

【譯文】

因為語言招致怨恨，一定會有禍患。

【名家注解】

張商英注：行而言之，則機在我，而禍在人；言而不行，則機在人，而禍在我。

王氏注：守法奉公，理合自宜；職居官位，名正言順。合諫不諫，合說不說，難以成功。若事不干己，別人善惡休議論；不合說，若強說，招惹怨怪，必傷其身。

【經典解讀】

既然言出於己，就應該兌現承諾，如若不然，必遭遇恨，怨恨必生禍端。具體到日常行事，如果事情還沒有做，就誇下海口，那麼事情能不能辦成的主動權就在人而不在我了；相反地，事情成功後，有的放矢，主動權就在我不在人；假若事關重大，與禍福攸關，則應慎重發言。

【處世活用】

生活中，我們常常說：「一句話把人說笑了，一句話把人說跳了。」這雖然是俗語，卻反應了言語在我們生活中的重要性。為人處世，謹言慎行是一道最好的自我屏障。有些人說話口無遮攔，結果因為錯話、謊話連篇，最後被人奚落為不可靠的人。有些人則大話、假話連篇，最終因為自我的疏失而得到了懲罰。一個謹言慎行的人，別人是很難找到他的缺點的。這樣的人也會給人一種安全感。有這樣一則寓言，雖然情節簡單，但卻反映了慎言的重要性。

信口雌黃的維克托

班上轉來一個新同學，他的名字叫維克托。維克托和同學熟悉以後，經常向大家介紹自己的一些奇遇，例如他怎樣一個人撲滅一場大火，又怎樣從河裡救起一個快要淹死的孩子。大家都信以為真。

有一天，班上的同學排演一齣話劇。不料，在演出前，扮演主角的學生突然病了，大家束手無策。「我很熟悉這個角色，就讓我來演吧。」維克托自告奮勇地說。同學們立刻轉憂為喜，都從心裡感激他。

到演出的那一天，維克托卻沒有來。同學們急得像熱鍋上的螞蟻，找遍了校園的各個角落，仍然不見他的蹤影。

第二天早上，同學們走進教室，看見維克托悠閒自得地坐在自己的椅子上。大家立刻圍了上去。

「你昨天為什麼不來參加演出？」

「忘了。」他若無其事地回答。

「這麼重要的事情怎麼可以忘記呢？」不管男同學還是女同學都提高了嗓門責備他。

雖然只是孩子們之間的事情，但是這在大人的生活中也常常出現。孩子們可以天真無邪地原諒犯錯誤的人。但是在成人世界裡，也許不會這樣幸運了。所以慎言還是有必要的。

【職場活用】

身在職場，謹慎發言十分重要。因為大家都在競爭同一個目標，如果你在言語上不夠嚴謹，那麼就會被別人抓住把柄來猛烈攻擊你。而且語言上的不注意也往往會給人造成這個人不可靠的印象，而這必然會影響你事業的發展。

職場上，敏感話題居多。我們在工作中，尤其是在公司做重大決策時，要學會三緘其口，不要過多參與決策。一方面鋒芒過露，會引起上司的戒備，不利於職場的發展；另一方面，個人無法負擔起決策失誤的後果，即使需要做出決策的判斷，也應謹言慎行。

【管理活用】

慎言對於管理者來說就是一個規則。因為管理者的言語往往對員工有著巨大的影響。管理者在團隊中有著絕對的權威，他的話是具有指令性。如果這項指令缺乏理性，變成了隨口而出的空話，那麼管理者的威信將蕩然無存。維護威信是管理者日常修煉的必選課。如何修煉威信，靠的就是慎言。慎言一則是體現對工作的重視，二則是體現管理者的沉穩，三則是體現權威。幾乎沒有一個成功的管理者是一個謊話連篇、誇誇其談的人。

愛迪生的沉默

愛迪生發明了發報機之後，不知道該賣多少錢。他的妻子主張賣

到2萬美元。此後不久，美國西部一位商人要買愛迪生的發報機製造技術。在洽談時，商人問到價錢，愛迪生總自認為原本預設的價格太高，無法說出口。所以，無論商人怎樣催問，愛迪生始終保持沉默。最後，商人忍不住了，說：「那我說個價吧，10萬元，怎麼樣？」愛迪生幾乎無法置信，隨即拍板成交。在這場交易中，愛迪生並非有意地以沉默應對，卻獲得了出乎意料的收穫。

魯迅先生曾經說過：「沉默是最有力的回答。」慎言其實也是一種沉默，像得體的語言一樣，慎言同樣可以取得奇妙的效果。言語謹慎的人往往給人一種無形的壓力，對方為了打破沉默，有時不是中止自己的要求，便是提出新的方案，或是自己轉移開話題。

令出如山,切忌朝令夕改

【原文】

令與心乖者,廢。後令繆前者,毀。

【譯文】

思想與政令矛盾,一定會壞事。政令前後不一,一定會失敗。

【名家注解】

張商英注:心以出令,令以心行。號令不一,心無信而事毀棄矣!

王氏注:兵領眾,治國安民,施設威權,出一時之號令。口出之言,心不隨行,人不委信,難成大事,後必廢亡。號令行於威權,賞罰明於功罪,號令既定,眾皆信懼,賞罰從公,無不悅服。所行號令,前後不一,自相違毀,人不聽信,功業難成。

【經典解讀】

《中庸》中說:「文武之政,布在方策,其人存則其政舉,其人亡則其政息。」意思是說:文王、武王的仁政能夠施行,是因為他們心地仁厚,所出的政令與心思一致;到他們死了,後輩仍講仁政,但萬民都不服從,這是因為他們的心思與政令不符。頒布法令不可隨心所欲,號令不一,讓下屬無所適從。如此,任何政令都無法得以執行,事業會荒

廢，已有的成果也會消失。

【處世活用】

所謂「忌朝令夕改」，具體到我們為人處世之中，那就是說做人需要講究信用。受歡迎的人，常用各種不同的方式把他們的特點展現在人們面前，其中最顯著的特點便是任何時候都有守信、遵約的美德。自古以來，中國人都十分注重講信用、守信義。清代顧炎武曾賦詩言志：「生來一諾比黃金，哪肯風塵負此心。」表達了自己堅守的處世態度和內在品格。因此，中國人歷來把守信作為為人處世、齊家治國的基本品質，言必信、行必果。

邱成子還玉

魯國大夫邱成子被聘到晉地做官。他乘著馬車，一路風塵僕僕趕往晉地上任。當他的馬車經過衛國的時候，衛國的右宰相穀臣聽說了這件事情，就親自來到路旁邀請邱成子到他府上喝酒。席間，二人言談甚歡，穀臣的客廳中陳列著很多絲竹管樂的樂器，可是卻不讓人演奏。二人暢談天下大事，談各國的國王和謀士，談天下的英雄，分析誰可以統一全國，誰可以成為忠臣良相。穀臣和邱成子交談的時候，雖然面帶笑容，但是明顯其心中不悅，有一股淡淡的憂鬱感覺。二人喝酒到微醉的時候，穀臣就送給邱成子一塊玉璧，其色澤清透，絲毫沒有雜質，一看就是一塊上等的好玉。邱成子並不推辭，愉快地接受了穀臣送的玉璧。

後來邱成子從晉地回魯國的時候，途中經過衛國，但是他卻不去辭謝上次右宰相穀臣對他的熱情招待。他的僕人就問他：「大人，從前衛國右宰相以美酒招待您，席間您和他談得非常愉快，可是今天您經過衛國，到了右宰相的家門口卻並不去拜訪他，這麼做是不是有點不合禮

儀呢？」邱成子卻說：「上次他留我在他家飲酒暢談，是想和我一同歡樂。他雖然設宴邀請我，而且在廳堂中還擺放著很多樂器，但卻不讓人演奏，這就說明他心存憂慮。在我們喝酒喝到微醉的時候，他還送了我一塊上好的玉璧，從他的眼神中，我可以看出他的心思，他雖然表面上展顏歡笑，但是實際上在他的眼中我卻看到了憂思。他之所以把玉璧送給我只是暫時寄存在我這裡，由此推斷，他是擔心衛國將要發生叛亂了。」說著就快馬加鞭，離開了衛國。等他們的馬車行至距離衛國三十里的地方時，就聽有人說衛國發生了叛亂，大夫甯喜驅逐國君，自立為王。叛亂中，宰相穀臣被殺。聽到穀臣被殺的消息，邱成子立即命令車夫調轉車頭，回衛國去救穀臣的家人。他把穀臣全家都接到了魯國，並在自家隔壁為他們買了一座院子，還把自己的薪俸分給他們一部分。那時候，穀臣的孩子們都還小。等到穀臣的兒子長大了，邱成子就把穀臣送給他的那塊玉璧還給了穀臣的兒子。

講信用、守信義，是立身處世之道，是一種高尚。由它，既呈現了對人的尊敬，也表現了對己的尊重。為人不可做「言過其實」的許諾，如果真能主動幫助朋友辦點事，這種精神當然是可貴的。但是，辦事要量力而行，說話要掌握分寸。因為，諾言能否兌現不僅有自己努力程度的問題，還有一個客觀條件的因素。有些在正常的情況下是可以辦到的事，後來由於客觀條件發生了變化，一時辦不到，這種情況也是有的，這就要求我們在朋友面前，不要輕易地許諾。有的事，明知辦不到，就應向朋友說清楚。要相信朋友是通情達理的，是會原諒的，千萬不要打腫臉充胖子，在朋友面前逞能，輕易許諾。這樣，不但得不到友誼和信任，反而會失去朋友。

【職場活用】

身處職場之中，言必信，行必果的的思想十分重要。不可作一些不能實現的承諾。因為能否按承諾做到，不僅有自己努力的程度問題，還有受到客觀條件限制的問題。有時候原本能辦成的事情，因為客觀條件的變化，在實施上出現了問題，就可能難以落實。所以那些明知無法辦到的事情就不要承諾能做到，千萬不要為了所謂的「面子」輕易許諾。因為這樣做不但會失信於人，還有可能使自己身敗名裂。

守信的人也是品德良好的人，他們能在約定好的條件下，做到「言必信，行必果」。因為他們遵守承諾值得信賴，所以是人們信任和求助的物件。懂得守信的人，也是懂得尊重自己的人。別人可能被你欺騙一次或兩次，但絕對不會永遠被騙，遲早你會因為不守承諾而失去信譽，甚至身敗名裂。

【管理活用】

信用是企業領導者實施有效管理的人格保證。人無信而不立。作為領導者更是如此。有時，領導者的信譽比他的能力更重要——有能力但沒有信譽的領導者員工不會服從；有能力而又有信譽的領導者，員工才會心悅誠服。然而，有些管理者喜歡朝令夕改，有些則不承認曾下達過的命令，面對這種類型的管理者，員工不敢做出任何個人判斷，只好事事徵求上司的同意，甚至要上司簽名證實。如此一來，工作效率自然會降低。

孫武練兵

孫武去見吳王闔廬，在和他談論帶兵打仗之事的時候，說得頭頭是道。吳王心想：「紙上談兵管什麼用，讓我來考考他。」便出了個難

題，讓孫武替他操練嬪妃宮女。孫武挑選了一百八十個宮女，讓吳王的兩個寵姬擔任隊長。

孫武將列隊操練的要領講得清清楚楚，但正式喊口令時，這些女人笑作一致，亂作一團，誰也不聽他的。孫武耐著性子再次講解了要領，並要兩個隊長以身作則。但他一喊口令，宮女們還是滿不在乎，兩個當隊長的寵姬更是笑彎了腰。孫武嚴厲地說道：「這裡是演武場，不是王宮；你們現在是軍人，不是宮女；我的口令就是軍令，不是玩笑。你們不按口令操練，兩個隊長帶頭不聽指揮，這就是公然違反軍法，理當斬首！」說完，便叫武士將兩個寵姬殺了。

場上頓時肅靜，宮女們嚇得誰也不敢出聲，當孫武再喊口令時，她們步調整齊，動作一致，彷彿真正成了訓練有素的軍人。孫武派人請吳王來檢閱，吳王正為失去兩個寵姬而惋惜，沒有心思來看宮女操練，只是派人告訴孫武：「先生的帶兵之道我已領教，由你指揮的軍隊一定紀律嚴明，能打勝仗。」

在這次看上去殘酷的訓練中，孫武沒有說什麼廢話，而是從立信出發，換來了軍紀森嚴、令出必行的效果。正所謂「慈不掌兵」，管理者就應該堅持正確的原則，雖然推行的結果可能是得罪一些高層人士導致自己的職位不保，但如果你的政策推行不下去，那你的前途也同樣玩完。這就是我們通常所說的機會成本，它所運用的就是經濟學常用的一種理論：博弈論。其實只要你真正客觀公正地執行政策，而不是過多糾纏於自己的私利，成功的機會還是很大的。

樹立權威，不等於發怒

【原文】

怒而無威者，犯。

【譯文】

發怒卻無人畏懼，一定會受到侵犯。

【名家注解】

張商英注：文王不大聲以色，四國畏之。故孔子曰：不怒而威於斧鉞。

王氏注：心若公正，其怒無私，事不輕為，其為難犯。為官之人，掌管法度、綱紀，不合喜休喜，不合怒休怒，喜怒不常，心無主宰；威權不立，人無懼怕之心，雖怒無威，終須違犯。

【經典解讀】

沒有偉大的功績、貢獻，且存心無德，行事不仁，本無令人崇敬的德望與威信，如果以強權、勢力強加於人，那麼人們不但不會遵從，反而會反抗、蔑視。領導者的威嚴不是裝出來給人看的，而是一種內在的素養。有的不怒而威，有的怒而有威，有的則雖怒不威，根基都在於其內在的修養、實力。

【處世活用】

人是一種群居動物。群居面臨人與人之間的相處,在這個群體中,有些人威信高,有些人卻被人看不起。威信是由一個人的整體素質決定的。做人誰都想威信高,至少不要被人瞧不起。要樹立威嚴的形象,必須有良好的素質。素質就是指人們在人際交往和不斷的學習中所積累的經驗,知識和經驗是做好每一件事的前提。因此,做人就要不斷地學習別人的長處,袪除自己的惡習,在不斷的學習過程中,不斷地完善自己,完善我們的人生。

衛青的權威

衛青是漢武帝時期抗擊匈奴的重要將領,他和霍去病並稱「帝國雙璧」。漢武帝自元光六年(前129年)到元狩四年(前119年)這10年間,對北方匈奴征戰連連。在這期間,衛青屢立戰功,他一生出擊匈奴7次,殺死及俘獲匈奴共5萬人。

元狩元年春天,衛青出兵定襄,合翕侯趙信為前將軍,平陵侯蘇建為右將軍,郎中令李廣為後將軍,斬胡首數千級而還。月餘全軍復出定襄擊匈奴,再斬萬餘級。

但是這一戰役中,蘇建、趙信一同率三千多名騎兵出巡,遭遇單于的軍隊,激戰一天後,士兵犧牲殆盡。趙信原為胡人,降漢立功封侯,但這次被匈奴引誘,遂降單于,右將軍蘇建隻身逃回。

議郎周霸說:「自從大將軍出兵以來,未嘗斬殺過副將,現在蘇建拋棄軍隊,可以殺他以顯示大將軍的威嚴。」

長史任安說:「不可以。蘇建以數千個騎兵去抵擋數萬個敵兵,力戰一天下來,士兵都不敢有異議。如今他脫險回來,將軍反而要殺他,

豈不是明示後人：以後遇到這種事不能回來。」

衛青明白地說：「我以赤誠之心帶兵不怕沒有威嚴，周霸說殺蘇建可顯示我的威嚴，實在不是我的本意。而且，雖然我的職權可以斬將，但以我所受的寵信，不敢在塞外專殺，應該送回京師，請天子裁決，並可藉此訓示為人臣者不能專權，這不是很好嗎？」

於是把蘇建押解到京師，武帝果然赦免，將他貶為庶人。

衛青說的「權威」是個人整體素質的呈現。我們習慣說「建立威信」、「樹立威望」等，其實並不確切。在這些說法中，威信、威望、權威都是一種單向構成，似乎欲加之威則生威、欲立其信有信，完全不考慮另一方的心理認同，一廂情願地去樹威立信，事與願違時甚至不擇手段。「威」固然重要，「信」不可沒有，重「威」輕「信」，人微言輕。但要獲得人家的尊重和愛戴，要有一顆勇敢的心，你可以試做一下別人認為你做不到的事，失敗了也沒關係，等到你成功了，別人自然會刮目相看。

【管理活用】

一個國家、一個企業，管理得是否井井有條、是否興旺發達，關鍵看是否有一個高明的領導者。《淮南子》中說，領導者的最高境界是：「不言而信，不施而仁，不威而怒。」意思是說：還沒有說話，大家卻都相信了；還沒有給好處，大家卻都感覺到了恩澤；不用發怒，大家都承認其權威的存在。之所以如此，是因為領導者的權威在於內在的素養。心繫大局，不謀私利，具有高瞻遠矚的眼光，卓越的管理才能，這樣的領導，自然「不威而怒」。

沃森的管理之道

在電腦和電動商用機器領域，美國國際商用機器公司（IBM）堪稱世界霸主，歷數十年不衰。綜觀全域，IBM的崛起和成功，以及它在世界上獲得的地位和聲譽，在很大程度上應歸功於沃森及其獨特的領導藝術。

湯瑪斯·約翰·沃森於1874年2月17日出生於紐約。在全國收銀機公司當推銷員時，他就以自己高超的推銷才能獲得極大的成功，並因此登上了經理的寶座，並在企業管理方面積累了豐富的經驗。1914年，沃森進入計量、製表、記錄公司，當上了主管。當時這家公司僅1200人，生產記錄儀、統計分類機和計量設備。1924年，沃森把公司（GTR）改名為國際商用機器公司（IBM）。

沃森有剛毅堅強的性格，他在公司醉心於實行獨裁式統治，職工的衣食住行，無一不在公司的嚴格控制之下。

在企業管理方面，沃森高瞻遠矚、深謀遠慮。他認為企業要獲得成功，就必須激發每個職工的積極性，敢於從事似乎不可能完成的任務，敢於做似乎無法做到的事。他提出「多思」這個箴言，一幅幅裝幀別致的「多思」條幅在IBM公司隨處可見，以此激勵職工們奮發向上。

沃森出身於推銷員，他對推銷工作特別重視。由他一手培養起來的IBM公司推銷隊伍簡直以宗教式的狂熱在進行著推銷工作。一家雜誌曾這樣評論：「一大批推銷員在前面鳴鑼開道，一大群操作人員在後面喝彩叫好。IBM公司透過商業行為發揮的影響之大，在企業史上真是首屈一指。」沃森特別重視公司的信譽，他認為只有向顧客提供最好的產品，才能提高公司的威信，並永遠立於不敗之地。因此，IBM公司捨得在研究上花大本錢。人們認為，IBM公司的研究與發展往往比其主要對手

領先三至五年。沃森對職工的管理非常嚴格，但是他胸懷豁達，體貼下層，兼顧顧客和工人的利益。IBM實行終身僱傭制，工人無失業之憂。IBM的薪金在各大公司中名列前茅，同時公司還向職工提供名目繁多的福利待遇。因此，這家在全世界擁有數十萬名職工的公司，迄今尚未成立工會。沃森在IBM公司的發展上發揮了不可估量的作用，他與福特、貝爾、愛迪生等一起，被列為美國企業史上的十大名人。

　　威信是一種客觀存在的社會心理現象，是一種使人甘願接受對方影響的心理因素。任何一個老闆，都以樹立威信為自己的行為目標。威信使員工對老闆產生一種發自內心的由衷的歸屬感和服從感。荀子曾說：「推禮義之統，分是非之分，總天下之要，治海內之眾，若使一人。」一個高明的領導者，應該深明此理。只有如此，才能「不言而信，不怒而威」，具有很高的權威。這樣，企業就能「貴名起如日月，天下應之如雷霆」，企業的聲譽和形象就會像日月一般地上升，天下人就像雷電一般地回應。

辱人、自辱，不可怠慢所敬之人

【原文】

好眾辱人者，殃。戮辱所任者，危。慢其所敬者，凶。

【譯文】

喜好正直的名聲而當面去侮辱人家，自己必會遭殃。對於自己任命的人殺戮侮辱，這樣的統治是非常危險的。以怠慢輕侮的態度對待應該尊敬的人，這樣的人必定是一個凶惡殘暴的人。

【名家注解】

張商英注：己欲沽直名而置人於有過之地，取殃之道也！人之云亡，危亦隨之。以長幼而言，則齒也；以朝廷而言，則爵也；以賢愚而言，則德也。三者皆可敬，而外敬則齒也、爵也，內敬則德也。

王氏注：言雖忠直傷人主，怨事不干己，多管有怪；不干自己勾當，他人閒事休管。逞著聰明，口能舌辯，論人善惡，說人過失，揭人短處，對眾羞辱；心生怪怨，人若怪怨，恐傷人之禍殃。人有大過，加以重刑；後若任用，必生危亡。有罪之人，責罰之後，若再委用，心生疑懼。如韓信有十件大功，漢王封為齊王，信懷憂懼，身不自安；心有異志，高祖生疑，不免未央之患；高祖先謀，危於信矣。心生喜慶，常行敬重之禮；意若憎嫌，必有疏慢之情。常恭敬事上，怠慢之後，必有疑怪之心。聰明之人，見怠慢模樣，疑怪動靜，便可迴避，免遭

凶險之禍。

【經典解讀】

自己想博取剛直的名聲，而把別人置於受冤枉、受侮辱的地步，這種人自身是要遭殃的。《老子》中說：「直而不肆，光而不耀。」意思是說：雖然剛直，但不可以剛直而肆意衝撞於人；雖然聰明，但不可以聰明而顯耀於人。尊敬體現著對人的信任與忠貞。明君有化育天下之德，父母有養育栽培之恩，尊長有扶助愛護之心，賢良有體恤孤寡之善，豪傑有救急拔困之義。對這些人尊之敬之，理所當然。如果驕橫粗野，褻瀆所尊，怠慢所敬，是悖理之舉，失義之為，必致不祥。

【處世活用】

為人處世，每一個人都要懂得尊重和欣賞，例如，當你與人碰面或擦肩而過的時候，相互微笑一下、點頭示意一下、問一聲你好，愉快的心情會因此而產生。我們應該記住這句話：「請你放下自己的身段，用平和的心情真誠微笑地試一下。」因為對別人的尊重也必然會獲得別人同樣的尊重。

日常的生活中，相互尊重很多時候都呈現在一些看得到或看不到的細小事情上。學會對他人的尊重，是我們處世應有的素養。

【職場活用】

身處競爭激烈的職場，懂得和學會尊重他人尤其重要。要尊重你身邊的人，如果能夠做到這一點的話，你會完成更多的工作，而且做得更加出色。

富蘭克林的謙和

富蘭克林年輕的時候，曾經把所有的積蓄都投資在一家非常小的印刷廠裡，結果全部虧損。他很想獲得為議會印文件的工作，可是出現了一個不利的情形，議會中有一個既有錢又能幹的議員，非常討厭富蘭克林，甚至還公開斥罵富蘭克林。這種情形對富蘭克林來說是非常不利的。因此，富蘭克林決定使對方喜歡上自己。

富蘭克林為此絞盡了腦汁。向他的敵人借幾塊錢？這是沒用的。他所請求的，應該是令對方非常高興的事才行——這個請求要正好觸動對方的虛榮心，使他覺得獲得了尊重，還能很巧妙地表示出富蘭克林對對方的知識和成就的仰慕才行。

於是他向那個議員請求道：「聽說您的圖書室裡珍藏著一本非常稀奇的書，我很想看看，您方便把那本書借給我幾天，好讓我仔細地閱讀一遍嗎？」

果然，那個議員馬上叫人把那本書送來了。過了大約一個星期的時間，富蘭克林把那本書還給了他，還附上一封信，強烈地表示他的謝意。

當再一次他們在議會裡相遇時，議員居然首先跟他打招呼，並且極為禮貌。自那以後，他隨時樂意幫富蘭克林的忙，他們成了好朋友。

富蘭克林正是以尊重他人，從而獲得了他人對自己的尊重。惠特曼曾說：「對人不尊敬，首先就是對自己的不尊敬。」真正的尊重是建立在這樣的信仰之上的，那就是別人的思想和時間是有價值的。用這樣的方式和別人接近也同樣會提升你自己。

【管理活用】

管理學中有一個「坎特法則」。羅莎貝斯・莫斯・坎特是哈佛商學

院教授，他提出一個觀點：管理從尊重開始。即尊重員工是人性化管理的必然要求，只有員工的私人身份受到了尊重，他們才會真正感到被重視、被激勵；做事情才會主動承擔和負責，完成交辦的任務；才會與經理積極溝通想法，甘心情願為團隊的榮譽付出。這種尊重是回報率最高的感情投資，最終能夠達到自我實現、團隊合作、共謀發展的目標。管理之中，管理者必備的條件是懂得對員工的尊重。

沃森的「哲學」

IBM擁有40多萬員工，年營業額超過500億美元，幾乎在世界各地都有分公司，其分布之廣，讓人驚嘆，其成就令人嚮往。這與它的經營觀念是分不開的。

老湯瑪斯・沃森在1914年創辦IBM公司時，希望他的公司財源滾滾，同時也希望能藉此反映出他個人的價值觀。因此，他把這些價值觀標準寫出來，作為公司的基石，任何為他工作的人，都明白公司要求的是什麼。而首條就是「必須尊重每個員工的權利和尊嚴」。

沃森認為必須尊重個人，任何人都不能違反這一準則。

沃森家族知道，公司最重要的資產不是金錢或其他東西，而是員工。自從IBM公司創立以來，就一直推行此行動。每一個人都可以使公司變成不同的樣子，所以每位員工都認為自己是公司的一分子，公司也試著去創造小型企業的氣氛。分公司永保小型編制，公司一直很成功地把握一個主管管轄12個員工的效率。每位經理都瞭解工作成績的尺度，也瞭解要不斷地激勵員工士氣。有優異成績的員工就獲得表揚、晉升、獎金。在IBM公司裡沒有自動晉升與調薪這回事。晉升調薪視工作成績而定。一位新進入公司的市場代表有可能拿的薪水比一位在公司工作多年的員工要高。每位員工以他對公司所貢獻的成績來核定薪水，絕非以資

歷而論。有特殊表現的員工，也將得到特別的報酬。

自從IBM公司創立以來，就有一套完備的人事運營系統，直到今天依然不變。任何一位有能力的員工都有一份有意義的工作。在將近50年的時間裡，沒有任何一位正規聘用的員工因為裁員而失去1小時的工作。IBM公司如同其他公司一樣也曾遭受過不景氣的時候，但IBM都能很好地計畫並安排所有員工不致失業。也許IBM成功的安排方式是再培訓，而後調整新工作。例如在1969—1972年經濟大蕭條時，有1萬2千名IBM的員工，由蕭條的生產工廠、實驗室、總部調整到需要他們的地方。有5000名員工接受再培訓後從事銷售工作、設備維修、外勤行政工作與企劃工作。大部分人反而因此調到了一個較滿意的崗位。

小湯瑪斯・沃森說：「對任何一個公司而言，若要生存並獲得成功的話，必須有一套健全的規則，可供全體員工尊重，但最重要的是大家要對此規則產生信心。」

在管理中，因為思想上不尊重人所以也就不注重對別人思想的尊重，不尊重便難得使思想與思想見面，常常所見的僅僅是人與人之間的見面而不是思想與思想的見面。很多時候，我們都急於把自己的思想付諸實踐，按照自己的性格來處理，其結果總有一種坐地指揮、頤指氣使的姿態和架勢，難免讓人厭惡和反感，因為這種厭惡和反感，即使是好的思路、好的辦法也很難如願地執行下去，不是變了味就是被延誤了，結果與願望相違背，使思路大打折扣。更為主要的是因為這種思想上不尊重的原因，使得彼此之間產生了很大的隔閡，埋下了矛盾和衝突的根源，其後果是難以言述的。

明辨親疏賢惡

【原文】

貌合心離者,孤。親讒遠忠者,亡。

【譯文】

表面上關係密切,實際上心懷二心的人,一定會陷於孤獨。親近讒慝,遠離忠良,一定會滅亡。

【名家注解】

張商英注:讒者,善揣摩人主之意而中之;忠者,推逆人主之過而諫之。合意者多悅,逆意者多怒;此子胥殺而吳亡;屈原放,而楚亡是也。

王氏注:賞罰不分功罪,用人不擇賢愚;相會其間,雖有恭敬模樣,終無內敬之心。私意於人,必起離怨;身孤力寡,不相扶助,事難成就。親近奸邪,其國昏亂;遠離忠良,不能成事。如楚平王,聽信費無忌讒言,納子妻無祥公主為后,不聽上大夫伍奢苦諫,縱意狂為。親近奸邪,疏遠忠良,必有喪國、亡家之患。

【經典解讀】

張商英說:「讒者,善揣摩人主之意而中之」,雖帶有頗多時代色彩,然亦是至理明言。現代生活中亦不乏「讒者」,為了自己私利而阿

諛奉承的人。我們為人處世，當明辨於此。

【處世活用】

為人處世，要學會識人。與人交往之中，多有這樣的體驗：如果對一個人不瞭解，你和他在感情上就必然有距離。一個人性格的形成，往往跟他生活的時代，家庭環境，所受的教育和經歷有關。我們在考察一個人的性格時，最好也要瞭解他性格形成的原因。這樣，你可能就會理解他、體諒他，慢慢地，你們之間就會相互增進瞭解，甚至還可能成為好朋友。但是，識人並非很容易的事。

顏回偷吃

《呂氏春秋・審分覽・任數》上說：孔子被困陳、蔡之間，一連七天都沒有進食。大概實在是累壞了，也顧不得禮儀，在白天都躺著休息，以保存體力。後來顏回想辦法討到了一些米，就拿回來煮飯。飯快要煮熟的時候，正好孔子路過，遠遠看見顏回從鍋子裡抓了一點飯出來自己吃掉了。等到顏回拿著飯請孔子吃的時候，孔子假裝不知道，起身說：「我夢到祖先了，應該拿這些清潔的食物先祭祀他們。」顏回忙說：「不行！剛才有灰塵掉到鍋裡了，我抓了出來，扔掉總不太好，所以自己吃掉了。」孔子聽後十分感慨，當即把弟子們召到跟前說：「原以為眼見為實，誰知道實際上眼見的未必可信；憑藉內心來做一個衡量，到頭來也不可靠。看來要看懂一個人真不容易啊！」

孔子從誤會顏回這一事件中，引發出深刻教訓：明明親眼看到顏回的偷食行為，而實際上卻是顏回在剔除污穢，以乾淨的飯食來敬奉老師，可見「目不可信」。孔子平時對顏回最信任，對他的高尚品德曾多次讚譽，而今卻也產生疑惑，可見「心不足憑」。由此可見，真正對一

個人的瞭解，必須經過反覆實踐，不可憑一時的印象來評價人。

【職場活用】

身處職場之上，利益衝突很多，此時，我們要做的是加以深切體察，設身處地，瞭解對方本質及其環境，作合乎情理的評價，萬不可先入為主、隨意臆斷。諸葛亮有七句話用以說明如何識人：「問之以是非，而觀其志；諮之以計謀，而觀其識；告之以難，而觀其勇；醉之以酒，而觀其性；臨之以利，而觀其廉；期之以事，而觀其信。」如果能做到這些，識人自然不在話下。

蘇軾識人

一天，蘇軾與朋友謝景溫出遊。兩人且說且笑，一路相談甚歡。就在這時，一個黑影從樹上跌落下來。

兩人定睛一看，才發現黑影不過是隻受傷的小百靈。蘇軾湊過去，發現百靈的腿上有傷，可能就是因為這傷才使牠從樹上墜落下來。蘇軾剛想將鳥撿起來，謝景溫卻大步走了上來，抬腿便將百靈踢到了一旁。「兄臺何必為了一隻驚嚇了我們的畜生耗費心思，我們還是趕路吧！」蘇軾面色凝重，卻一言不發，繼續和謝景溫向前走。

一路上，謝景溫高談闊論，指點江山，好不瀟灑。而蘇軾只是偶爾應兩聲，全然沒了興致。走著走著，兩人發現前面是一座獨木橋，此橋凌空駕於瀑布之上，橋下景色壯觀，卻也極險。

蘇軾見橋面狹窄，禁不住一陣顫抖，不敢過去。謝景溫見此形狀，嘲笑蘇軾膽小，拉起他的手就向橋上邁。蘇軾本能地抽回了手，謝景溫大笑著信步走了過去，留下蘇軾自己在橋邊發呆。

郊遊回來之後，蘇軾便與謝景溫斷交，從此不再往來。有朋友問

蘇軾為何如此，蘇軾說：「輕賤生命之人，不可為友。」朋友卻不以為然。蘇軾也不多說什麼，只是陷入了沉思。多年後，謝景溫成為一代權臣，殺戮無數，蘇軾也險遭毒手。謝景溫成了北宋有名的奸佞小人，時人皆嘆蘇軾果能識人。

【管理活用】

作為管理者，要選賢任能，而要做到這一點，首先必須知人識人。不瞭解人就不可能用好人。現實工作中，常常可以遇到企業領導團隊成員核對某個人能否提拔時出現兩種截然不同的意見，即便是同一類表現，由於認識角度不同，其結論也會大相徑庭。選拔什麼樣的人才，關係到企業的成敗。管理者要大膽任用賢人，但必須慎重行事，要進行嚴格的審查和考核，絕不能光憑少數人的意見就輕率做出決定。

孟子識別人才

孟子觀見齊宣王。

齊宣王問道：「我應該怎樣去辨識那些缺乏才能的人而不使用他呢？」

孟子回答說：「國君選拔賢人，如果迫不得已要用新進之人，就要把卑賤者提拔在尊貴者之上，把疏遠的人提拔在親近者之上，對此怎能夠不慎重對待呢？因此，左右親近之人都說某人賢能，不可輕信；眾位大夫都說某人賢能，也不可輕信；全國的人都說某人賢能，然後去考察他，證實他確有才幹，再任用他。左右親近之人都說某人不好，不要輕信；眾位大夫都說某人不好，也不要輕信；全國的人都說某人不好，然後去考察，證實他的確不好，再罷免他。左右親近之人都說某人可殺，不要聽信；眾位大夫都說某人可殺，也不要聽信；全國的人都說某人可

殺，然後去考察，證實他的確該殺，然後處死他。這樣，這個人就是全國殺掉的。這樣，才可以做百姓的父母。」

孟子所說識別人才之術，強調了對人才考察的重要性。這一點對現代的管理者同樣適用。鑑別人才時，作為一個管理者的標準應該是：其一，要求德才兼備，但不能求全。唐朝貞觀年間，魏徵曾向唐太宗提過一個忠告：對於身邊大臣處理問題中的非重大失誤和工作中暴露出來的非本質性缺點，應當不聞不問，否則告狀信會像雪片一樣飛來，使大臣們處於為難境地，最後會導致大臣提出辭呈離去，整個朝廷就沒法治理好了。這一條建議至今仍有現實意義。其二，要看能力、重業績。日本著名企業家松下幸之助也說過：「對公司有功的人應頒發獎金，而不是職位，職位要委授給那些具有相應才華的人。」處理好這兩點，就能很好地識別人才，運用人才。

貪戀女色使人昏聵

【原文】

近色遠賢者，昏。女謁公行者，亂。

【譯文】

親近女色，疏遠賢人，必定是一個昏聵的君主。女子干涉大政，一定會有動亂。

【名家注解】

張商英注：太平公主，韋庶人之禍是也。

王氏注：重色輕賢，必有傷危之患；好奢縱欲，難免敗亡之亂。如紂王寵妲己，不重忠良，苦虐萬民。賢臣比干、箕子、微子，數次苦諫不肯；聽信怪恨諫說，比干剖腹、剜心，箕子入宮為奴，微子佯狂於市。損害忠良，疏遠賢相，為事昏迷不改，致使國亡。后妃之親，不可加於權勢；內外相連，不行公正。如漢平帝，權勢歸於王莽，國事不委大臣。王莽乃平帝之皇丈，倚勢挾權，謀害忠良，殺君篡位。侵奪天下，此為女謁公行者，招禍亂之患。

【經典解讀】

清代思想家龔自珍《己亥雜詩》云：「少年雖亦薄湯武，不薄秦皇與漢武。設想英雄垂暮日，溫柔不住住何鄉？」龔自珍在年輕時，熱衷

於指畫江山，臧否人物，然至「垂暮日」，閱盡人世滄桑之後，才慷慨萬端地寫下：「溫柔不住住何鄉？」此語常被人曲解，以作貪戀女色的藉口。其實遲暮之年的英雄回歸「溫柔鄉」，這是一顆受盡滄桑的心靈對愛的真誠理解，與那種逢場作戲，尋求感官刺激的貪戀迥然不同。

【處世活用】

為人處世，凡事要講究度。《禮記・禮運》中說：「飲食男女，人之大欲存焉。」吃好的、喝好的，以及喜歡男女間的關係，這是人生根本的欲望。但人們似乎常常忘記了後一句話：「死亡貧苦，人之大惡存焉。」至於死亡和貧窮痛苦，那天底下的人都害怕，都討厭碰上。過度地追求享樂，其最後的結果也只會剩下「人之大惡」了。

烽火戲諸侯

周宣王死後，其子宮涅繼位，是為周幽王。當時周室王畿所處之關中一帶發生大地震，加上連年旱災，民眾飢寒交迫、四處流亡，社會動盪不安，國力衰竭。而周幽王是個荒淫無道的昏君，他不思奮發圖強，反而重用佞臣虢石父，盤剝百姓，激化了階級衝突；又對外攻伐西戎而大敗。

後來，幽王自得褒姒以後，十分寵幸她，一味過起荒淫奢侈的生活。褒姒雖然生得豔如桃李，卻冷若冰霜，自進宮以來從來沒有笑過一次，幽王為了博得褒姒開心一笑，不惜想盡一切辦法，可是褒姒終日不笑。為此，幽王竟然懸賞求計，誰能引得褒姒一笑，賞金千兩。這時佞臣虢石父，替周幽王想了一個主意，提議用烽火臺一試。烽火本是古代敵寇侵犯時的緊急軍事報警信號。從國都到邊鎮要塞，沿途都遍設烽火臺。西周為了防備犬戎的侵擾，在鎬京附近的驪山一帶修

築了20多座烽火臺，每隔幾里地就是一座。一旦犬戎進襲，首先發現的哨兵立刻在臺上點燃烽火，鄰近烽火臺也相繼點火，向附近的諸侯報警。諸侯見了烽火，知道京城告急，天子有難，必須起兵勤王，趕來救駕。虢石父獻計令烽火臺平白無故點起烽火，招引諸侯前來白跑一趟，以此逗引褒姒發笑。

　　昏庸的周幽王採納了虢石父的建議，馬上帶著褒姒，由虢石父陪同登上了驪山烽火臺，命令守兵點燃烽火。一時間，狼煙四起，烽火沖天，各地諸侯一見警報，以為犬戎打過來了，果然帶領本部兵馬急速趕來救駕。到了驪山腳下，連一個犬戎兵也沒有，只聽到山上一陣陣奏樂和唱歌的聲音，一看是周幽王和褒姒高坐臺上飲酒作樂。周幽王派人告訴他們說：辛苦了大家，這裡沒什麼事，不過是大王和王妃放煙火取樂。諸侯們才知被戲弄，懷怨而回。褒姒見千軍萬馬召之即來，揮之即去，如同兒戲一般，覺得十分好玩，禁不住嫣然一笑。周幽王大喜，立刻賞虢石父千金。

　　周幽王為進一步討褒姒歡心，又罔顧老祖宗的規矩，廢黜王后申氏和太子宜臼，冊封褒姒為后，立褒姒生的兒子伯服為太子，並下令廢去王后的父親申侯的爵位，還準備出兵攻伐他。申侯得到這個消息，先發制人，聯合繒侯及西北夷族犬戎之兵，於西元前771年進攻鎬京。周幽王聽到犬戎進攻的消息，驚慌失措，急忙命令烽火臺點燃烽火。烽火倒是燒起來了，可是諸侯們因上次受了愚弄，這次都不再理會。鎬京守兵本就怨恨周幽王昏庸，不滿將領經常剋扣糧餉，這時也都不願效命，犬戎兵一到，便勉強招架了一陣以後，一哄而散，犬戎兵馬蜂擁入城，周幽王帶著褒姒、伯服，倉皇從後門逃出，奔往驪山。途中，他再次命令點燃烽火。烽煙雖直透九霄，還是不見諸侯救兵前來。犬戎兵緊緊追逼，周幽王的左右在一路上也紛紛逃散，只剩下一百餘人逃進了驪宮。周幽

王採納臣下的意見，命令放火焚燒前宮門，以迷惑犬戎兵，自己則從後宮門逃走。逃不多遠，犬戎兵又追了上來，一陣亂殺，當場將周幽王和伯服砍死，只留下褒姒一人做了俘虜。至此，西周宣告滅亡。

《禮記‧樂記》中說：「人生而靜，天之性也；感於物而動，性之欲也。物至知知，然後好惡形焉。好惡無節於內，知誘於外，不能反躬，天理滅矣。夫物之感人無窮，而人之好惡無節，則是物至而人化物也。人化物也者，滅天理而窮人欲者也。於是有悖逆詐偽之心，有淫佚作亂之事。是故，強者脅弱，眾者暴寡，知者詐愚，勇者苦怯，疾病不養，老幼孤獨不得其所，此大亂之道也。」

這段話的意思是：人生來很平靜，這是天生的本性。有感於事物而活動，這是本性的欲求。與事物接觸而懂得去認知，然後好惡就表現出來，好惡在內心中沒有節制，知識在外部加以誘惑，不能反過來要求自身，天生的理智就泯滅了。事物感動人沒有窮盡，而人的好惡沒有節制，就是與事物接觸而人融化在事物中了。人融化在事物中，就是泯滅天理而窮盡人欲的。於是就有悖逆詐偽的心思，有淫佚作亂的事情。因而強者威脅弱者，眾多的壓迫寡少的，狡猾的欺詐遲鈍的，勇敢的欺負怯懦的，疾病的人得不到照顧，老幼孤獨不能各得其所，這就是大亂的表現。

這段話闡述了個人欲望無節制地發展所造成的惡果。不論哪種欲望，都不能無節制地發展。否則，誤己誤人是必然結果。

私心重者不可委以重任

【原文】

私人以官者，浮。

【譯文】

私下將官職授於人，此人必定是膚淺的人。

【名家注解】

張商英注：淺浮者，不足以勝名器，如牛仙客為宰相之類是也。

王氏注：心裡愛喜的人，多賞則物不可任；於官位委用之時，誤國廢事，虛浮不重，事業難成。

【經典解讀】

官位是國之大寶，不可委之以缺德少才如唐玄宗的宰相牛仙客那樣的人，更不用說庸碌之輩了。帝制社會自來有權錢交易的痼疾，這是歷代事浮政墮的原因之一。

【處世活用】

為人處世，要克制自己的私心。私心太重，必會損人，與他人的關係自然會出現失衡，所以沒有約束私心的功夫，很難成大事。自私

或許每個人都有，也是很正常的事情，但是過於自私就不正常了。因為過於自私會使自己處於孤立無援的境地；會使自己舉目無親，沒有值得相信的人；相反地，拋離了自私，心胸會變得開朗、寬廣，快樂也會隨之而來。

醫生的藥方

有一個人發現自己經常感到空虛、寂寞和無所事事，神經好像已經麻木，他認為自己得了很嚴重的疾病，便去看醫生。醫生為他詳細地進行了檢查，發現他的身體沒有任何問題。但以一個醫生的直覺，他認為問題好像出在心理方面。於是，醫生問他：「你最喜歡哪個地方？」他茫然地回答：「不知道，我根本不知道我喜歡哪個地方。」「小時候你最喜歡做什麼事？」醫生耐心地望著他問。「小時候？小時候，我喜歡草原。」他回答著。

醫生連忙寫了三個處方交給他說：「拿上這三個處方到草原上去，你必須在早上8點，中午12點和下午5點的時候，分別打開這三個處方，一定要遵照處方去做，你的病方可治癒。」

他無精打采地拿著處方來到草原上，當他到達草原時剛好是早上8點，清晨的草原安靜極了，沒有都市的喧鬧，他頓時感覺渾身一振，趕緊打開處方，只見處方上面寫道：「用心去傾聽。」於是他微微閉上眼睛用耳朵仔細傾聽，果然他聽到了好久都沒有聽見的聲音：晨風在綠色的草浪中滑過，蟲子在歡樂地鳴叫，遠處傳來牧馬人粗獷的歌聲，他甚至聽到了白雲在芬芳的空氣中輕輕流動。一個令入神往的美麗畫面在他的心裡徐徐展開，讓他煩躁已久的心靈平靜下來，他感到了無限愜意。

中午時分他尚未從美景中清醒，然而他還是打開了第二個處方，上面寫道：「回憶往昔。」於是他回憶起兒時在一望無際的草原上嬉戲的

情景，想起在春風中歡樂地追逐蝴蝶的場面……想著想著，他的臉上不禁露出了甜美的笑容。

下午5點，溫暖與喜悅的感受充溢著他的心房，他打開最後一張處方，上面寫道：「回顧你的動機。」這是最關鍵的部分，亦是整個治療的重點。他開始自省，反省生活中的每一件事，每一個人，每一種情況，最後他痛苦地發現，原來是自私使他變成了這個樣子。他從未超越自我，從未認同更高尚的目標，一切行動都是圍繞自己制定和打算。自私讓他沒有了朋友，沒有了安慰和鼓勵，沒有了未來和理想，使他開始對一切產生厭倦。想到這裡，他感到萬分高興，感謝醫生，我找到重新獲得幸福的鑰匙了。

這位病人祛除了自私的心理，所以一切不適都沒有了，他又擁有了快樂和幸福。其實，現實生活中，快樂和幸福是最重要的，誰願意以自私得來的財富為代價，哪怕財富多得讓人驚訝，而去放棄幸福和快樂呢？

【職場活用】

冷漠自私和狹隘刻薄使人與人之間產生了距離，一個過分在意自己、無視他人的人，必然遭人孤立和排斥。生活就像山谷回聲，你付出什麼就得到什麼。如果你想得到友善和幫助，就要先遍撒這樣的種子，這樣你的周圍才會充滿溫馨和機遇。身在職場，不可私心太重。英國作家薩克雷在他的著名小說《名利場》中，借女主角愛米麗亞之口說道：「世界是一面鏡子，每個人都可以在裡面看見自己的影子。你對它皺眉，它還你一副尖酸的嘴臉。你對著它笑，跟著它樂，它就是個高興和善的伴侶。」這段話同樣適用於待人的態度。

麥克的不平

麥克在英國南部一家大製造公司做財務工作。他非常喜歡這份工作，可是總得不到提升，最近一個同事又升遷了，這使他心裡十分不滿。在一個為時兩天的訓練課程中，麥克和同事布賴恩都參加了一個自我與他人定義練習。在這個練習中，參加者被邀請從一系列形容詞中選擇出一些來恰當地描述他們的人格，然後試著互相做同樣的練習。每個人都可以檢驗他或她自己的形容詞與其他人為他們選擇的形容詞。

麥克給自己所選擇的形容詞是：守時、勤奮、誠實、幽默、忠誠、友好、禮貌、自信、創新、能幹、坦率、合作、有理解力。而布賴恩給麥克選擇的形容詞卻是：不守成規、寡然無趣、無創意、不敏銳、不忠誠、不守時、不勤奮、不誠實的。

麥克自己心目中的麥克與布賴恩心目中的麥克判若兩人。問題在哪裡？可能是麥克與布賴恩對這些事情的定義不同；也可能是麥克沒有把他令人滿意的品性以布賴恩所能接受的做人方式投射出來；還有可能是他根本就不具備這些品性，再有可能就是麥克所以為的那些優良品性──他的坦率和自信──卻可能實際上被布賴恩當做消極的東西來看待，被看成是不守成規的體現。

麥克如果希望得到別人的認可，就需要與他們進行深入的溝通和開誠布公的交談，從而認清別人眼中的自己是什麼樣子，並仔細對照自己的印象用心觀察、仔細思考其中的不同，在揚長避短中不斷地完善自我。一位心理學家曾經說過，我們往往能夠從別人的臉上看到自己的表情。這句話深刻地體現了人與人之間的相互影響。私心過重的人必然獲得別人同樣的「私心」相待。用心利用「別人眼中的你」這面鏡子，依靠你周圍的人來認清自己的本來面目，用一顆感恩的心來面對你的同

事，認真對待他們給你的幫助，有接納逆耳忠言的博大胸懷，你的鏡子才永遠不會失真，才能真正成為你進步和成功的階梯。

【管理活用】

為人私心太重，當然不可委以重任。而作為一個管理者，尤其要克服私心。在工作中，就要公私分明，不感情用事。把私心用在工作中，不但會誤事，還有可能對企業造成重大的損失。所以，不妨用一顆寬容理智的心平靜地面對身邊的人和事，將私心拋開，用一份公道來成就自己的事業。

解狐推舉仇家為官

晉綽公執政時期，有個叫解狐的大夫是名將解揚的兒子。他為人耿直倔強、公私分明，晉國大夫趙簡子和他的關係非常好，也非常信任他。

解狐有個愛妾叫芝英，長得如花似玉、楚楚動人，深得解狐的喜愛。可是有一次，有人告訴解狐說，他的家臣刑伯柳和芝英私通。解狐查明真實情況後，把這兩個人痛打了一頓，雙雙趕出解府。

後來，趙簡子領地的國相職位空缺了。趙簡子就讓解狐幫他推薦一個精明能幹、忠心盡職的國相。他想了半天，覺得只有他原來的家臣刑伯柳比較適合，於是就向趙簡子推薦了他。趙簡子找到刑伯柳後，就任命他為自己的國相，刑伯柳果然把趙國的領地治理得井井有條。趙簡子十分滿意，誇獎他說：「你真是一個好國相，解將軍果然沒有看錯人啊！」刑伯柳這才知道是解狐推薦了自己，出於感激，刑伯柳決定拜訪解狐，感謝他不計前嫌，舉薦了自己。

刑伯柳回到國都，便來到解狐的府上。下人通報上去後，解狐叫門

官問他:「你來,是因為公事還是因為私事?」刑伯柳向著府中解狐住的地方遙遙作揖說:「我今天赴府,是專門負荊請罪來了。刑伯柳早年投靠解狐將軍,蒙將軍厚愛,讓我受益匪淺。伯柳做了對不住將軍的事情,本來心中就萬分慚愧,現在將軍不計前嫌,秉公舉薦,更叫我感激涕零。」

刑伯柳站在府門前等候,卻久久不見回音,他正在疑惑不解的時候,解狐突然出現在門前臺階上,手中張弓搭箭,他還來不及躲閃,那箭已擦著他的耳根,直奔他身後去了。刑伯柳嚇出一身冷汗,解狐接著又一次張弓搭箭瞄準他說:「我推薦你,那是為公,因為你能勝任,可是你我之間卻只有奪妻之恨,你竟然還敢上我的家裡來!你趕快走吧,如果再不走,我就射死你!」

解狐始終不肯原諒刑伯柳,他越是這樣,越說明他推薦刑伯柳確實是出於公心,沒有將個人恩怨與公事混為一談。

解狐真真的做到了「私怨不入公門」、「內舉不避親,外舉不避仇」。

公私不分是管理的大忌,優秀的領導者會非常注意這一點,從而使自己的事業更上一層樓。

忌以權勢欺壓人

【原文】

凌下取勝者，侵。

【譯文】

欺凌下屬而獲得勝利的，自己也一定會受到下屬的侵犯。

【名家注解】

王氏注：恃己之勇，妄取強勝之名；輕欺於人，必受凶危之害。心量不寬，事業難成；功利自取，人心不伏。霸王不用賢能，倚自強能之勢，贏了漢王七十二陣，後中韓信埋伏之計，敗於九里山前，喪於烏江岸上。此是強勢相爭，凌下取勝，反受侵奪之患。

【經典解讀】

仗權欺人，恃強凌弱，以此取勝於人，終不可久，必將被人算計。如項羽始恃強欺壓劉邦，而最終被漢將韓信敗於垓下，自刎於烏江。當上級的守之以禮，作下屬的盡之以忠，才能上下同心。相反地，在上者如以勢壓人，以權欺人，必將離心離德，彼此傷害。

【處世活用】

為人處世,需要謙和,不可辱人求勝。所謂君子為人正直,律己甚嚴,而且待人寬厚和藹可親,別人自然就會對他感到敬畏愛戴和佩服;若是一個人動不動就逞威風欺負人,就算能夠使人害怕懾服,別人也是不會心服口服的,而且不會懷念他的德澤,這種喜歡耍威風的人,必然會遭到別人的厭棄。

仗勢凌人的御史

明朝南京史良佐,在當時擔任南京的西城御史,他居住在東城。每次他從家裡出門,或是返家的時候,鄉親里民們見到他的車駕到來,都不站起來表示敬意;史良佐十分生氣,於是就下令抓幾個見到他沒有起立致敬的里民,送到東城御史那裡去問罪處罰。東城御史就質問里民們:「你們為何見到了西城御史的車駕經過,卻不站起來致敬呢?」

里民們回答說:「我們都是被倪尚書給誤了啊!」

東城御史就問:「倪尚書是怎麼誤了你們的?」

里民說:「倪尚書是南京人,他負責掌理兵部的時候,大家看到他的車駕經過,就走避離開,倪尚書經常叫他的隨從,制止民眾走避,並且還說:『我跟你們同是一個鄉里的人,我不能夠經過裡門下車向你們問候,怎麼還能夠麻煩你們起立向我致敬呢?』而我們也實在是太笨了,竟然以為史御史的作風,就像倪尚書一樣,所以才不起立向他致敬,沒想到竟然因此而觸怒他啊!」

東城御史聽了里民們的解釋,就笑著把他們給釋放了。倪尚書就是文毅公倪岳。唉!史御史聽到這些話,心裡也應當感到慚愧內疚啊!

《太上感應篇》的作者對這個故事的評價是:「以理折人,猶

恐起人角勝之心，以至捍格而不入。況理本屈，而強加橫辱，以求勝乎？……乃於此中求勝，天道好還，辱人還自辱矣。」大意是說：用道理來說服別人，還怕別人不服氣而產生抵觸情緒而不接受，何況本來理屈，仗勢凌人……用這種方式來取勝，自然規律是循環的，羞辱別人的人必定自取其辱。

【職場活用】

身在職場，即使你是主管，也不能仗勢欺人。所謂「辱人者必自辱」，應該嚴以律己，寬以待人；成功了不自傲，失意了也不妄自菲薄；得意時不趾高氣揚，受辱時也不驚慌失措。只有這樣才能經得住大風大浪的考驗，從而戰勝艱難困苦，立於不敗之地。

職場中到處充滿了競爭，競爭的結果必然是有勝有負，有輸有贏。不能只允許自己勝利，看不得別人成功，一旦別人的能力超過自己，他人所得的結果好過自己，便嫉妒不已，口出惡言，加以詆毀。於人於己，皆為不利。

【管理活用】

作為管理者，身處高位，尤其要注意不可以地位、權力來欺壓員工。古人云：「得民心者得天下」，得到員工的擁護、遵從、愛戴，大家就會齊心協力，自然會使公司事業蒸蒸日上。如果管理者不懂得這一點，雖然自身能力強，但總是喜歡以權勢欺壓下屬，一定會招來厭惡、反抗，從而有礙事業的發展。項羽可以說就是這樣的一個例子。

項羽的失敗

秦末，原來的楚國貴族項羽趁亂起兵，依靠自己的軍事天才和貴族

的優勢成為各個反秦勢力中最強大的一支力量。而且項羽力大無窮,身材高大,在注重外表的古代更容易取得威信。另外一個勢力是劉邦,此人從小不學無術,遊手好閒,打仗敗多勝少,而且用語粗俗,根本沒有王者風範。

但是項羽在初期取得成功以後,隨便屠殺諸侯,殺死各路義軍的總統帥楚懷王。對民眾苛刻,連投降的四十萬秦朝士兵都殺得一個不剩。對謀士范增的建議充耳不聞,剛愎自用。反而劉邦從小和平民生活,愛惜民力,待人寬厚,而且自己知道自己沒有太大本事所以十分尊重人才,對投降士兵願意留下的收編,不願意留下的就讓他們回鄉下,十分受人愛戴。

最終項羽因為殘暴不仁而眾叛親離,而劉邦則得到許多人的幫助和擁護。在長達五年的戰爭中,雖然劉邦多次失敗,但是仍然不斷受到群眾的支持,所以能夠不斷反撲。然而項羽在被劉邦打敗以後,就眾叛親離,所有的軍隊在一夜之間都離他而去,最後被劉邦徹底打敗,被迫自殺。而劉邦因為得到全國人民愛戴而最終登基稱帝,開創了統治中國長達412年的漢朝。

項羽的失敗,在於他的不得人心,作為一個管理者,應當慎重對待這一點。

名不副實者，無善終

【原文】

名不勝實者，耗。

【譯文】

所享受的名聲超過自己的實際才能，精力很快就會耗竭。

【名家注解】

張商英注：陸贄曰：「名近於虛，於教為重；利近於實，於義為輕。」然則，實者所以致名，名者所以符實。名實相資，則不耗匱矣。

王氏注：心實奸狡，假仁義而取虛名；內務貪饕，外恭勤而惑於眾。朦朧上下，釣譽沽名；雖有名、祿，不能久遠；名不勝實，後必敗亡。

【經典解讀】

常言說「名副其實」，就是說任何事物都應該實實在在。於事物而言，若是羊質虎皮，則為文不符實，必損其威；於人而言，若外似君子，內實小人，是為表裡不符，則必耗其德；於官而言，若德薄而位尊，則必損其明。

【處世活用】

為人處世，要做到名實相符，不可為浮名而累。擁有超過自己實際能力名聲的人，雖可取得一時的虛榮，但時間長了，總會被別人識破本來面目，終至會被鄙棄。而在自己維護虛假的名聲的過程中，整天戰戰兢兢，患得患失，於身於心都有損害，可謂得不償失。南郭先生就為我們提供了一個很好的例子。

濫竽充數

古時候，齊國的國君齊宣王愛好音樂，尤其喜歡聽吹竽，手下有300個善於吹竽的樂師。齊宣王喜歡熱鬧，愛擺排場，總想在人前顯示做國君的威嚴，所以每次聽吹竽的時候，總是叫這300個人在一起合奏給他聽。

有個南郭先生聽說了齊宣王的這個癖好，覺得有機可乘，是個混飯的好機會，就跑到齊宣王那裡去，吹噓自己說：「大王啊，我是個有名的樂師，聽過我吹竽的人沒有不被感動的，就是鳥獸聽了也會翩翩起舞，花草聽了也會合著節拍顫動，我願把我的絕技獻給大王。」齊宣王聽得高興，不加考察，很爽快地收下了他，把他也編進那支300人的吹竽隊中。

這以後，南郭先生就隨那300人一塊合奏給齊宣王聽，和大家一樣享受著優厚的待遇，心裡得意極了。

其實南郭先生撒了個彌天大謊，他壓根兒就不會吹竽。每逢演奏的時候，南郭先生就捧著竽混在隊伍中，人家搖晃身體他也搖晃身體，人家擺頭他也擺頭，臉上裝出一副動情忘我的樣子，看上去和別人一樣吹奏得挺投入，還真瞧不出什麼破綻來。南郭先生就這樣靠著矇騙混過了

一天又一天,不勞而獲地白拿薪水。

但是好景不長,過了幾年,愛聽竽合奏的齊宣王死了,他的兒子齊湣王繼承了王位。齊湣王也愛聽吹竽,可是他和齊宣王不一樣,認為300人一塊吹實在太吵,不如獨奏來得悠揚逍遙。於是齊湣王發布了一道命令,要這300個人好好練習,做好準備,他將讓300人一個個地輪流來吹竽給他欣賞。樂師們接到命令後都積極練習,都想一展身手,只有那個濫竽充數的南郭先生急得像熱鍋上的螞蟻,惶惶不可終日。他想來想去,覺得這次再也混不過去了,只好連夜收拾行李逃走了。

像南郭先生這樣,不學無術,靠矇騙混飯吃的,騙得了一時,騙不了一世。假的就是假的,最終逃不過實踐的檢驗而被揭穿偽裝。我們想要成功,唯一的辦法就是勤奮學習,只有練就一身的真本領,做到名副其實。這樣,才能經得住一切考驗。

【職場活用】

身處職場,做到名實相符,有真才實學是很重要的。所謂「真才實學」,是指某人在某個領域有一定的獨立見解,並且有一定的解決實際問題的能力。對於一個人的成功來說,知識、能力、優秀的個人素質就是真才實學的表現。在我們的職業生涯中,不可華而不實,眼高手低,甚至於為了利益而沽名釣譽,虛妄於花拳繡腿,玩弄花招,這樣的結果只能是適得其反。

在「憑競爭就業、靠能力吃飯」的今天,面對知識爆炸、社會分工越來越細、需求的人員素質越來越高的現實,只有真才實學,個人的擇業範圍才能擴大,施展才華的天地才更加廣闊。這對我們來說既是機遇又是挑戰,我們每個人必須珍惜時光學習知識,這就需要我們根據自身喜好,從個人實際出發,需要什麼就學什麼,急需什麼就學什麼。

厚己薄人不得人心

【原文】

略己而責人者,不治,自厚而薄人者,棄。

【譯文】

對自己馬虎,對別人求全責備的,無法處理事務。對自己寬厚,對別人刻薄的,一定被眾人遺棄。

【名家注解】

張商英注:聖人常善救人而無棄人;常善救物而無棄物。自厚者,自滿也。非仲尼所謂:「躬自厚之厚也。」自厚而薄人,則人才將棄廢矣。

王氏注:功名自取,財利己用;疏慢賢能,不任忠良,事豈能行?如呂布受困於下邳,謀將陳宮諫曰:「外有大兵,內無糧草;黃河泛漲,倘若城陷,如之奈何?」呂布言曰:「吾馬力負千斤過水如過平地,與妻貂蟬同騎渡河有何憂哉?」側有手將侯成聽言之後,盜呂布馬投於關公,軍士皆散,呂布被曹操所擒斬於白門。此是只顧自己,不顧眾人,不能成功,後有喪國、敗身之患。功歸自己,罪責他人;上無公正之明,下無信、懼之意。贊己不能為能,毀人之善為不善。功歸自己,眾不能治;罪責於人,事業難成。

【經典解讀】

若對於自己的言行與處世忽略輕視，反而去嚴格要求別人，眾人必然不服，不服則亂，亂則難以治理。在待遇和享受上，應該給伙伴與下級以厚待。如果自厚而反與人薄，則必然使人厭棄。

【處世活用】

為人處世，要嚴於律己，不可苛責於人。自律具有強大的力量，沒有人可以在缺少它的情況下獲得並保持成功。無論一個人有多麼過人的天賦，若不運用自律，就絕不可能把自己的潛能發揮到極致。自律促使每個人步步攀向高峰，也是使能力得以卓有成效地維持的關鍵所在。

劉秀的自律

宋弘，字仲子，漢京兆（長安）人。在劉秀剛剛建立東漢的時候，就被拜為太中大夫，以後，又代梁王任大司空。劉秀很信任他，曾讓他薦舉人才，宋弘便推薦了很有才學的桓譚。於是桓譚被召入宮，被拜為議郎、給事中。

桓譚是東漢時期的一位大學者，而且多才多藝，彈得一手好琴。劉秀十分喜好音樂，每次宴飲，都讓桓譚為之彈琴，久而久之，桓譚在劉秀身邊只起了琴師樂手的作用，這不是桓譚的本意，也不是宋弘的意思，使得桓譚十分難堪。宋弘聽說此事後，心中很不高興，後悔向劉秀舉薦桓譚，既蠱惑了皇上享樂，又壞了自己的名聲。

一天，宋弘聽說桓譚從宮內出來，便衣冠整齊，端坐府中，派人將他召來。桓譚進來以後，宋弘也不讓座，而是怒氣衝衝，開門見山地責備他說：「我之所以向朝廷舉薦你，是因為你有才能，讓你以自己的才能輔佐君主治國。而今你只會給君主彈琴，以霓裳樂音使君主高興，

使君主沉溺於此，此非忠正之舉。是你自己改正，還是讓我依法處置呢？」一番話說得桓譚不住地頓首認錯，表示一定要改過。宋弘又責備他好一會兒，才讓他離去。

過了幾天後，劉秀又召集群臣宴飲，席間，又讓桓譚為之彈琴。當時，宋弘也在座，桓譚十分為難，覺得彈也不是，不彈也不是，左右兩難。劉秀見桓譚一反常態，非常奇怪，忙問緣故。不等桓譚開口，宋弘便離開座位，跪在劉秀面前說：「臣之所以舉薦桓譚，是希望他能以忠正之道輔佐陛下。而他卻常使陛下沉湎於音樂之中，這是我的罪過。」劉秀聽了他的這一番話，覺得十分有道理，承認了自己的錯誤。

劉秀能如此嚴格要求自己，實在令人敬佩。人生修養是獲得成功的第一步，沒有良好的自律精神，是不能獲得不斷進步，從而走向成功的。李嘉誠說：「我個人對生活一無所求，吃住都很簡單，上天給我的恩賜，我並沒多要財產的奢求。」自律是自我修正的一種方法，這是由內而外的，別人強迫你做的事情和自己願意做的事情會有不同的心情。要知道，來自別人的這種督促不會是時時有的，不會每一次應當有的時候都能出現。

【職場活用】

李嘉誠說：「你要別人信服，就必須付出雙倍使別人信服的努力。注重自己的名聲，努力工作、與人為善、遵守諾言，這樣對你們的事業有幫助。」身處職場，要學會自律。只有自律，才能做好自己的本職工作，不斷創造佳績。自律的具體表現是：很想放棄，卻終於堅持下去；很想破口大罵，卻按捺情緒；心虛情怯，臉上仍帶著笑容；真想放棄，卻苦撐到底。但是，自律絕不是否定自己或限制自己。它是內心的訓練，是毅力的具體表現。

課堂上的老太太

在美國一所大學的日文班裡，突然出現了一個50多歲的老太太。開始大家並沒感到奇怪。在這個國度裡，人人都可以挑自己開心的事做。可是過了不長時間，這些年輕人發現這個老太太並非是退休之後為填補空虛才來這裡的。每天清晨她總是最早來到教室，溫習功課，認真地跟著老師閱讀。她的筆記記得工工整整。不久那些年輕人就紛紛借她的筆記來做參考。每次考試前老太太更是緊張兮兮地複習，查漏補缺。

有一天，老教授對這些年輕人說：「做父母的一定要自律才能教育好孩子，你們可以問問這位令人尊敬的女士，她一定有一群有教養的孩子。」一打聽，果然，這位老太太叫朱木蘭，她的女兒是美國歷史上首位華裔內閣部長——趙小蘭。

不知自律的人任由他們的生活受宿命或機遇的擺布。他們以為自己的生活都受企業、通貨膨脹或傳統觀念的控制。那些缺乏約束力的員工，往往為所欲為，任由自己的缺點氾濫成災。缺乏自我約束能力的人，難以得到任何有價值的東西。他也許有進取心，態度積極，但他若不能嚴以自律，缺乏自覺精神，永遠也難以成功。而瞭解命運在自己掌握之中的人，卻能依靠自己，追求成功。他們的成就是他們鼓舞自己、發展夢想並審慎策劃的結果。所以，能不能實現目標，要看自我約束力的大小。

【管理活用】

對己寬容，對人嚴厲，對自己的缺點過失千方百計找理由辯解，而對別人的失誤卻不加體諒，一味責備求全，這樣的領導人違背了一條重要的謀略原則：「寬則得眾。」所以什麼事情也不會辦好的。另一類領導人則是享受在前、吃苦在後，自己的薪水、待遇越高越好，官職越大

越高興,而對部下的切身利益卻百般限制,部下抗議他就認為是鬧個人主義,這種領導者終將被人唾棄。嚴於律己的吳隱之應該是現代管理者學習的榜樣。

嚴於律己的吳隱之

吳隱之是東晉濮陽鄄城人,少年時,吳隱之雖家境貧寒,但人窮志不窮,他飽覽詩書,以儒雅顯於世。即使每天喝粥,也不受外來之財,母親去世時,他悲痛萬分,每天早晨都以淚洗面,行人皆為之動容。當時太常韓康伯是他的鄰居,康伯之母常對康伯說:「你若是當了官,應當推薦像吳隱之那樣的人。」後來康伯成了吏部尚書,便推薦吳隱之為輔國功曹。當時兄坦之為袁真功曹,袁真被桓溫打敗,坦之被俘即將殺頭。隱之拜見桓溫,請以身贖兄,溫認為隱之是難得的忠義之士,放坦之,奏拜隱之為奉朝請、尚書郎。女兒出嫁,謝石派人前來幫忙,但隱之賓客一個不請,嫁妝一件未置,但見丫鬟牽著狗到大街去賣。後調任晉陵太守,妻子仍負柴做飯,孝武帝很器重他,任為御史中丞、左衛將軍。後歷任中書侍郎、國子博士、太子右衛率、領著作郎、右衛將軍等職。

隆安(397~402)年間朝廷想革除嶺南的弊端,任命隱之為龍驤將軍、廣州刺史、假節領平越中郎將。赴任途中行至距廣州20里處的石門,遇一山泉,當地人皆說喝了此泉之水就會變得貪婪無比,故名「貪泉」。隱之對家人說:「如果壓根沒有貪污的欲望,就不會見錢眼開,說什麼過了嶺南就喪失了廉潔,純屬一派胡言。」說著走到泉邊舀了就喝,並賦詩一首:「古人云此水,一歃懷千金,試使夷齊飲,終當不易心。」上任後,他廉潔奉公,清簡勤苦,始終不渝,所食不過是稻米、蔬菜和魚乾,穿的是粗布衣衫,住處的帳帷擺設均交到庫房,有人說他

故意擺樣子，隱之笑而不語，一如既往。部下送魚，每每剔去魚骨，隱之對這種媚上作風非常厭煩，總是喝斥懲罰後趕出帳外。經過他的懲貪官、禁賄賂，廣州官風有所好轉。元興初，皇帝下詔，晉升他為前將軍，賜錢50萬，穀千斛。

吳隱之在廣州多年，離任返鄉時，小船上仍是初來時的簡單行裝。唯有妻子買的一斤沉香，不是原來的物件，隱之認為來路不明，立即奪過來丟到水裡。到家時，只有茅屋六間，籬笆圍院。劉裕賜給他牛車，另為他蓋一座宅院，隱之堅決推辭掉了。後升任度支尚書、太常，隱之仍潔身自好，清儉不改，生活如平民。每得俸祿，留夠口糧，其餘的都散發給別人。家人以紡線度日，妻子不沾一分俸祿。寒冬讀書，隱之常身披棉被禦寒。

《菜根譚》中這樣說：「此身常放在閒處，榮辱得失誰能差遣我；此身常放在靜中，是非利害誰能瞞昧我。」意思是說，經常把自己的身心放在安閒的環境中，世間所有的榮華富貴和成敗得失都無法左右我，經常把自己的身心放在安寧的環境中，人間的功名利祿和是是非非就不能欺騙蒙蔽我。

人都有欲望，貧窮的人想變得富有，低賤的人想變得高貴，默默無聞的人想變得舉世聞名，沒有受過讚譽的人想得到榮譽，這是無可非議的，但問題在於欲望和能力之間是必須成正比的。能夠自制是戒貪的關鍵。

內訌毀基業

【原文】

以過棄功者，損。群下外異者，淪。

【譯文】

因為小過失便取消別人的功勞的，一定會大失人心。部下紛紛有離異之心，必定淪亡。

【名家注解】

張商英注：措置失宜，群情隔息；阿諛並進，私徇並行。人人異心，求不淪亡，不可得也。

王氏注：曾立功業，委之重權；勿以責於小過，恐有惟失；撫之以政，切莫棄於大功，以小棄大。否則，驗功恕過，則可求其小過而棄大功，人心不服，必損其身。君以名祿進其人，臣以忠正報其主。有才不加其官，能守誠者，不賜其祿；恩德愛於外權，怨結於內；群下心離，必然敗亂。

【經典解讀】

部下如果犯有錯過，但曾有大功，應當輕罰過而重賞其功勞。這樣，必對事業的長遠發展有利。如果因為有過錯而否認其功勞，必然有害無益。對下屬的成績忽略不記，偏好盯著微小的過失不放，這會使整

個部下都起了異心。

【處世活用】

為人處世，以和為貴。古人云：「和無寡，安無傾。」意思是說，境內和平團結，便不會覺得人少；境內平安，國家便不會傾危。這句話本來是說一個國家的治理，其實具體到我們做人處世也同樣適用。朋友、親戚鄰里之間，需要講求和睦。不可斤斤計較，以至「內訌」不斷。如果不知和睦，小則於心不順，影響身心健康，大則會影響自己整個人生計畫的實現。

達爾文的謙讓

1858年的一天，在英國倫敦林奈學會上，同時宣讀了兩篇論文。一篇論文的作者是達爾文，另一篇論文的作者是華萊士。兩篇論文講的是同樣的內容——生物進化論。論文宣讀後，全場掌聲雷動，經久不息。

為什麼會在同一次會議上，同時宣讀兩篇內容相同的論文呢？其中還有一段被世人傳為佳話的故事。

達爾文研究物種起源，經歷了反覆考察、實驗，幾易其稿，先後花了20多年的時間。1842年，達爾文完成了生物進化論基本觀點的論述，初稿共35頁。1844年，達爾文完成了第二稿的修改工作，共230頁。但是，他極為慎重，不願輕易發表，只是為了徵求生物學家賴爾的意見，又請他看了看。

直到1854年9月，達爾文才覺得研究了多年的物種起源其理論基本上成熟了。賴爾深知這一理論的重要性，它將像一枚巨型炸彈一樣落到「神學陣地的心臟上」，從而從根本上推翻了「神創論」和物種不變論。因此，他極力鼓勵達爾文要儘快把第三稿寫出來。達爾文在自身患

神經性腸胃病而嘔吐不止,和心愛的兒子也被病魔纏身這種極為困難的條件下,以頑強的毅力寫出了第三稿。

就在這時,他的朋友華萊士向他寄來了一篇短文——〈論物種無限離開原始型的傾向〉,請他審閱批改後轉交賴爾,以便能在報刊上公開發表。這時,達爾文的心情極為複雜,如果華萊士的論文一發表,那麼自己再發表《物種起源》,意義就不大了,這樣,20多年的心血將付之東流;如果先發表自己的論文,那麼,一來對不起朋友,二來華萊士的短文將會變成幾張廢紙。達爾文畢竟是一位品德高尚、胸懷寬廣的科學家。他決定放棄發表自己的理論,並表示可以將自己的研究成果提供給華萊士,以此來充實他的理論。

華萊士也是位博學、謙虛的科學家。他得知這一消息後,被達爾文的無私友誼和高尚人格深深感動。他無論如何也不肯接受這樣的恩賜。

賴爾和植物學家虎克,深知達爾文的為人,也非常尊重華萊士。於是,他們做出了同時宣讀兩篇論文的決定。華萊士激動不已,他謙遜地說:「我是偶然的幸運,本來應該歸功於達爾文的獨到發現,我卻分享了他的榮譽。」

1859年11月24日,達爾文的巨著《物種起源》問世了,這是達爾文的第四稿。華萊士認為,無論是從理論的精闢性、見解的深刻性來說,還是從論證的嚴密性、敘述的準確性上來說,《物種起源》的水準都要比自己的論文高出許多倍。所以,經他提議,由英國皇家學會批准,把生物進化論定名為達爾文主義。華萊士也常常以自己是個達爾文主義者而感到無比自豪。

兩位科學家的謙讓品格讓我們看到了應該如何為人處世。我們常說,狹路相逢勇者勝,但並非任何情況都是如此。有時山邊小路不能兩人同時通過,如果爭先恐後就有墜入深谷的危險,自己先停住腳步,讓

他人過去既有禮貌，也是最安全的做法。生活中的事，無不如此。

【職場活用】

身處職場，融洽的同事關係很重要。如果每個人之間都鉤心鬥角，每天橫眉冷對，這樣，不僅會影響企業的整體效益，而且在這樣一個不和諧的環境當中，必定使個人的性格產生畸形的變化。但是，職場上畢竟是利益衝突為多，要有融洽的氛圍，每個職場人士應該學會謙讓的品格。

將相和

戰國時趙王得了一件無價之寶，叫和氏璧。秦王知道了，就寫了一封信給趙王，說願意拿十五座城換這塊璧。趙王接到了信非常著急，立即召集大臣來商議對策，正在為難的時候，有人說有個藺相如，他勇敢機智，也許能解決這個難題。後來藺相如果然出色地完成了任務。趙王封他做上大夫。過了幾年，秦王約趙王在澠池會見。會上藺相如又立了功。趙王封藺相如為上卿，職位比廉頗高。

廉頗是趙國的名將，對藺相如職位比自己高很不服氣，他對別人說：「我廉頗攻無不克，戰無不勝，立下許多大功。他藺相如有什麼能耐，就靠一張嘴，反而爬到我頭上去了。我碰見他，定讓他下不了臺！」這話傳到了藺相如耳朵裡，藺相如就請病假不上朝，避免自己跟廉頗見面。

有一天，藺相如坐車出去，遠遠看見廉頗騎著高頭大馬過來了，他趕緊叫車夫把車往回趕。藺相如手下的人可看不順眼了，他們說：「藺上卿怕廉頗就像老鼠見了貓似的，您為什麼要怕他呢！」

藺相如對他們說：「諸位請想一想，廉將軍和秦王比，誰厲害？」

他們說：「當然秦王厲害！」

藺相如說：「秦王我都不怕，會怕廉將軍嗎？大家知道，秦王不敢進攻我們趙國，就因為武有廉頗，文有藺相如。如果我們倆鬧不和，就會削弱趙國的力量，秦國必然乘機來攻打我們。我之所以避著廉將軍，為的是我們趙國啊！」

藺相如的話傳到了廉頗的耳朵裡。廉頗靜下心來想了想，覺得自己為了爭一口氣，就不顧國家的利益，真不應該。於是，他脫下戰袍，背上荊條，到藺相如門上請罪。藺相如見廉頗來負荊請罪，連忙熱情地出來迎接。從此以後，他們倆成了好朋友，同心協力保衛趙國。

藺相如以他謙讓的品德，終於感動了廉頗，二人齊心協力，保衛趙國。在我們的日常工作中，在同事之間的人際交往中，難免意見不一致，有友情，也會有摩擦。尤其是年輕人，在處理人際關係時，常由於衝動和脾氣暴躁而與他人發生摩擦，傷了同事之間的和氣，致使大家都不愉快。如果是在工作上的問題和衝突，應該對事不對人，工作中的分歧不要非理性地上升到個人間的衝突；當衝突產生後，要主動溝通，消除隔閡，相互理解。如此，我們便能有融洽的同事關係。

【管理活用】

樂隊必須和諧才能奏出優美的樂章，反之，則是噪音百出。管理社會也是這樣，如果社會成員均自以為是，各自為政，整個社會則會處於無政府狀態，沒有一個共同的價值觀作引導，沒有共同的追求，社會勢必一團糟，動盪不已，毫無效率可言。凡事不協調、不和諧則難於組織，古人歷來講究天時地利人和，「天時不如地利，地利不如人和」，這是有其道理的。

和諧對於企業經營管理也是一個十分重要的問題。和諧管理的概念

是人本管理思想合乎邏輯的發展。只有建立企業內部和諧的人際關係，才能真正展現尊重員工，才能激發員工的積極性。一位管理大師說：「合作是一切團體繁榮的根本。」

英國鐵路公司總裁彼得・派克說：「唯有勞資關係和諧，雙方同心合作，企業才會有蓬勃的發展。」這些領導著著名的大企業、對企業管理有豐富經驗的管理大師無不高度重視建立企業內部和諧的人際關係，並把它作為企業管理的第一要務。身為管理者，更要重視這一點。

人才不可用而不任

【原文】

既用不任者，疏。

【譯文】

已經使用賢人卻不委以重任，必定會使賢人疏遠自己。

【名家注解】

張商英注：用賢不任，則失士心。此管仲所謂：「害霸也。」

王氏注：用人輔國行政，必與賞罰、威權；有職無權，不能立功、行政。用而不任，難以掌法、施行；事不能行，言不能進，自然上下相疏。

【經典解讀】

對人的才智德行有了瞭解，就得任用。在任用的時候，如果不委以重任，被用者就不能發揮自身的才智作用，不但會與用人者的關係變得疏遠，而且他的精力也會隨之而白白耗費。管仲所說於霸業有害的策略，就是對此而言。

【管理活用】

忌憚人才是管理者的大忌。作為一個管理者，要胸懷大度，能識

別人才，更重要的是能知人善用，合理利用人才。如果招來的人才，因為猜忌等等原因，而不加以使用，或者僅僅是安排一些無關大局的小任務。這樣，勢必會使被任用者心裡產生懷疑，上下級關係變得疏遠，從而不利於事業的發展。

隋煬帝、唐太宗的待才之道

在中國漫長的歷史上，記載著從夏朝至清朝數十個大小王朝的興亡史。縱觀歷史，各朝代的興亡原因，大同小異，就隋唐兩朝而言，隋朝只經歷了二帝，就滅亡了。而唐朝的「貞觀之治」，則為史家所大加讚譽。為什麼隋朝這麼快就滅亡了呢？在《隋唐嘉話》上記有這樣一句話：「隋煬帝善屬文，而不欲人出其右。」隋煬帝嫉賢妒能之心極強，司隸大人薛道衡，因為詩寫得比隋煬帝好，隋煬帝就逼他自殺，並說：「再能做『空梁落燕泥』否？」對於才華高於自己的人就要加以殺害，真是豈有此理。從這件事上，可以看出隋煬帝嫉妒人才到了何等地步！而且隋煬帝重用寵信的只是阿諛奉承、弄奸藏刁的人，在這種人的治理下，隋朝能不滅亡嗎？

與之相反，唐太宗李世民對於人才卻很重視。即使是曾經與他作對的人，只要是人才，他都給予重用，表現出一個君王政治家的寬宏大量。例如魏徵，曾是唐太宗哥哥的手下，曾想暗殺李世民。李世民即位後，不僅不記舊恨，反而拜魏徵為大夫，就因為魏徵是個有學問有見識的人才。此後，由於魏徵的大膽進諫，使唐太宗一生避免了許多過失，唐太宗曾說過：「以人為鏡，可以明得失。」魏徵死後，他嘆惜從此就沒有這面鏡子了。唐太宗用人唯賢，不拘一格。當他發現山東平民馬周這個人才時，便立即任馬周為監察御史，又讓他當宰相。由於唐太宗認識到人才的重要性，思賢望才之心如飢似渴，愛護人才又善用人才，所

以在他統治時期，社會政治安定，經濟得到較快發展，五穀豐登，牛羊遍野，人口也增加了，文化藝術水準更是達到了一個新的高度，這就是「貞觀之治」。

從隋朝的快速滅亡和唐朝出現「貞觀之治」的盛世可以看出，人才是多麼重要！作為管理者，不應該擔心自己手下中人才眾多，擔心下屬和同事的才能超過自己。有了這些高知識、高智力、高技能的人才，企業才會有發展的潛力。就是管理者本人，也從與這些人才共事的經歷中增長了才幹，學到了知識，開闊了眼界，增加了氣魄，摸索到駕馭這些人才的規律。所以，管理者不忌人才的才幹，是開拓新事業、開創新局面的必要條件，是吸引頂尖人才的前提，也是團結人們同心同德、共創偉業的條件。忌妒人才的結果，使一些很有才幹的人懷才不遇、無用武之地；使一些平庸之輩平步青雲，身居要職。忌妒人才而導致扼殺人才、敗壞社會政治空氣、誤國誤民的惡劣作用是顯而易見的。

鮑叔牙薦才

戰國時代，鮑叔牙幫公子小白登上王位，又幫他殺了公子糾，成了大名鼎鼎的齊桓公。齊桓公感念他的忠心和所立的大功，要任命他做國相，沒想到鮑叔牙堅決不肯接受，他說：「以前我幫君王做了些事情，那全是憑我對您的忠心而竭盡全力的，現在您要把國相這麼重要的職務交給我，這絕不僅僅憑我的忠心就可以做好的，您該找個比我更有才能的人才行啊！」

齊桓公說：「在我手下的大臣中，還沒發現比你更出眾的人才呢！」鮑叔牙說：「我舉薦一個人保證能幫您成就一番霸業！」齊桓公急忙問他：「這個人是誰呢？」鮑叔牙笑著說：「此人就是我的老友——管仲，我把他從魯國要回來，就是要他幫您的！」

齊桓公一聽就怒了，他拍案而起說：「這小子拿箭射過我，這一箭之仇我還沒報呢，你反而讓我來重用他？我不把他殺了就不錯了！」

鮑叔牙懇切地說：「管仲不顧一切地為公子糾賣命，用箭來射殺您，這不正好說明他對他的主子是一個非常講忠義的人嗎？各為其主是起碼的做人準則，他當時那樣做沒什麼不對的。現在要治國了，若論才華，他遠遠超過我鮑叔牙啊！您要成就霸業，非得到管仲的輔佐不成。您現在不計前嫌地重用他，他唯一的出路就是死心踏地地為您賣命啊！」

齊桓公是個很有肚量的人，為了齊國的利益，他還是聽了鮑叔牙的勸說，斷然棄忘前嫌，拜了管仲為國相。

管仲很感激好友鮑叔牙，更對齊桓公的大度和睿智所折服，決心鞠躬盡瘁、竭盡全力報效齊桓公，他積極改革內政、發展經濟，重新為農民劃分土地，由於他從小經商，也很重視和其它國家通商和發展手工業。他還對國家常設的軍隊實行嚴格的訓練和管理，使之成為戰鬥力很強的一支軍隊。由於管仲的改革，齊國在幾年內就興盛起來，獲得了「九合諸候，一匡天下」的地位，成就了齊桓公的霸業。

鮑叔牙被史家讚為有「君子之風」，因為他不妒賢嫉能，而是大力推薦賢能；他不僅能容納高才的管仲在自己手下當大夫，而且勇於讓高才超過自己為國所用。這種「鮑叔之風」，在當時的官場宦海中，確是難能可貴的。

鮑叔牙不忌人才的這種「君子之風」，用現代人的眼光來看，就是領導者必備的素質之一。作為管理者，不應該擔心自己單位中人才眾多，擔心下屬和同事的才能超過自己。有了這些高知識、高智力、高技能的人才，企業才會有發展的潛力。就是管理者本人，也從與這些人才共事中增長了才幹，學到了知識，開闊了眼界，增加了氣魄，摸索到駕

馭這些人才的規律。所以，管理者的那種不忌人才的素質，是開拓新事業、開創新局面之必需，是吸引頂尖人才的前提，也是團結人們同心同德、風雨同舟的條件。否則，上述的一切都會成為一紙空文。

　　忌妒人才的結果，使一些很有才幹的人懷才不遇、報國無門；使一些平庸之輩平步青雲、身居要職；其扼殺人才、敗壞社會政治空氣、誤國誤民的惡劣作用是顯而易見的。

論功行賞留人心

【原文】

行賞吝色者,沮。

【譯文】

論功行賞時如果臉上顯露出吝惜的神色,那麼功臣宿將們就會灰心喪氣了。

【名家注解】

張商英注:色有靳吝,有功者沮,項羽之刓印是也。

王氏注:嘉言美色,撫感其勞;高名重爵,勸賞其功。賞人其間,口無知感之言,面有怪恨之怒。然加以厚爵,終無喜樂之心,必起怨離之志。

【經典解讀】

辦事前,慷慨許諾,一到論功行賞,卻一毛不拔,概不兌現;手下的功臣必然感到沮喪,從而不願效力,導致事業失敗。《黃石公三略・上略》中說:「故祿賢不愛財,賞功不愈時,則下力併,敵國削。」意思是說:用利祿招引賢人時,不必吝惜財物,獎賞有功勞的人時,不可拖延時間。這樣,手下的人就能與自己同心協力,開創一番事業。

【管理活用】

　　身在職場，作為管理者，必須明白論功行賞。所謂「論功行賞」，就是讓所有真正對於工作有貢獻的人得到應得的獎勵。這和一般情況下，不論上司有無貢獻，一律只由上司一人居功的做法正好相反。論功行賞就是以一種有意義的方式認可某人的貢獻，這種做法用以滿足員工的期望。這種做法應納入公司的制度中，對於良好的工作表現給予適當的認可及獎勵，是建立和員工之間長期關係的一個關鍵因素。這樣做會使得工作更為有趣，也令人更為滿足。

賞識人才要言行一致

【原文】

多許少與者，怨。既迎而拒者，乖。

【譯文】

承諾多，兌現少，必招致怨恨。起初竭誠歡迎，最後又拒於門外，一定會恩斷義絕。

【名家注解】

張商英注：失其本望。劉璋迎劉備而反拒絕之也。

王氏注：心不誠實，人無敬信之意；言語虛詐，必招怪恨之怨。歡喜其間，多許人之財物，後悔慳吝；卻行少與，反招怪恨；再後言語，人不聽信。

【經典解讀】

答應得多，使人思慕已經允諾的期盼，然而兌現得少，這是結恨記仇的一個重要原因，如此，事業必危。招攬到人才時，既然與對方定下聘請的條約，就會無形中使對方在精神上作好了客觀的準備。這時，如果再拒絕不應，就像請客而拒之於門外一樣，在無意之中，就會使對方產生疑慮，感到失落，從而導致雙方關係緊張。

【處世活用】

宋代趙善璙《自警篇・誠實》：「自此言行一致，表裡相應，遇事坦然，常有餘裕。」意思是說：「從此，所說的和所做的是一樣的，外在的表現和內心的想法是一樣的；這樣，遇到事情就會坦然，處理事情也應付自如。」為人處世，我們要做到言行一致。

弘一大師的言行一致

弘一大師出家前，就凡事認真，一絲不苟；出家以後，更是如此。他出家後修的是律宗。律宗是最講究戒律的，所以他一言一行，都是以戒律為準則，不稍差越。就是臨終前，遺囑身後諸事，也都是一一依照律儀所規定的。他平日開示僧眾，都要他們「以戒為師」。就是對在俗朋友，也常勸他們要謹言慎行。

他有一位多年的朋友名叫胡樸安，早年同為「南社」的社友，以後又是《太平洋報》報社的同事，還曾一起創辦過「文美社」，一起編輯過《文美雜誌》，是很熟的老朋友了。樸安一生從事報業工作，是學者兼報人的傑出之士，筆記小品寫得很出色，常得他的讚賞。他在杭州出家後，胡樸安每到杭州，都必去看望他。有一次，在靈隱寺謁見時，樸安寫一首長詩相贈。

弘一大師寫了「慈悲喜捨」的橫幅作為答謝，並就詩中那兩句「弘一精佛理」、「為我說禪宗」，誠懇地對胡樸安說：「我們學佛，不僅要精佛理，更要重實際言行。言行重在不欺，名如其實。我不是禪宗，也未曾為仁者說禪宗。仁者詩中說『為我說禪宗』這是誑語。我們勿要視這為小事，認為它無關緊要。應該懺悔。勿要誑語，免遭墮落。」說到這裡，突然停止，垂眉默坐。

胡樸安不覺有點緊張起來，心怦怦不安。想自己囿於文人舊習，寫起詩來，只顧平仄音韻，而忽視「修辭立其誠」、「勿以辭害義」的古訓，不料就犯了佛教誑語之戒，致使法師不悅。他於是更加敬重法師持律的精嚴，覺得受到了很深的啟示。從這件事中，人們足見弘一大師學佛之精嚴。弘一大師非常注重心口如一、言行一致的品格。

【職場活用】

身在職場，你的提議最終不一定被採納，但你對他人的承諾卻有沉甸甸的分量。難以實現的諾言比謊言更可怕。一貫地保持言行一致，是獲得他人信任的最佳方法，也是在同事中樹立威信的基本要領。言行一致、言責自負是一個人自身素養的體現，上司往往根據員工遵守諾言和實現諾言的程度判斷其價值以及工作水準和個人權威。這就要求每個有志於提升自己的人在許下諾言時一定要把握合適的「度」，並竭盡全力去實踐諾言。

在職場裡，不是總要把自己的利益處處考慮在前。如果能堅守自己的承諾，言而有信，暫時的「吃虧」就會為你贏得後面的成績與利益。如果僅僅為了自己眼前的利益，隨時隨地準備選擇跳槽，往往會越跳越糟糕。

任何一個人對於工作一定要做到謹言慎行，不可輕易許諾，以免失去上司和同事的信任。「言責自負，言必信，行必果」是我們做事和做人的一項基本道德素質。但在實際工作中卻常常有人因為不守信用、輕許諾言而造成很壞的影響，結果與其出發點背道而馳。有的人信口開河，不負責任地隨意許諾，甚至為安撫埋怨者而向其隨便許願，儘管能把對方的情緒一時穩住，但不會維持太久，其後果是既喪失了在同事中的威信，又使同事感到失望和不滿，也為再次開展工作增加了難度。

【管理活用】

對於一個成功的管理者來說，言行一致是一個關鍵要素。管理者應認真對待承諾，墨子說：「言而不信者，行不果。」意思是說，身為領導者，如果說話不誠實，不講信用，那就得不到別人的信任和幫助，也就辦不成大事。身為上級，一點要善待自己的信譽，做到言行一致，切不可亂許諾，拿下屬不當回事。

言行一致的領導者不僅會給下屬安全感，而且大家工作起來會很輕鬆，不必考慮是否還會出現不同的決策而使自己先前的工作毫無意義，下屬也會心甘情願地付出自己的努力。「言必有信」是事業成功的保證，也應該是每一位領導者終生追求的目標。下屬往往崇拜智力超群的天才，但是他們更對品德高尚的領導者青睞有加。

施恩莫望報

【原文】

薄施厚望者,不報。

【譯文】

給予別人很少,卻希望得到厚報的,一定會大失所望。

【名家注解】

張商英注:天地不仁,以萬物為芻狗;聖人不仁,以百姓為芻狗。覆之、載之,含之,育之,豈責其報也。

王氏注:恩未結於人心,財利不散於眾。雖有所賜,微少、輕薄,不能厚恩、深惠,人無報效之心。

【經典解讀】

老子說,施恩不要心裡老想著讓人報答,接受了別人的恩惠卻要時時記在心上,這樣才會少煩惱、少愁怨。許多人怨恨人情淡薄,好心不得好報,甚至做了好事反而成了冤家,原因就在於做了點好事,就天天盼望著人家報答,否則就怨恨不已,惡言惡語。他們不明白,施而不報是常情,薄施厚望則有失天理。

【處世活用】

感恩情結是我們民族文化中的瑰寶，常言說：「受人滴水之恩當湧泉相報。」這是一種樸素、真誠、發自內心的感情，但是感恩文化中最為高級的一種境界是，施恩不圖報。為人處世，我們要培養這種品格。

古人歷來重視恩情，所以知恩、感恩、報恩等多種情感一直是相互糾纏在一起的。有時報恩還是一件非常困難的事情，伍子胥報仇容易報恩難，原因就在於施恩者的隊伍中還存在著一大批不圖報的人。

伍子胥有恩難報

當年伍子胥因父兄遇害，而被迫流亡逃命，楚國大軍一路追殺不止。伍子胥行至昭關時，遇到了當時高士東皋公。東皋公聯合身材、長相酷似伍子胥的另一位朋友皇甫訥，一同制定了幫助伍子胥過昭關的方案，即用皇甫訥假扮伍子胥吸引守關士兵，伍子胥乘亂出關，然後東皋公再憑藉與昭關守將的朋友關係，去證明皇甫訥並非伍子胥，讓所有人都相信這只是一場誤會而已。

事實的確是按計劃走的，伍子胥順利過關了，昭關守將還為東皋公和皇甫訥擺了一桌酒席，向他們表達了歉意，並報銷了往返的路費。同時嚴厲告誡全體官兵，一定要仔細查找，絕不能讓伍子胥過昭關。但此時的伍子胥並不知道這些，他還是擔心追兵會時刻而至，仍然是日夜兼程，急行不止，忽然一條大江橫在眼前。前有大江，後有追兵，伍子胥心急如焚。此時恰有一漁翁撐船路過，伍子胥大呼：「漁翁救我！」漁翁不僅救了伍子胥，並且還為他準備了飯食。

伍子胥臨去時，解下七星寶劍相送，但漁翁沒要，漁翁說得很明白：「抓到你比這劍值錢多了，我都把你救了，還要這劍幹什麼？」伍

子胥說:「你既然不要劍,那能不能把姓名告訴我,以後一定報答。」漁翁又說:「你是通緝犯,我是同夥賊,用什麼姓名,如果以後有緣再相會,只需叫我『漁丈人』足矣。」伍子胥拜謝,轉身才走幾步,又有些擔心,叮囑說:「如果有追兵,千萬什麼也別說呀!」漁翁說:「這你可放心,我現在也是罪人。」說完跳入江心,溺水而亡。緊接著,伍子胥又在瀨水邊得到一浣紗女的飽食,同樣的叮囑,同樣的結果,浣紗女抱石自沉於瀨水。伍子胥感傷不已,咬破手指,血書二十字於石上:「爾浣紗,我行乞;我飽腹,爾身溺;十年之後,千金報德」。

伍子胥與東皋公、皇甫訥、漁丈人、浣紗女四人都是萍水相逢,但他們四人對伍子胥的幫助,卻都是大恩,其中東皋公、皇甫訥、漁丈人是楚國人,浣紗女是吳國人,東皋公、皇甫訥是隱士、是學者,用我們今天的話來說是知識份子,是受過高等教育的人,而漁丈人和浣紗女則是社會最底層的普通百姓。他們國域不同,性別不同,文化不同,身份不同,但他們卻都有一個共同的品德:施恩不圖報。人生天地間,當如此。

【職場活用】

職場上雖然競爭很激烈,但是如果你懷著一顆誠懇的心與別人交往,不圖回報地去幫助他人,雖然忘掉了自我,忘掉了提供幫助和友愛能給你帶來的好處。但是,正如著名企業家吉田所說:「播種善的人也會得到善,善會循環給我們,讓善不停地循環,大家都得到善的恩惠。」

所以不要老是想從別人身上得到什麼,應該想我能夠給予別人什麼,付出什麼樣的服務與價值來讓對方先獲得好處。當你能持續這麼做,並且大量幫助別人獲得價值的時候,也就是你成功的時候了。因為

那些獲得你幫助的人會慢慢累積成一股龐大的力量，回饋給你所需要的幫助與支持。

要做到無私地、誠懇地幫助別人已經很難做到，如果要持之以恆地幫助別人就更難了。所以，如果你能夠毫無私心地幫助別人，並且堅持不懈地這樣做，這將會為你贏得朋友，獲得更多成功的機會。

【管理活用】

有人說，社會是以不可思議的方式存在，它能一直都保持公平，給予就會被給予。如果你作為一家企業的經營者，儘管獲利是你經營企業的目的，但如果你願意施恩不思報地提供部分免費或超低價好商品給顧客，你獲得的收益就可能遠遠大於你施予別人所帶來的損失。

具體到管理者來說，所謂「給予」，就是要善待員工，對他們要心存感恩，特別是那些功勞顯赫者，不能忽視，更不能「卸磨殺驢」，因為優秀的員工是企業成長的基石，怠慢員工，就會失去人心。作為管理者不能傲慢，要認可下屬的表現，要隨時表現出對下屬的欣賞，要為他們提供良好的後勤保障，並及時瞭解他們的苦衷，盡可能地為他們提供各種福利待遇。只有企業上下一條心，同舟共濟，企業才能走上健康、良性的發展道路。

不可貴而忘賤

【原文】

貴而忘賤者,不久。

【譯文】

富貴之後就忘卻貧賤時候的情狀,一定不會長久。

【名家注解】

張商英注:道足於己者,貴賤不足以為榮辱;貴亦固有,賤亦固有。唯小人驟而處貴則忘其賤,此所以不久也。

王氏注:身居富貴之地,恣逞驕傲狂心;忘其貧賤之時,專享目前之貴。心生驕奢,忘於艱難,豈能長久!

【經典解讀】

《老子》中說:「貴以賤為本,高以下為基。」意思是說尊貴是以卑賤為根本的,高是以下為根基的,卑下是一切高高在上的基礎。富貴、有權之後,就翻臉不認人,這樣的人是不會長久的,這是一種典型的小人得志心態。因此,瞭解了貴賤、高下的相對關係,做人就不會太張揚。過於張揚就會自取其辱,而凡事懂得處下、居後的人才能長久的立於不敗之地。

【處世活用】

為人處世,要眼光開闊,不可忘患難之交。要有一顆感恩的心,對那些在困境中幫助過我們的人心存感激。富貴了,有權了,就翻臉不認人,這樣的人是不會長久的。他們不明白,貴賤榮辱,是時運機遇造成的,並不是他們真的比別人高明多少。倘若因此而目空一切,即便榮華富貴,也轉眼成泡影。

【職場活用】

知恩圖報,常懷感激之心,會使生活陽光燦爛。英國有這樣一句諺語:「感謝是美德中最微小的,忘恩負義是惡習中最不好的。」常懷感激之心,是做人的品德,是與同事和諧相處的技巧。常懷感激之心,天空永遠晴朗,寒冷會被和煦的春風溫暖,陰雲難以阻擋太陽的光芒。缺乏感恩之心,心中就會充滿不平、怨恨和憤怒,必然導致人際關係緊張。

瑪律克斯的感激

哥倫比亞作家瑪律克斯年輕時供職於波哥大《觀察家報》,1955年因揭露海軍走私而引火焚身,以至於不得不逃往巴黎。海明威說巴黎是節日,但在瑪律克斯看來卻是煉獄。他窮困落魄,舉目無親。他這樣回憶:沒有工作、一人不識、一文不名,更糟的是不懂法語,只好待在旅館的一個不是房間的房間裡乾著急。肚子餓得實在挨不過去了,就出去撿些空酒瓶或舊報紙,換取少量麵包。

瑪律克斯實在窮得可怕,彷彿下輩子也還不清長期拖欠的房租,好在旅館老闆娘也許是自認倒楣了,竟然不催不逼。後來,瑪律克斯時來運轉,無可阻擋地發達起來。1967年,《百年孤獨》的出版,他名滿天

下。春風得意的瑪律克斯想起了那家旅館，旅館依然如故，只是物是人非。老闆娘尚健在，她一臉茫然，根本無法將眼前這位西裝革履、彬彬有禮的紳士與10多年前的流浪漢聯繫在一起。為了讓她相信事實並收下「欠款」，瑪律克斯煞費一番苦心。

後來瑪律克斯獲得諾貝爾文學獎，老闆娘得知消息後驚喜萬分。她在《世界報》刊登尋人啟事，表示要把那筆錢歸還給瑪律克斯，算是他們夫婦對世界文學的一點貢獻。瑪律克斯為此專程前往巴黎看望老人家，陪他前去的是老闆娘年輕時的偶像嘉寶。瑪律克斯誠懇地告訴老闆娘，她的貢獻在於她的善良，她沒讓一個可憐的文學青年流落街頭。

【管理活用】

企業之初，必有一些骨幹人員。嗣後隨著企業的發展壯大，有些人或遷升，有些人則無此佳運。這時獲遷升人員不可忘記創業艱難，應對一同創業的同事心存敬意。一則這是基本德行，二則擁有豐富創業經驗的始創者亦是企業的寶貴財富。我們不妨看看漢宣帝的例子。

漢宣帝與丙吉

漢宣帝劉詢，西漢皇帝，西元前74～前49年在位。字次卿。武帝曾孫。少居民間，出入三輔（漢代京畿地區，相當今陝西中部地區），熟知民間奸邪，吏治得失。好黃老刑名之學。昭帝死，又廢昌邑王，霍光迎立劉詢為帝。在位期間，勵精圖治，甚見成效。去世後廟號為中宗，諡號孝宣皇帝。

劉詢是位很有人文關懷的皇帝，即位期間，重封了漢朝的開國功臣。如果說此舉有些拉攏老臣的意味，那在對待自己的恩人丙吉上，漢宣帝的人文關懷就是一種做人不能忘本的情結。

當漢宣帝還在民間的時候，得到丙吉的幫助。漢宣帝朝，丙吉憑藉自己的實力，從太子太傅做到御史大夫，最後代替魏相當丞相。關於舊時對漢宣帝的恩情，丙吉絕口不提，朝廷也一直不知。直到地節三年（前67），這時漢宣帝已經當皇帝8年了。這一年，掖庭宮婢女讓人上書，說自己照看小時侯的皇帝有功，希望能夠得到封賞。有關部門在調查的時候，掖庭令聽宮婢說丙吉知道具體情況。掖庭令就帶著她去見當時是御史大夫的丙吉。丙吉一看確實認識，但指出她照看不周，並因此受到笞杖處罰，根本沒有功勞，只有渭城的胡組、淮陽的郭徵卿有恩。漢宣帝親自過問，這才知道丙吉的功勞，於是封丙吉為博陽侯。

　　五鳳三年（前55）春天，丙吉病重。漢宣帝親自來探望，並問丙吉假如不幸去世，誰可以代替他做丞相。丙吉推薦了杜延年、于定國和陳萬年，後來這三個人或出任御史大夫或出任丞相，而且都很稱職，得到漢宣帝的稱讚。丙吉死後被封為定侯。他的兒子丙顯官至衛尉、太僕，曾經因為違法斂財受到彈劾，但漢宣帝的兒子漢元帝念舊恩，不忍處決，只是將他們家的食邑減少了四百戶。多年以後，丙吉家已經失去封侯32年，還被後來的漢成帝想起，丙吉的兒子丙昌被重新封為博陽侯，丙吉的孫子被封為中郎將。

用人不可計前嫌

【原文】

念舊而棄新功者,凶。

【譯文】

念及別人舊惡,忘記其所立新功的,會遭來大凶。

【名家注解】

張商英注:切齒於睚眥之怨,眷眷於一飯之恩者,匹夫之量。有志於天下者,雖仇必用,以其才也;雖怨必錄,以其功也。漢高祖侯雍齒,錄功也;唐太宗相魏鄭公(徵),用才也。

王氏注:賞功行政,雖仇必用;罰罪施刑,雖親不赦。如齊桓公用管仲,棄舊仇,而重其才;唐太宗相魏徵,捨前恨,而用其能;舊有小過,新立大功。因恨不錄者凶。

【經典解讀】

漢高祖不計較與雍齒有私仇,仍然封他為什方侯;唐太宗不在意魏徵曾是李建成的老師,仍然任命他為宰相,這都是成大事者的氣量和風度。那種念念不忘誰瞪了自己一眼,誰罵過自己一句,非要以眼還眼、以牙還牙,方解心頭之恨的做法,會遭到意外凶險。

【處世活用】

為人處世，不可心胸狹隘，對別人的過失耿耿於懷，總是想著記恨和報復別人，得理不饒人，勢必會使別人對你敬而遠之，不願意與你交往。相反，如果胸懷豁達開朗，善於體諒寬容或者忘卻別人的過失，反而常常會令他人感到愧疚和後悔，並以加倍的友好來彌補過去的失誤。在向對方解釋、道歉、疏通感情的過程中，一定要顯得自然大方，要看準時機，把握好火候，儘量在共同活動中，不露聲色地來消除隔閡，絕不要裝腔作勢，也不可生硬唐突，更不要過分熱情，以免引起對方疑惑、猜忌、反感，導致更多的不滿。

不計前嫌的胡雪巖

清代著名的徽商胡雪巖可謂是深明「不計前嫌」之道。

胡雪巖自己開了阜康錢莊，開始也確實沒什麼名頭，「阜康」完全是個後輩名聲，但胡雪巖卻一直想把阜康錢莊的名聲做大。胡雪巖初到湖州，順便去錢莊行業逛了逛，發現湖州的錢莊本錢太小，眼光也小得可憐，但阜康的名氣當時連小錢莊也比不上，因此這些小錢莊對「阜康」並不重視。

胡雪巖來到一家只有一個小門面的錢莊裡，不動聲色地問阜康錢莊的匯票兌不兌。這家錢莊老闆聽了面露鄙夷之色，講道：「『阜康』是什麼角色，我們怎麼會跟這種下三流的錢莊有關。」老闆甚至對其他人大講「阜康」的壞話，說什麼底氣不足、不講信用、必將倒閉等等。胡雪巖非常生氣，他逛了這麼多家錢莊，公然鄙薄「阜康」錢莊的僅此一家，他記住了這個名叫「永興盛」的錢莊，胡雪巖心裡暗地發個誓：「看我到時候怎樣收拾你！」

數年後，胡雪巖又路過此地，突然想起這件多年以前的不快事，便打算狠狠地報復一下。為此，他打聽了這位錢莊的底細。打聽清楚後，胡雪巖大為失望，這家錢莊的後臺老闆小得可憐，其底細不及自己錢莊的一個零頭。有人勸胡雪巖將這個小錢莊一舉拿下，但胡雪巖頓時覺得這樣做沒有絲毫意義，如果對手是個大錢莊，可以跟他鬥智鬥勇，鬥得好，名利雙收。但這家錢莊實在是小得可憐、不堪一擊，且早已負債累累，放出去的帳又難收回。此時胡雪巖若再插一手，倒閉關門是必然的了。胡雪巖認為，大家都在商場上混飯吃，不容易，並且搞垮這樣一個錢莊對自己沒有半點好處，甚至還會背上以大欺小的惡名。這種損人不利己的事，不能為泄自己的怨氣而做。於是，胡雪巖當即打定主意：「算了，算了，以後再說吧，說不定可以跟他交個朋友。」

此後，大筆的債務使這家錢莊老闆整天愁眉苦臉。胡雪巖此時正想在此地開辦一個錢莊，於是想把這家錢莊收到自己手上。而這家錢莊不僅店面大、地理位置好，連人手都是現成的。於是胡雪巖開始行動了，出了一筆鉅資，將債務了斷。錢莊老闆迫於困境，只有乖乖地按胡雪巖的意思辦。胡雪巖為人向來寬宏大度，並且用人不喜勉強，加上他出手大方，捨得花銀子，錢莊老闆同意做胡雪巖的下手。胡雪巖對此也頗為得意，一舉三得：了卻早年心事；找到一家理想的代理；幫助了錢莊老闆一家。

正是胡雪巖待人寬容大度，不計前嫌，與他有過節的同行對手「永興盛」錢莊雖然在生意場中曾誹謗過「阜康」，但壯大的「阜康」見「永興盛」弱小且處於困境，並沒有惡意擠垮它，以報當年受辱的心中之恨，最後仍然對其施與援助。可見，放寬一點度量，幫人利己，於雙方都有利。

【管理活用】

　　人都有自己的短處，也都會犯錯誤。即使一些名人奇士也都如此。犯了錯誤怎麼辦？有過則罰，改過則用。這也是用人的一大原則。作為管理者，要有包容之心，對犯有過錯但已改正的人才，要不計前嫌地加以運用，若斤斤計較，有過即棄之，這是對人才的一大浪費。隋文帝楊堅在對蘇威的任用上，基本上就使用了這一用人原則。

楊堅用人

　　蘇威是隋初著名的宰相，他在任職期間多有惠政，為世人所稱道，但是當初隋高祖楊堅發現和使用蘇威這個人，並不是件很容易的事。

　　蘇威很早就有才名，但是一直沒被朝廷重用。楊堅在做北周宰相時，高熲將軍曾屢次推薦蘇威，述說他的才能。楊堅把蘇威召來後，帶他到臥室內交談，兩人談得很投機。後來蘇威覺察到楊堅要篡位稱帝，就逃回到家裡，閉門不出。高熲將軍要追他回來，楊堅說：「他現在不想參與我的事，先讓他去吧。」

　　楊堅即皇帝位後，蘇威又出來輔佐他，楊堅不計前嫌，授蘇威為太子少保，追贈蘇威的父親為邳國公，讓蘇威承繼父爵，不久又讓蘇威兼任納言、民部尚書兩職。蘇威上書推辭，楊堅下詔說：「大船承載重，駿馬奔馳遠。你兼有過人的才能，不要推辭，多幹事情吧。」由此可見楊堅對蘇威的信任。

　　蘇威曾主張減免賦稅，楊堅聽從了他的主張，這一政策深為百姓喜歡，因此蘇威也更受楊堅的寵信。楊堅讓蘇威與高熲將軍一起參掌朝政，蘇威見宮中簾幔的鉤子都是用銀子做的，就主張換用其他材料，要節儉從事，此舉受到楊堅的讚賞。有一次，楊堅對一個人發怒，要殺那

個人，蘇威進諫，楊堅非但不聽，反而更加生氣。過了一會兒，楊堅的怒氣消了，對他的進諫表示感謝，並說：「你能做到這樣，我確實沒看錯人。」

當時的治書侍御史梁毗因為蘇威身兼五職，並沒有舉薦其他人的意思，就上書彈劾蘇威。楊堅對他說：「蘇威雖然身兼五職，但始終孜孜不倦，志向遠大。而且職務有空缺時才能推舉別人，現在蘇威很稱職，你為什麼要彈劾他、引薦別人呢？」

開皇十二年（592年），有人告發蘇威和主持科舉考試的官員結為朋黨，任用私人。楊堅讓蜀王楊秀審查這件事，結果確有其事。楊堅指出《宋書·謝晦傳》中涉及朋黨故事的地方，讓蘇威閱讀。蘇威很害怕，免冠謝罪。楊堅說：「你現在謝罪已經太遲了。」於是免去了蘇威的官職。

後來有一次議事的時候，楊堅又想起了蘇威，他對群臣說：「有些人總是說蘇威假裝清廉，實際上家中金玉很多，這是虛妄之言。蘇威這個人，只不過性情有點乖戾，把握不住世事的要害，過於追求名利，別人服從自己就很高興，違逆自己就很生氣，這是他最大的毛病。別的倒沒什麼。」群臣們也都同意，於是楊堅又重新起用了蘇威。蘇威果然沒有辜負楊堅的器重，對隋朝忠心耿耿，竭盡職守，一直到死。

所謂「用人取節，不計前嫌」。對人才的使用，關鍵是看他的品質、能力如何。若犯有一點錯失，從此記恨於心，棄而不用，這是身為管理者的大忌。關鍵的人才能對事業的發展提供莫大的幫助。人才難得，得到之後，一定要有寬廣的胸襟，加以使用。

用人不當，後患無窮

【原文】

用人不得正者，殆。強用人者，不畜。為人擇官者，亂。

【譯文】

任用邪惡之徒，一定會有危險。勉強用人，一定留不住人。用人無法擺脫人情糾結，政事必越理越亂。

【名家注解】

張商英注：曹操強用關羽，而終歸劉備，此不畜也。

王氏注：官選賢能之士，竭力治國安民；重委奸邪，不能奉公行政。中正者，無官其邦；昏亂、讒佞者當權，其國危亡。賢能不遇其時，豈就虛名？雖領其職位，不謀其政。如曹操愛關公之能，官封壽亭侯，賞以重祿；終心不服，後歸先主。能清廉立紀綱者，不在官之大小，處事必行公道。如光武之任董宣為洛縣令，湖陽公主家奴，殺人不顧性命，苦諫君主，好名至今傳說。若是不問賢愚，專擇官大小，何以治亂、民安！

【經典解讀】

在企業的管理當中，任用部下，應該選擇那些熱愛企業、有強烈的集體榮譽感、兢兢業業的員工。對於那些朝三暮四、華而不實的員工應

當慎用。作為管理者，要做到知人善用、揚長避短、充分信任、最佳安排等原則。如此，才能使企業蒸蒸日上。

【管理活用】

有人說：「企業可能擁有出色的創意和豐富的資源，但如果不能做出正確的人事決策，最終難免失敗。」這句話可謂是至理名言。只有一流的人才，才可能造就一流的企業。如何篩選和識別管理人才，證明其最大價值，為企業所用，是企業領導者頗為頭痛的問題。因為人事決策具有高風險性，決策失當所帶來的惡果是難以預料的。

做出正確的人事決策，是駕馭好一個組織的最基本的手段。這些決策顯示了領導者的能力、價值觀以及是否嚴肅認真地履行職責。如果你用人稱職，人們會看在眼裡記在心裡並交口稱讚。如果你喜歡任用馬屁精，那麼也瞞不住眾人的法眼，他們會因此而鄙視他們的管理人，因為這些管理人迫使他們去當政客。最終，他們要麼私自憤然離去，要麼也會成為政客。我們知道，當組織中的人看到別人受到獎勵時，總會有所反應。如果是對無功者、逢迎拍馬者或耍小聰明者給予獎勵，那麼用不了多久，該組織就會衰敗下來。

明瞭自身的「強」與「弱」

【原文】

失其所強者，弱。

【譯文】

失去自己的優勢，力量必然削弱。

【名家注解】

張商英注：有以德強者，有以人強者，有以勢強者，有以兵強者。堯舜有德而強，桀紂無德而弱；湯武得人而強，幽厲失人而弱。周得諸侯之勢而強，失諸侯之勢而弱；唐得府兵而強，失府兵而弱。其於人也，善為強，惡為弱；其於身也，性為強，情為弱。

王氏注：輕欺賢人，必無重用之心；傲慢忠良，人豈盡其才智？漢王得張良陳平者強，霸王失良平者弱。

【經典解讀】

強弱沒有固定不變的格局，因時而易，因勢而易，也因怎樣利用而易。唐代的府兵分布在京城長安四周，戰時為軍，平時為農，以此來對付地方藩鎮，加強中央集權。在貞觀年間，確實達到了這一作用。可是後來升平日久，府兵驕逸渙散，安祿山等地方武裝作亂，府兵一觸即

潰。可見，是強是弱，關鍵看怎樣運用。

【處世活用】

所謂明白自身的強弱，具體到為人處世，也就是要有自知之明。一個人只有瞭解了自己，才能去瞭解別人；但瞭解自己的前提是要有「自知之明」，要清楚地瞭解自己是個什麼樣的人，才能正確地對自己作出評價。

李世民的自知

有一日，著作佐郎鄧世隆上表，請求編輯皇上的文章為集。

李世民卻說：「朕之辭令，有益於人民的，國史中都記載下來了，已足可為不朽。至於那些無益於人民的，把它們集在了一塊，又有什麼用？作為人主的人，只怕他們沒有德政，光靠文章有什麼用？」

同年，李世民為喜添皇孫而設盛宴於東宮，把五品以上的京官都召了來。宴會上李世民喝酒甚多，酒後難免要吐露真情。一開始李世民先感謝眾大臣的功業，說道：「貞觀之前，跟著朕來經營天下的，那主要是房玄齡的功勞啊！而從貞觀以來，偏歪的以繩正之，謬誤的以理糾之，那主要功勞應歸魏徵啊！」

於是當場賞賜房、魏二大臣，每位佩刀一柄。

酒過三巡，皇上又對魏徵發問。這時皇上臉頰的紅潤已延展到了脖子，志得意滿的神情增添了好幾分。他問道：「朕現在處理政事與往年相比怎樣呢？」

魏徵在這種歡宴的場合也從不貪杯，更不會失態，他始終保持著清醒的頭腦。所以他當即回答說：「威德方面的增加，那比貞觀初年來是長進了很多很多，而人心悅服方面，則不如當年了。」

皇上聽了不大以為然，接著又問：「遠方都畏懼我大唐之威而仰慕我大唐之德，所以都不顧萬里之遙前來臣服。要是說人心並不悅服，還不如以前，那麼，他們又怎麼會這樣呢？」

　　魏徵說：「陛下過去因為尚未大治而時時擔憂，所以無論是德還是義，每天都出現新面貌、新氣象。今天則認為已經大治了，擔憂之心已無，警惕性也已銳減，所以臣下認為不如當年。」

　　李世民又問：「朕今天之所作為，還不是跟過去一樣，有什麼差異？」

　　魏徵說：「陛下在貞觀之初，天天唯恐臣下不進諫，常常還啟發大家來發言，凡是說得中肯的，無不聽從並實行之。而現如今則不然。雖然勉強也還能聽從，但往往面有難色。這正是差異之所在。」

　　李世民還是不服，問道：「能舉些實際的事例講給朕聽一聽？」

　　魏徵說：「陛下在過去要殺元律師，孫伏伽認為依法不當死，陛下就賞賜孫伏伽一座蘭陵公主園，其價值一百萬金。有人說：『這賞賜太厚了吧！』陛下回答說：『朕即位以來還沒有臣下來進諫過，這個頭開得好，所以要厚賞。』」

　　這不正是開導和提倡大家來進諫的表示嗎？那次司戶柳雄妄訴隋之資產，陛下想要殺他，結果採納了戴胄的諫言而沒殺。這不正是陛下心中真的願意納諫才痛快地聽從的嗎？近日皇甫德為陛下修洛陽宮事而上書進諫，陛下面有難色，不是很痛快地接受，只是因臣下也進了言，總算才把那事作了罷，這只能算是勉強聽從吧！」

　　魏徵把這三個事例一列，皇上心裡也就明白了，一時又恢復了當年真心願意聞過的心情，於是對魏徵說：「不是像卿這樣，是做不到這一點的啊！人，苦於自知啊！還望眾卿多多即時提醒朕才是。」

　　俗話說：「知人者智，知己者明。」要準確地評價自己，就非有自

知之明不可。人是一種能自我認識和自我意識的實體。在與人相處的過程中，力求比較正確地認識自己與對待自己。切忌誇耀自己，即使在受到別人誇獎、讚揚時，也要冷靜對待，不能得意忘形，只有這樣，才能真正贏得人們的敬佩與好感。

【職場活用】

人在職場，貴有自知之明，明白自己想做什麼，會做什麼，長處是什麼，短處是什麼。然而，有部分職場人在樹立理想、目標的時候十分在行，當理想與現實發生衝突的時候，卻不會及時修正自己的目標，而是一條道走到黑。表現在求職時是只考慮大公司、白領職位，月薪不能少於多少多少，即使碰得頭破血流也不改初衷。有時要學會放棄，盲目地追求不切實際的理想，只能得到事與願違的結果；暫時明智地放棄，是為了將來取得更大的成功。

自知之明的老師

有一位老師，常常教導他的學生說，人貴有自知之明，做人就要做一個自知的人。唯有自知，方能知人。有個學生在課堂上提問道：「請問老師，您是否知道您自己呢？」

「是呀，我究竟知道我自己嗎？」老師想：「我回去後一定要好好觀察、思考、瞭解一下我自己的個性、我自己的心靈。」

回到家裡，老師拿來一面鏡子，仔細觀察自己的容貌、表情，然後再來分析自己的個性。

首先，他看到了自己亮閃閃的禿頂。「喂，不錯，莎士比亞就有個亮閃閃的禿頂。」他想。

他看到了自己的鷹鉤鼻。「呃，英國大偵探福爾摩斯——世界級的

聰明大師就有一個漂亮的鷹鉤鼻。」他想。

他看到自己具有一張大長臉。「嗨！大文豪蘇軾就有一張大長臉。」他想。

他發現自己個子矮小。「哈哈，魯迅個子矮小，我也同樣矮小。」他想。

他發現自己具有一雙大腳。「呀，卓別林就有一雙大腳啊！」他想。於是，他終於有了「自知」之明。

第二天，他對他的學生說。「古今中外名人、偉人、聰明人的特點集於我一身，我是一個不同於一般的人，我將前途無量。」

這樣的「自知」，還不如「無知」為妙。法國哲學家蒙田說：「我憑自己的切身經驗譴責人類的無知。我認為，認識自己的無知是認識世界的最可靠方法。」職場上，要知道自己的長處，充分發揮自己的能力，朝適合於自己的方向去努力，不能目空一切。以為自己天下第一的人，失去了前進的動力，即使本來能力超群，也會因自大而落伍。人能瞭解自己的短處，是一件好事情，可以做到揚長避短，奮發有為，但也要注意的是，如果妄自菲薄，將自己太看低了，就會自暴自棄，永遠難以振作了。

【管理活用】

對管理者來說，要有很平衡的自知之明。一個人要知道自己強在什麼地方，也要知道自己缺少什麼。如果沒有這種自知之明，在職業生涯中常常會很痛苦，在管理上也會帶來很多困擾。管理者應該時常對自己準確定位，客觀反思，不以物喜，不以己悲。管理者也是帶頭者，管理的成效源自對自己的信心，先做好自己再去要求別人，立志要堅，立足要穩。

田豫的自知之明

　　三國時代魏人田豫，有智有勇，他謀劃軍機，領兵禦敵，常常克敵制勝。至於防胡平亂，更能恩威並用，治理有方。邊庭鮮卑、烏桓和匈奴等部族，聽到田豫大名，無不膽顫心驚。

　　魏齊王曹芳正始（240—249）初年，田豫受命持節出任護匈奴中郎將，加振威將軍，兼任并州（西漢「十三刺史部」之一，治今山西太原西南）刺史。外族聽說田豫到任，被他的威名所震懾，紛紛前往進獻奇珍異物，甘願聽從驅使，俯首稱臣。因此，并州邊境，胡漢相安無事，百姓安居樂業。不久，田豫因政績顯著，被提升為衛尉。

　　此時，田豫已是年過七十的老人。他自知年老體衰，精力不濟，便多次上書請求辭職，讓位給年輕人。可是太傅司馬懿以為田豫雖然年老，但體魄仍然強健，因此，不同意他的辭職，並下書曉喻田豫，鼓勵他繼續為國盡力。田豫回覆司馬懿，再次上書說：「年過七十，仍然占居要職，真是沒有自知之明。這好像時至夜深，仍然在外面匆匆行走而不願停止一樣不知時務。為人如此竊位貪權，其實是天下的罪人。」隨後，他借身患重病，堅決請求辭職，朝廷無奈，只得同意他的請求。辭職以後，田豫以太中大夫的俸祿，安度晚年。直到82歲高齡，他才與世長辭。

　　身在職場，作為領導者應具有自知之明，對自己的信念十分堅定，這種力量使他人產生一種信任感，這種自知之明在提高領導管理水準上是很重要的。雖然你需要瞭解自己的內容有很多，但對於一個領導者來說，有些特徵尤其寶貴，這些特徵是一個成功的領導者應該考慮具備的基本素質。

決策宜仁、宜密

【原文】

決策於不仁者,險。陰計外泄者,敗。

【譯文】

處理問題、制定決策時向不仁義之人問計,必有危險。祕密的計畫洩露出去,一定會失敗。

【名家注解】

張商英注：不仁之人,幸災樂禍。

王氏注：不仁之人,智無遠見；高明若與共謀,必有危亡之險。如唐明皇不用張九齡為相,命楊國忠、李林甫當國。有賢良好人,不肯舉薦,恐攪了他權位；用奸讒歹人為心腹耳目,內外成黨,閉塞上下,以致祿山作亂,明皇失國,奔於西蜀,國忠死於馬嵬坡下。此是決策不仁者,必有凶險之禍。機若不密,其禍先發；謀事不成,後生凶患。機密之事,不可教一切人知；恐走透消息,返受災殃,必有敗亡之患。

【經典解讀】

雖有高超的策略,果斷的決定,但和那些於國於民不利的不仁之人來謀劃、執行,仍有險惡的危險。策略一定要機密,其目的是要出其不

意，攻其不備。其計既泄，故人即可知己知彼，明暗易形，強弱易勢，所以沒有不失敗的。

【處世活用】

為人處世，要懂得「陰計外泄者敗」，這就要求我們設定計劃時要詳備、周密。考慮問題時，要同時考慮利和不利兩個方面。這種考慮，往往是在採取行動之前進行；想明白了，在心理上和物質上做好準備，接著付諸行動。只考慮到一個方面，要麼是準備不足，要麼是出現意外，導致行動失敗。有經驗的謀略家和領導者是不會這麼做的，他們的思維習慣總會同時考慮到兩個方面，甚至很多方面，作出種種假設來預測後果以及可能出現的意外情況，周密準備，謹慎行事。另外，有利和不利條件是可以相互轉化的，對此也應該充分考慮到。在哪些環節、因素上要把握住，轉化的關鍵在哪裡，都得仔細斟酌。

曹操拒絕登帝位

西元219年，呂蒙白衣渡江，用計襲取了荊州，關羽兵敗退守麥城，後在去成都的途中，遭吳兵擒獲，拒降被孫權所害。同時，樊城之圍已解。

這年冬天，為了嘉獎孫權配合解圍的功績，曹操任命孫權為驃騎將軍，任荊州牧，並封他為南昌侯。孫權為了從劉備手中奪取荊州，進一步擴大地盤，暫不想與曹操作對。他派出校尉梁寓向曹操進貢禮物，並派人送去信件，表示願向曹操俯首稱臣。

曹操讀完來信，心裡明白孫權不會這麼順從，而是別有用心，他把信給左右看了，並說：「孫權這傢伙是想把我放在火爐上燒烤！」侍中陳群等人說：「蜀漢的天下眼看就要完蛋了。魏王功高德重，人心所

向，孫權在遠方稱臣，這是天遂人願。魏王應該登基稱帝，不能再猶豫了。」曹操聽了以後回答說：「如果天命在我，我就做周文王。」曹操用周文王滅商未成功自比，感嘆自己未能統一天下。他也明白，倘若接受孫權稱臣，就暴露了稱帝的野心。在實力還沒有強大到吞併孫權和劉備的時候妄自稱帝，就斷了自己的退路；到時候稱帝不成，又會失去號令天下的威信，所以發出了「在火爐上燒烤」的感慨，拒絕稱帝。

曹操正是這麼做的。他之所以拒絕孫權稱臣，是憑著對孫權及整個局勢的瞭解，對稱帝的利和弊作了充分考慮後，才作出的決定。稱帝一統天下，正是他夢寐以求的，只不過時機和條件暫不成熟，他才作出了明智的決定。為人處世，不要因為一時的困難就迫不及待地做出一個不恰當的決定，眼光要放遠一點。做事情之前提高警惕，厄運就不會找上你；做事情之前進行充分的準備，你就不會陷入窘境。

【職場活用】

作為職場成功人士，他們深懂「謀事不成，後生凶患」，清楚地瞭解自己做每一件事情的目的。成功者下決定迅速果斷，之後若要改變決定，則深思熟慮、計畫周密。我們在改變決定以前，最好經過詳細考慮，如果沒有考慮，就下決定，還不如維持現狀的好。因為一次深思熟慮，勝過百次草率行動。說話與行動之前不經過深思熟慮，就會帶來各種不必要的麻煩，說話不經過思考，很可能會給別人帶來不悅。尤其是在決定要做某件重大的事情之前，最好先聽聽親朋好友的意見，不要一意孤行。

滴水不漏的郭子儀

郭子儀戎馬一生，功高蓋世。歷經玄宗、肅宗、代宗、德宗數朝，

身居要職60年，雖然也幾經沉浮，但總算保全了自己，以80多歲的高齡壽終正寢，為幾十年戎馬生涯畫上完美句號。他「權傾天下而朝不忌，功蓋一代而主不疑」，舉國上下，享有崇高的威望和聲譽。這不能不歸之於他的深謀遠慮。

郭子儀在千軍萬馬中縱橫馳騁、指揮若定，而在朝野之中卻為人低調、謹慎處世。唐肅宗上元二年（761年），郭子儀進封汾陽郡王，住進了位於長安親仁里的金碧輝煌的王府。令人不解的是，堂堂汾陽王府每天總是門戶大開，任人自由出入，不聞不問，與別處官宅門禁森嚴的情況判然有別。客人來訪，郭子儀會無所忌諱地請他們進入內室，並且命姬妾侍候。

因此有一則郭子儀侍候母女二人的故事廣為流傳。有一次，某將軍離京赴職，前來王府辭行，看見他的夫人和愛女正在梳妝，差使郭子儀遞這拿那，竟與使喚僕人沒有兩樣。這個故事傳到郭子儀那裡倒沒有什麼，他的兒子們卻受不了，覺得父親身為王爺，這樣子總是不太好，一齊來勸諫父親以後分個內外，以免讓人恥笑。

郭子儀這才告訴自己的兒子，說：「你們根本不知道我的用意，我的馬吃公家草料的有500匹，我的部屬、僕人吃公家糧食的有1000人。現在我可以說是位極人臣，受盡恩寵了。但是，誰能保證沒人正在暗中算計我們呢？如果我一向修築高牆，關閉門戶，和朝廷內外不相往來，假如有人與我結下怨仇，誣陷我懷有二心，我就百口莫辯了。現在我大開府門，無所隱私，不使流言蜚語有滋生的餘地，就算有人想用讒言毀我，也找不到什麼藉口了。」

幾個兒子聽了郭子儀這一席話，都拜倒在地，對父親的為人處世深感佩服。

世上令人後悔的事太多了，可是沒有後悔藥。但是只要我們願意，

便可以儘量減少我們後悔的次數，這要求你在改變決定或決定做某件事的時候，要做到計畫周密。做什麼事都有明確的目的，把自己的決定貫徹如一，絕不說一樣又做一樣，即使當你決定要改變主意，也一定是經過深思熟慮的。做事小心謹慎、勤於思考，就會少犯錯誤；反之，不經深思熟慮便輕率行事反而會弄巧成拙，比原來更糟。

【管理活用】

「決策於不仁者險」，作為管理者，要深明決策諮詢的重要性。所謂「決策」是人們為了達到某一種目的而進行有意識、有選擇的行動。在一定的人力、設備、材料、技術、資金和時間因素的制約下，人們為了實現特定的目標，從多種可供選擇的策略中選擇其一，以求獲得滿意效果的過程就是決策的過程。而諮詢是一種特定方式的研究和實踐活動，能有效地利用社會各行業專家所掌握的科學理論和科學方法去解決社會經濟發展的活動。其目的是為決策者決策提供可參考可選擇的方案、報告和建議。由此可知，諮詢的責任和作用重大，特別在產業創新中，諮詢的功能作用是舉足輕重的。

周亞夫兩難決策丟性命

西漢時的周亞夫是個治軍作戰的高手，漢文帝視察細柳營時看到了這一點，稱其為「真將軍」，而且在臨終前給他的兒子景帝交代，將來萬一打仗，這是用得上的人物。「即有緩急，周亞夫真可任將兵。」

果然，不久之後吳楚七國之亂爆發，周亞夫統兵上陣，與吳楚亂軍對峙，充分發揮了他的軍事才能。

吳楚亂軍剽悍凶猛，利在速決。這時，周亞夫面臨著一個決策的兩難選擇。周亞夫屯兵中原，以逸待勞。亂軍打不過周亞夫，就去猛攻

「居膏腴之地」的梁孝王。梁孝王吃緊，十萬火急向周亞夫求救。景帝也下達詔令讓周亞夫救梁。周亞夫犯難了，如果救梁，等於放棄了起初制定的基本戰略，這正是吳楚亂軍所希望的。而如果不救梁，梁孝王是漢景帝的親兄弟，萬一有個閃失就得吃不了兜著走。

　　周亞夫也問了下同僚的意見，但是，沒有人給出建設性的意見。因此，他的選擇是抗詔不救梁，堅持原來的堅壁清野、固守不出戰略。最後，這一戰略果然取得了成功。吳楚亂軍的糧道一斷，軍需匱乏，兵敗如山倒。梁孝王死守睢陽，雖然萬分危急，但總算挺了三個月，迎來了勝利。按說，周亞夫的選擇是沒有問題的，但是他的這一選擇雖保住了漢室江山，卻得罪了梁孝王。生死關頭，見死不救，不惜以犧牲梁孝王為代價，而梁孝王在當時是位高權重，更憑藉他與皇帝的同胞關係，深得皇帝和太后的信任，甚至在太后的慫恿下，還有過讓景帝「傳位於梁孝王」的說法，這豈是周亞夫能得罪起的！

　　果然，為漢朝立了大功的將軍，雖然勝利後當上了丞相，但這丞相當得實在不太如意。就連本來信任他的漢景帝，也討厭他的桀驁不馴，發出「非少主臣也」的感嘆。所以，悲劇就難免了。最後，周亞夫父子因為買了陪葬用的兵甲，被以謀反罪逮捕。他辯解說這是葬器，又不是真正的兵甲。審他的官吏一句話就把他定了罪：「縱不反地上，即欲反地下耳。」一代名將，就這樣死於獄卒之手。

　　周亞夫之死與他和梁孝王的交惡有很大關係，甚至可以說是導火線。正是由於當初不去救梁，梁孝王不斷在漢景帝那裡說他的壞話，太后也推波助瀾。

　　當初周亞夫下決心不救梁的時候，也問過別人意見，但沒有人敢出主意。因此，他只好自己做決定。恰恰是這種缺乏諮詢的選擇，把他自己逼上了絕路。

毋讓奮勇之士窮困

【原文】

厚斂薄施者，凋。戰士貧、游士富者，衰。

【譯文】

向人民從重徵收財物或賦稅，卻減少發放救濟災患的物資，必定會導致國力空虛的局面。奮勇征戰的將士生活貧窮，鼓舌搖唇的游士安享富貴，國勢一定會衰落。

【名家注解】

張商英注：凋，削也。文中子曰：「多斂之國，其財必削。」游士鼓其頰舌，惟幸煙塵之會；戰士奮其死力，專捍疆場之虞。富彼貧此，兵勢衰矣！

王氏注：秋租、夏稅，自有定例；廢用浩大，常是不足。多斂民財，重徵賦稅；必損於民。民為國之根本，本若堅固，其國安寧；百姓失其種養，必有凋殘之禍。游說之士，以喉舌而進其身，官高祿重，必富於家；征戰之人，捨性命而立其功，名微俸薄，祿難贍其親。若不存恤戰士，重賞三軍，軍勢必衰，後無死戰勇敢之士。

【經典解讀】

政府剋扣得多，發放得少，當時自以為聰明，其結果必然會失去人

心，終將導致自我的消弱。古語所說的「窮天下者，天下仇之；危天下者，天下災之」，講的就是這個道理。

游士說客，搖唇鼓舌，朝為布衣，暮即將相。所以凡說客，唯恐天下不亂。天下大亂，才有他們風光的機會。然而戰士浴血捐軀，渴望的是天下太平、闔家團圓。如果流血犧牲的暴屍疆場，游說四方的身掛相印，這肯定是一個戰亂流離的時代，像戰國年間就是這樣。

【處世活用】

為人處世，要注重實際，切忌華而不實，更不能小有挫折，即怨天尤地，以為社會對自己不公。古希臘哲學家德謨克利特說：「一切都靠一張嘴來做而絲毫不實幹的人，是虛偽和假仁假義。」

很多人總是煞費苦心地為自己的懶惰尋找藉口，卻不知道反省自己。如果一個人總是善於尋找藉口，那麼他的事業就不會有進步。如果你存心拖延、逃避，你自己就會找出成千上萬個理由來辯解為什麼不能夠把事情完成。如果你經常為自己找藉口，你就不能完成任何事，這對你以後的職業生涯也是極為不利的。那麼，你自己就應該多做自我批評，多多地自我反省了。

經歷風浪的船

英國勞埃德保險公司從拍賣市場買下一艘船，這艘船自1894年下水以來，在大西洋上曾138次遭遇冰山，116次觸礁，13次起火，207次被風暴吹斷桅杆，然而它從沒有沉沒過。基於這艘船不可思議的經歷以及在保費方面為公司帶來的巨大收益，勞埃德保險公司最後決定把它從荷蘭買回來捐獻給國家。如今，這艘幾經風浪的船就停泊在英國薩倫港的國家船舶博物館裡面。

真正使這艘船名揚天下的卻是一名來薩倫港觀光的律師。當時，他剛剛打輸了一場官司，委託人也於不久前自殺了。儘管這不是他第一次失敗，也不是他遇到的第一例自殺事件，然而，每當想起這件事情，他心裡總有一種負罪感。

當他在薩倫船舶博物館看到這艘船時，忽然有一種想法：為什麼不讓那些遭受挫折的人來參觀這艘船呢？於是，他就把這艘船的歷史抄了下來，連同這艘船的照片一起掛在他的律師事務所裡面，每當有人委託他，請他做辯護律師的時候，無論輸了還是贏了，他都建議他們去看看這艘船。

成功之果只能慢慢成熟，而且常常要經過許多的失誤和挫折。在受到挫折時沒有理由灰心喪氣，不能止步不前。相反地，要從教訓中學到經驗，以堅定的毅力堅持下去，更加努力地朝目標奮進。絕不要找藉口抱怨，要反省自己的缺點，努力克服，才能有更大的進步。

【職場活用】

職場之上，實幹永遠比誇誇其談好。古人云：「一屋不掃，何以掃天下。」欲成就大事業，必從小事做起。細節小事看似簡單、乏味、煩瑣，讓很多人對它們不屑一顧，殊不知，就在他們對這些細節小事嗤之以鼻時，那些重視細節小事的人正在透過它們不斷地鍛鍊自己的能力，久而久之，高低強弱，一切自然明瞭。

雷・柯洛克的志向

麥當勞的創始人雷・柯洛克從小就立志當老闆。中學結業後，他到一家速食店打工，老闆安排他做的第一項工作就是擦桌子。克洛克認為這份工作沒出息，和當老闆的目標離得太遠了，於是連招呼都沒有打，

就離開這家速食店回家去了。回家後，他向父親訴苦。父親並沒有責怪他，而是讓他擦身旁的一張桌子。他很不情願地在桌子上隨隨便便擦一兩下。父親還是沒有說什麼，轉身拿了一塊潔白的毛巾又把桌子擦了一遍，這下，潔白的毛巾變得黑乎乎了。父親語重心長地說：「你瞧，你覺得擦桌子是一件很簡單的事，可是你卻連這麼簡單的小事都做不好，以後怎麼能當上老闆呢？」

一席話說得克洛克羞愧萬分，他似乎明白了父親所說的話的含義。他重新回到了速食店，並向老闆要求繼續做擦桌子的工作。他決心要把擦桌子這件簡單的工作做好。

此後，每次擦桌子時他都認認真真地把桌子擦乾淨，絲毫沒有懈怠。後來，他因為擦桌子的動作俐落，而且桌子又擦得乾淨，得到了老闆的賞識，不久老闆讓他接管了速食店。10年後，他創立了享譽世界的連鎖公司——麥當勞。

【管理活用】

作為管理者，要重用實幹之人。所謂實幹型人才，指在某方面具有較強的業務能力或技術水準，能夠出色地完成上級安排的任務、實踐經驗較豐富的人。這類人才具有吃苦耐勞、任勞任怨、認真負責、目標始終如一等特點。

西武的擇人標準

西武企業集團是日本一個經營飯店、鐵道、百貨等服務行業的龐大的企業組織。其經理堤義明被松下幸之助譽為「日本服務第一人」。西武集團成功的原因與堤義明獨特的用人之道密不可分。

西武集團聘用新職員有一個顯著特點，就是各種學歷的人都有同

等機會成為西武的職員。堤義明從來就反對迷信一紙文憑的「學歷信仰症」，他手下很多高層經理都沒有高學歷，卻有學識、誠意和人格。但是他並不反對聘用有學歷、學識和教養的專家。

一般的大企業，都千方百計地吸引具有高學歷的年輕人到其企業就職，但是堤義明從來不追隨別人的做法，不刻意去招大學畢業生。他說：「一般的大企業打的算盤是，每聘用10個大學生，將來有一個成才，就已經心滿意足了。我倒不同意這種觀點，我寧可仔細地挑選恰當的大學畢業生，然後把更多的工作機會留給那些沒有機會接受大學教育的年輕人。我的打算是，10個大學生就有兩個以上的人成才；那麼，每接收20個學歷較低的人進企業工作，就希望有一個人會出人頭地。」

堤義明在解釋不用一流大學畢業生的理由時說：「我的西武集團，不是一流大學畢業生的安樂窩，但卻保證是一流人才的工作場所。隨便把經理的職位給一個一流大學的畢業生，他可能因為自己是一流大學出身的聰明人，覺得自己該坐經理的位子，反而不會珍惜他的職位。可是，一個沒有大學學歷或是來自普通大學的年輕人，你覺得他有潛力又力求上進，讓他升任經理，他肯定喜出望外，而且會加倍地努力，做好他的分內工作。理由很簡單，這類人懂得珍惜自己所得到的任何機會。」

堤義明認為，學歷只能證明一個人受教育時間的長短，而不能證明一個人具有的實質性才幹。

實幹型人才是一種依附性人才。對他們的管理，首先必須給予員工充分的信任，以滿足他們穩定性的要求，從而對領導者產生一種親近感。領導者要按他們對工作的實際承受能力分配任務，經常瞭解他們在工作中的困難，鼓勵他們創造好成績。

嚴防腐敗

【原文】

貨賂公行者，昧。聞善忽略、記過不忘者，暴。

【譯文】

賄賂政府官員的事到處可見，政治必定十分昏暗。知道別人的優點長處卻不重視，對別人的缺點錯誤反而耿耿於懷的，則是作風粗暴。

【名家注解】

張商英注：私昧公，曲昧直也。暴則生怨。

王氏注：恩惠無施，仗威權侵吞民利；善政不行，倚勢力私事公為。欺詐百姓，變是為非；強取民財，返惡為善。若用貪饕掌國事，必然昏昧法度，廢亂紀綱。聞有賢善好人，略時間歡喜；若見忠正才能，暫時敬愛；其有愛賢之虛名，而無用人之誠實。施謀善策，不肯依隨；忠直良言，不肯聽從。然有才能，如無一般；不用善人，必不能為善。齊之以德，廣施恩惠；能安其人，行之以政。心量寬大，必容於眾；少有過失，常記於心；逞一時之怒性，重責於人，必生怨恨之心。

【經典解讀】

舉凡以私下贈送財物，行於公事的，必有不明白、不公正的欺心

昧理之處。若行賄受賄明目張膽，堂而皇之地進行，是政治黑暗、社會衰敗的表現。企業中的腐敗，會導致組織中各種機能的降低，造成管理效率的低下。政府部門的腐敗，既會危及和破壞法律的權威性和有效實施，又會破壞社會經濟的發展，對此需嚴加防範。

【處世活用】

行賄者必有所圖。但為人處世，切忌盲目攀附，引火焚身。那些凡事不走正道、走後門，以為成功有捷徑的人，最終難得善果。歷史上不乏深明此理的人物，曾國藩就是一例。晚清官場上，相互攀附、結黨營私是常有的事情，歷來朋黨之爭誤國誤民，曾國藩深有感觸。而曾國藩能夠有後來的成就，很重要的一個原因就在於他不喜歡攀附權貴。很多人都以為「走後門」是一條成功的捷徑，但是曾國藩知道，花無常開，人無常好，攀附別人，就是將自己的成敗交給別人來掌管，其實是非常危險的。

曾國藩不攀附肅順

早年，曾國藩帶領湘軍圍剿太平軍之時，因得不到清廷的信任，所以急需朝中重臣為自己撐腰說話。

有一日，曾國藩在軍中得到肅順的密函，得知這位顧命大臣在西太后面前推薦自己出任兩江總督，曾國藩大喜過望。

當時咸豐帝剛去世，太子年幼，實際上是肅順獨攬權柄，有他為自己說話，真是再好不過了。

於是，曾國藩提筆想給肅順寫封信表示感謝。但寫了幾句，他就停了下來。曾國藩想到，肅順為人剛愎自用，目空一切。他又想起西太后，雖然暫時沒有什麼動靜，但絕非常人，以他多年的閱人經驗來看，

西太后極富心機，將來一定會自己獨攬朝政。像肅順這種專權的做法能持續多久呢？西太后會與肅順合得來嗎？

　　思前想後，曾國藩最終沒有寫這封信。時隔不久，肅順果然被西太后抄家問斬，在眾多官員討好肅順的信件中，獨無曾國藩的隻言片語，曾國藩也就因此逃過一劫。

　　曾國藩能躲避一場災禍，有日後的成功，不得不歸功於他謹慎地處理自己與權貴們之間的關係。正是看到了肅順的為人特點和西太后的性格，曾國藩沒有輕率地寫信討好肅順。但是並不是說憑藉別人的推薦和幫助就是一件完全危險的事情。只是要做到「知己知彼」，才不會引火焚身。為人處世，我們要注意這一點。

【職場活用】

　　對於職場中的人來說，要懂得成功是靠本事，切忌靠不正當的關係來「走後門」。越來越多的人喜歡憑著關係戶去活動活動，這樣的人或許能獲得一時的順利，但最終將不利於自己的發展。走後門預示著與公平競爭這種平等規則絕緣，你將永遠扣著一頂關係戶的帽子。這樣，即便你能力超群，受到領導們的表揚與稱讚，這似乎也是與你的「關係」有關，會招來同事們的鄙視。

　　上天是公平的，你付出三分，就會有三分的回報，付出七分，自然有七分的回報。只有你有真正的實力，才能在職場上取得成功。

【管理活用】

　　馬丁・路德曾說過：「一個國家的前途，不取決於它的國庫之殷實，不取決於它的城堡之堅固，也不取決於它的公共設施之華麗，而在於人們所受的教育、人們的學識、開明和品格的高下。這才是利益攸關

的力量所在。」社會道德、社會良知是靠文化教化等長期培育、管理、代代相傳而形成的。身為管理人員，要懂得廉潔，不可貪污腐敗，否則終難逃惡果。

身為管理者是否能夠做到廉潔，歸根到底在於是否能夠做到嚴於律己，也就是要加強思想道德修養，養成誠心誠意為企業服務的精神和行為習慣。在任何情況下都堅持原則，廉潔自守，不以權謀私，不揮霍浪費，不侵害公共利益，求真務實，為所在的企業作出應有的貢獻。

用人而疑是昏聵

【原文】

所任不可信、所信不可任者,濁。

【譯文】

使用的人不堪信任,信任的人又不能勝任其職,這樣的政治一定很污濁。

【名家注解】

張商英注:濁,溷也。

王氏注:疑而見用懷其懼,而失其善;用而不信竭其力,而盡其誠。既疑休用,既用休疑;疑而重用,必懷憂懼,事不能行。用而不疑,秉公從政,立事成功。

【經典解讀】

德才兼備的能人畢竟是少數,所以有才的可用其才,而不能信賴他的人品;相反地,有的可以完全信賴,因為其德行高尚,但不能委以重任,因為才力不足。這與「用人不疑」的原則似乎矛盾,其實不然,不可將之混為一談。

【處世活用】

為人處世，不可多疑。我們在日常生活中，若遇到一件事，一時不瞭解其中的真假虛實，免不了會產生懷疑。而懷疑又驅使我們多個心思，去調查研究，親身驗證，以辨明真偽，避免上當受騙。這可以說是人之常情。但是，如果對什麼事都無端多疑，又不去調查真偽，這樣不僅會造成心理陰影，而且還可能釀成大禍。

現實中，多疑的人並不少見。一些人極為敏感多疑。有的見別人的臉色與往日有異，就認為是衝著自己來的；見幾個人在一塊說悄悄話，便想著是說自己的壞話。有的人把一些風馬牛不相及的事指向自己，並為此而心懷怨恨，不是與別人爭吵不休，就是去搬弄是非，不斷地製造和加劇人與人之間的衝突。而有的人多疑到捕風捉影、無中生有的地步。這是一種不健康的心理，不僅作繭自縛，危及自身健康，而且禍及他人及社會，需要慎重對待。

【職場活用】

身處職場之上，競爭壓力大，尤其需要調節心理，不可產生多疑的毛病。敏感多疑的人常常使自己處於憂心忡忡的狀態之中，總擔心自己會被別人「擠」下去，並不斷對自己的心理加壓，終日處於緊張、焦慮的競爭狀態之中，最終導致心理崩潰，自信心逐漸消失殆盡。

現代社會，隨著工作、生活壓力的不斷增大，職場人士在心理上也承受了較多的緊張、壓力、焦慮和危機感。同時由於工作上的彼此競爭，同事之間產生了諸多的不信任感。多疑心理是一種完全憑藉著自己的主觀臆斷而對他人產生的一種不信任心理，是經常伴隨自卑心理而出現的一種自我暗示心理。有多疑傾向的人，應該調節身心，增強自信。如此，才能取得更好的成就。

【管理活用】

　　作為管理者，與下屬建立良好的信任關係，是企業領導者試圖達到的一種理想的用人狀態。所謂「疑人不用，用人不疑」，講的就是這個道理。問題的關鍵是，你如何在用權的時候能夠贏得下屬的信任，或者如何使下屬對你的權力支配心甘情願呢？但一些主管之所以緊緊抓住權力，其中一個重要的原因就是不信任下屬，怕下屬把事情辦砸了。因此，領導者放權的一個前提就是信任下屬。沒有信任，上下級之間很難溝通，很難把一件事處理好。這樣，領導者用起人來，就很困難，甚至受到阻礙。

　　用人不疑，是一條重要的用人原則。當然，這條原則是和疑人不用的原則聯結在一起的。在政治思想上、道德品質上有疑點的人、在能力上不能勝任的人，經過反覆考察、認真研究，覺得不可信任的人，則一定不要用。如果失之斟酌，盲目錯用，就會自食惡果。對於管理者，更應該注意對於人才一旦委以重任，就要推心置腹，充分信任，大膽放權，決不干預。領導者對人才只有信任，才能放手讓人才獨立自主地行使職權，只有人才有了獨立自主的地位，方可充分發揮其才能，只有信任，才能贏得人才全心地獻身事業。

刑罰不可濫用

【原文】

牧人以德者,集。繩人以刑者,散。

【譯文】

依靠道德的力量來治理人民,人民就會團結;若一味地依靠刑法來維持統治,則人民將離散而去。

【名家注解】

張商英注:刑者,原於道德之意而恕在其中;是以先王以刑輔德,而非專用刑者也。故曰:「牧之以德則集,繩之以刑則散也。」

王氏注:教以德義,能安於眾;齊以刑罰,必散其民。若將禮、義、廉、恥,化以孝、悌、忠、信,使民自然歸集。官無公正之心,吏行貪饕;僥倖戶役,頻繁聚斂百姓;不行仁道,專以嚴刑,必然逃散。

【經典解讀】

刑法雖然是強制性的手段,但實行法制的時候,不能忘記刑法內含的寬恕原則。如居上位者全憑政治法令管理人,用刑法威懾人,人們就會專找法律的漏洞,迴避了懲罰反而認為很高明。而對於那些犯有小過錯的人,應該對其感化誘導,進行說服教育,若都是粗暴地處之以嚴刑

峻法。這樣，不但無所匡正，反而因殘酷無情，導致眾叛親離。

【處世活用】

所謂「牧人以德」、「繩人以刑」等，對我們為人處世來講，就是對朋友不可苛求。找一個幫手很容易，而獲得一個朋友很難，這兩者的價值是不相同的。法國羅曼‧羅蘭說：「友誼是畢生難覓的一筆珍貴財富。」對待朋友絕不可以苛求朋友，而是要互相理解、互相支持，彼此包容、真誠相待。如果一個人對朋友抱有苛刻的態度，求全責備，這樣很難交到真心的朋友。人非聖賢，孰能無過，唯有不苛求才能獲得真正的友誼。

如果自己走到了無法原諒別人的地步，就先問自己：我的要求合理嗎？有時候生活中的事情並非你想像的那樣，也不是大是大非的問題，也不會總是按著你的想法去發展的，在你看來很容易的事情或是理所當然的事情，也許對別人來說是很難的事情，你不可以要求這麼高，你要學會原諒別人，同時也是原諒你自己，不用對自己那麼苛刻。

【職場活用】

我們在與同事相處時，不應苛求別人，要尊重別人的自由權利。因此，做一個能理解、容納同事優點和缺點的人，才會受到同事的歡迎。自己待人的態度往往決定了別人對自己的態度，因此，你若想獲取他人的好感和尊重，必須首先尊重他人。

每個人都有強烈的友愛和受尊敬的欲望。由此可知，愛面子的確是人們的一大共性。在工作上，如果你不小心，很可能在不經意間說出令同事尷尬的話，表面上他也許只是臉面上有些過意不去，但其心理可能已受到嚴重的挫傷，以後，對方也許就會因感到自尊受到了傷害而拒絕

與你交往。

【管理活用】

　　濫權是對權力價值的破壞，切忌濫權，已經成為現代管理者自省的口號。那些死抓著權力不肯放的管理者，因權力太多的緣故，往往濫用權力。任何權力都得有一定的限制，如果硬要突破這種限制，就會形成「權力擴張」的現象，最終危及企業利益。

孔子斷獄

　　據《孔子家語》一書記載，孔子擔任了魯國的大司寇以後，有父子二人不和，來打官司。孔子把他們父子拘押在同一間牢房裡，也不判決。在這期間，孔子叫吏員暗中監視：不要讓他們父子發生衝突，並適當勸說他們和好。三個月過去了，那個當父親的請求孔子：我們父子二人，已重歸於好，不再反目成仇。請求撤訴，和平解決，求您放我們回去算了。孔子赦免了他們，真的把他們送走了事。

　　季孫氏聽到這件事情，很不高興，說：「大司寇欺騙我。他先前說過：必須用孝道治理國家。我如果殺掉一個不孝的人，來教育百姓行孝道，也是可以的。可是他現在卻把犯事的父子二人，都放走了。不懲罰犯罪之人。這是為什麼呢？」

　　冉有把季孫氏的這些話，告訴了孔子，孔子嘆息道：「哎呀！身居高位的人，沒有做好引導教化工作，而濫殺百姓，這是違背常理的行為。不用孝道教化百姓，卻處理他們的官司，這是殺無辜。三軍敗退，是不能用殺士卒阻擋得住的；刑事案件不斷發生，是不能用嚴酷苛刻的刑罰制止得住的。為什麼呢？上面管理教育得不好，罪過不在百姓身上。法令鬆弛，卻懲罰很嚴，這是迫害。收刮無時無盡，這是殘暴。

不教育百姓卻要求他們守法，這是暴虐。施政中，如果沒有了這三種弊病，才談得上使用刑罰。現在，這三種弊端，樣樣都存在著，怎麼可以濫施刑罰於百姓呢！《尚書》中說：『刑罰要恰如其分，不能隨心所欲；要明事講理，使百姓心悅誠服。』就是說必須先教育，而後才能用刑罰。先要列出道德，讓百姓心服。如果還不行，就崇尚賢德，鼓勵百姓向善；還不行，就廢掉那些無能的官員；還不行，就施威力讓那些不做好事的官員們懼怕。像這樣施行三年，百姓就行為端正了。其中有些不依從教化的頑劣之徒，就可以用刑罰對待他們了。那樣一來，百姓也就都知道所犯何罪，心悅誠服了。」

　　這個故事值得我們深思。對於管理者來講，每位下屬都有自尊，否則他就沒有個性。沒有個性的下屬是好下屬嗎？顯然不是。管理者千萬不能盛氣凌人，目空一切，應該尊重下屬，合理地發布命令。無論多不可靠、多無能的部屬，一旦交付給他工作，就不可輕視他的能力。對其努力的行動應儘量給予援助，即使自己有好的構思，也要放在心裡，在部屬未提出比自己更好的提案前，要耐心地幫助他們，給予他們意見和忠告。一個忙碌的企業裡，任務往往一件件接踵而來。此時要是只是部署，就只能象徵性地提示重點，而無法顧及全面的解說。

賞罰要分明

【原文】

小功不賞,則大功不立;小怨不赦,則大怨必生。賞不服人、罰不甘心者,叛。賞及無功、罰及無罪者,酷。

【譯文】

對於小的功勞不獎賞,那就沒有人去建立大功勞;對於小的怨恨不寬赦,那麼大的怨恨便會產生。獎賞不能使人心悅誠服、懲罰不能使人心甘情願,那麼就會眾叛親離。獎賞那些沒有立功的、懲罰那些沒有犯罪的,那就是殘酷的表現。

【名家注解】

張商英注:人心不服則叛也。非所宜加者,酷也。

王氏注:功量大小,賞分輕重;事明理順,人無不伏。蓋功德乃人臣之善惡;賞罰,是國家之紀綱。若小功不賜賞,無人肯立大功。志高量廣,以禮寬恕於人;德尊仁厚,仗義施恩於眾人。有小怨不能忍,捨專欲報恨,返招其禍。如張飛心急性燥,人有小過,必以重罰,後被帳下所刺,便是小怨不捨,則大怨必生之患。

【經典解讀】

「賞」屬於對人精神、物質上的一種鼓勵，功勞大則重賞，功勞小則輕賞。使用部下，無論功勞大小，都應該獎賞。《老子》中說：「報怨以德。」對待部下要寬宏大度，對細節小怨，應當既往不咎。這樣，就會使人在思想上產生一種親近之感，易於齊心協力，共成事業。賞輕生恨，罰重不共。有功之人，升官不高，賞則輕微，人必生怨。罪輕之人，加以重刑，人必不服。賞罰不明，國之大病；人離必叛，後必滅亡。施恩以勸善人，設刑以禁惡黨。私賞無功，多人不憤；刑罰無罪，眾士離心。此乃不共之怨也。

這節講的是賞罰的原則和道理。不賞，就不能鼓勵部下的奮鬥意志；不罰，有過錯的人就會不懼而重犯。如此，賞罰應該合情合理。而獎賞沒有一點功勞的人，這樣做，就是純粹的感情用事。以個人的偏見愛好來賞罰，為所欲為、獨斷專行，是橫暴的行為。如此一來，必無好結果。

【管理活用】

所謂「信賞必罰」，就是對有罪的一定要罰，有功的一定要賞。沒有做到這個地步的，人心必會逐漸懶散，最後趨向瓦解。信賞必罰最重要的，就是要能做到適當。這是非常微妙又很困難的事。如果處理不當，反而會誤事。

司馬穰苴斬殺犯錯的重臣

春秋時期齊國的軍事家司馬穰苴是一位很會帶兵打仗的將帥。他由齊相晏嬰推薦給齊景公，齊景公對他的才能很賞識，任命他為將軍。這時燕趙兩國的軍隊來攻打齊國，齊景公就派穰苴來對抗燕趙軍隊。

穰苴對齊景公說自己本來是個出身卑微的人，請求景公派一個寵幸的大臣做監軍，這樣也好讓士卒們信服。於是齊景公就派大臣莊賈去做監軍。

穰苴在朝中與君王、士大夫們作別，他對莊賈說：「明天日中時分請準時相會於軍門，然後出征。」

第二天，穰苴掛帥印先來到了帳中，立沙漏來計時。監視將士們集合的情況。

莊賈素來驕縱慣了，並且他認為這支軍隊歷來都屬於自己管轄，所以一點兒也不著急。因為要出征，莊賈的親朋好友都來相送，與他飲酒話別。到了日中時分，莊賈還沒有到達集合地點。一直到沙漏中的沙子都流完了，莊賈還沒有來。穰苴連忙集合部隊，申明行軍中的各項規定。部隊站得整整齊齊，所有的人都在等待莊賈的到來。直到太陽就要落山了，莊賈才來至軍前。

穰苴問：「你為何來得這麼晚？整個軍隊的人都在等你！」

莊賈毫不在乎地說：「那些親朋士大夫都來為我送行，我與他們一起喝酒話別，酒喝多了，所以就來遲了。」

穰苴說：「將帥受出征命令之日當忘其家，赴軍任職約束軍隊則亡其親，臨戰聽鼓而忘其身。今敵人侵占國土，國內騷動，士卒暴露於野外，國君寢食不安，平民百姓的生命皆懸於將軍之手，如此緊急的情況下為何還要相送？」

穰苴立刻叫來軍中執法的軍正官問道：「違反軍約而遲到的，按軍法當如何處置？」

軍正官說：「當斬！」

莊賈此時才如夢初醒，知道自己大禍臨頭了，趕忙派身邊的人去報告齊景公，請求齊景公救他一命。莊賈的使者還沒有回來，穰苴就下令

斬莊賈於軍門，以警示三軍，三軍將士皆感到很震驚。賞罰分明是治軍之本，穰苴沒有畏懼權貴，當罰則罰，三軍將士震撼之餘，再沒有敢違抗軍令的了。

用兵如此，管理也應當如此。從賞罰心理來說，人人都有趨利避害之心。古人云：「夫人情好爵祿而惡刑罰，人君設二者，以禦民之志而立所欲焉，夫民力盡而爵隨之，功立而賞隨之，人君能使民信於此。如明日月，則兵無敵矣。」管理者應該充分利用這種心理，設立各種獎懲制度。管理者在做出一個決議之前，首先要仔細地、客觀地審視整個問題，對局勢有個通盤的把握；其次要群策群力，彙集眾智想出盡可能多的新點子；再次，要在分析利弊的基礎上果斷拍板，形成決議。決議一旦形成，最主要的任務就是要嚴格執行，做到賞罰分明，讓思想藍圖變成實際的行動，保證任務的順利完成。

喜歡讒言、排斥忠諫者必亡

【原文】

聽讒而美、聞諫而仇者，亡。

【譯文】

聽到讒佞之言就十分高興，聽到忠諫之言便心生怨恨，這樣的君主一定會滅亡。

【名家注解】

王氏注：君子忠而不佞，小人佞而不忠。聽讒言如美味，怒忠正如仇仇，不亡國者，鮮矣！

【經典解讀】

順情說話，只圖上級高興，這樣的人，居心叵測，必有意外。以正言規勸，直言進諫，往往難聽，這樣的人其心忠貞。常言說：「良藥苦口利於病，忠言逆耳利於行。」如果聽到順耳的「讒言」，以為順耳而美，聽到進諫的「直言」，以為逆耳而惡，這樣的人，必有危險。

【處世活用】

為人處世，要學會接受別人正確的批評、建議，所謂「良藥苦口，

忠言逆耳」。《菜根譚》上說：「耳中常聞逆耳之言，心中常有拂心之事，才是進修德行的砥石。若言言悅耳，事事快心，便把此生埋在鴆毒中矣。」大致意思是說：一個人的耳朵假若能常聽些不中聽的話，心裡經常想些不如意的事，這才是敦品勵德的好教訓。反之，若每句話都好聽，每件事都很稱心，那就等於把自己的一生葬送在劇毒之中了。做人處世，我們要記住這一點。

晏嬰求「壞話」

晏嬰，即晏子，是春秋時期齊國大夫，以能言善辯著稱於世。高繚是其宰相府中的一名官員。平日裡，高繚做事認真，凡是吩咐給他的任務，他保證按時保質地完成。和同僚之間的關係相處得也很好，對待晏嬰也是十分尊敬，從來不會背著晏嬰說他一句壞話。

高繚在宰相府三年雖然沒有太大功勞，但是也沒有什麼過錯。同僚們也很認可他的工作能力。轉眼又到了一年一度的考核官吏政績和能力的日子了。高繚心想自己在宰相府的人緣不錯，政績也不差，況且對待考核也準備充分，一定不會被罷官或者降級的。

可是，不久考核的結果公布了，高繚在被罷官之列，這可大大出乎他的意料，同僚們也為高繚叫冤，相約去見晏嬰，表示要為高繚討個說法。晏嬰說：「辭掉他，是因為他從來沒有說過我的壞話啊。」官員們不解，難道不說壞話倒是錯事了？晏嬰繼續說道：「我這個人就像一根彎彎曲曲的木頭，需要斧頭削、鉋子刨，才能做成一件有用的器具。可是，高繚在我身邊整整三年，對我的過錯從來不講。他這樣做對我沒有絲毫用處。我任用你們就是為了讓你們為我挑毛病、提建議，以利於我不斷改正、不斷進步。」

求情的官員們恍然大悟，再也沒人替高繚求情了。

正確的意見對自己是有益無害的。良藥苦口利於病，忠言逆耳利於行。即使是不正確的意見，也要正確對待。關鍵是我們要有一顆能接受意見的誠心。晏嬰希望別人為自己提意見以不斷進步，終於成為歷史上的名人。我們只要能像晏嬰一樣虛心接受意見，也一定會在自己的工作、生活中不斷進步。

【職場活用】

身在職場，有時難免有讒言。所謂「蒼蠅間白黑，讒巧令親疏」。讒言就是搬弄是非，製造衝突。其目的：一為孤立優秀者，二為亂中取勝。世人有對「讒令親疏」的形象描述：「讒言不可聽，聽之禍殃結，君聽臣遭誅，父聽子遭滅，夫婦聽之離，兄弟聽之別，朋友聽之疏，親戚聽之絕。」父子、夫妻、兄弟，尚且受讒而疏，何況同事之間。身在職場，我們要學會對待讒言。

姚賈闢讒

戰國之時，燕、趙、吳、楚四國結成聯盟，準備攻打秦國，秦王召集大臣和賓客共60多人商議對策。秦王問道：「當下四國聯合攻秦，而我國正當財力衰竭、戰事失利之時，應該如何對敵？」大臣們不知怎樣回答。這時姚賈站出來自告奮勇說：「臣願意為大王出使四國，一定戳穿他們的陰謀，阻止戰事的發生。」秦王很讚賞他的膽識和勇敢，便撥給他戰車百輛、黃金千斤，並讓他穿戴起自己的衣冠，佩上自己的寶劍。於是姚賈辭別秦王，遍訪四國。姚賈此行，不但達到了制止四國攻秦的戰略，而且還與四國建立了友好的外交關係。秦王十分高興，馬上封給他1000戶城邑，並任命他為上卿。

大臣韓非指責姚賈說：「姚賈拿著珍珠重寶，出使荊、吳、燕、代

等地，長達三年，這些地方的國家未必真心實意和秦國結盟，而本國國庫中的珍寶卻已散盡。這實際上是姚賈借大王的權勢，用秦國的珍寶，私自結交諸侯，希望大王明察。更何況姚賈不過是魏都大梁一個守門人的兒子，曾在魏國做過盜賊，雖然在趙國做過官，後來卻被驅逐出境，這樣一個看門人的兒子、魏國的盜賊、趙國的逐臣，讓他參與國家大事，不是勉勵群臣的辦法！」

於是，秦王召來姚賈問道：「寡人聽說你用秦國的珍寶結交諸侯，可有此事？」姚賈坦承無諱：「有。」秦王變了臉色說道：「那麼你還有什麼面目再與寡人相見？」姚賈回答說：「昔日曾參孝順父母，天下人都希望有這樣的兒子；伍胥盡忠報主，天下諸侯都願以之為臣；貞女擅長女工，天下男人都願以之為妻。而臣效忠於大王，大王卻不知道，臣不把財寶送給那四個國家，還能讓他們歸服誰呢？大王再想，假如臣不忠於王，四國之君憑什麼信任臣呢？夏桀聽信讒言殺了良將關龍逢，紂王聽信讒言殺了忠臣比干，以至於身死國亡。如今大王聽信讒言，就不會再有忠臣為國出力了。」

秦王又說道：「寡人聽說你是看門人之子、魏之盜賊、趙之逐臣。」姚賈仍不卑不亢：「姜太公是一個被老婆趕出家門的齊人，在朝歌時是連肉都賣不出去的無用屠戶，也是被子良驅逐的家臣，他在棘津時賣勞力都無人雇用。但文王慧眼獨具，以之為輔佐，最終建立王業。管仲不過是齊國邊邑的商販，在南陽窮困潦倒，在魯國時曾被囚禁，齊桓公任用他就建立了霸業。百里奚當初不過是虞國一個乞丐，身價只有五張羊皮，可是秦穆公任用他為相後竟能無敵於西戎。還有，過去晉文公倚仗中山國的盜賊，卻能在城濮之戰中獲勝。這些人，出身無不卑賤，身負惡名，甚至為人所不齒，而明主加以重用，是因為知道他們能為國家建立不朽的功勳。假如人人都像卞隨、務光、申屠狄（古代

隱士）那樣，又有誰能為國效命呢？所以英明的君主不會計較臣子的過失，不聽信別人的讒言，只考察他們能否為己所用。所以能夠安邦定國的明君，不聽信外面的詆謗，不封賞空有清高之名、沒有尺寸之功的人。這樣一來，所有為臣的就不敢用虛名希求於國君了。」

秦王嘆服：「愛卿說的在理。」

於是，仍讓姚賈出使列國而責罰了韓非。

姚賈沒有被權臣的誣陷嚇倒，他也深知需要自己來表白來辯解，不然的話誤解會更加嚴重。他首先說明了自己用珍寶結交諸侯，完全是為了秦國和秦王的利益，根本不是什麼「私交」。接著列舉姜太公、管仲、百里奚、晉文公的例子，說明是人才就不怕出身卑微。更進一步，他指出能為國出力作貢獻者，並不需要虛名和清名，作為在上者，一定要有講究實效、納污含垢的作風和胸襟。

所謂「鉤心鬥角、詆謗讒陷」，生活中總是難免這些，尤其是自己稍有功績，免不了他人的妒忌和誹謗。如何對待他人的誣陷和讒言，如何向受蒙蔽者表白自己、消除誤解，確實需要很好的謀略。作為職場人士，我們必須學會辨讒、鬥讒。所謂「奸佞與忠良之臣，形相似而心不同也」。奸佞小人的讒言有很大的欺騙性，在一定的條件下和時間內很能迷惑人。所以，要認知和辨別讒言，可以從四個方面來考慮：一是看所說的話是否屬實；二是看說話人自身的言行是否相符；三是要等待時機來辨別，隨著時間的推移，反映的問題自會清楚；四是觀察說話人的言態。一般來說，詭祕、模糊的話多是讒言。

【管理活用】

所謂讒言，是指那種無中生有、道聽塗說或添枝加葉用以中傷、陷害別人的話。這種話通常以關心管理者、出於公義的面目出現，很容易

打動、迷惑管理者。作為管理者，聽信讒言，是非顛倒，到頭來，沒有不帶來禍患的。因此，一個成熟的管理者，一定要善於拒斥讒言。

燕王誤信讒言

燕國的國君特別喜歡有才之人。其下屬之中有一個叫蘇秦的人，他靠著三寸不爛之舌周遊列國。

有一次，蘇秦奉命出使齊國，有人乘機在燕王面前詆毀蘇秦，說：「蘇秦是個左右搖擺、叛賣國家、反覆無常的人，蘇秦以前就在齊國學習過，肯定會有作亂的想法。」果然，燕王聽信了讒言，等到蘇秦完成使命返回燕國後，就免了他的職。

蘇秦知道燕王聽了別人的讒言，於是要求見燕王，對燕王說：「我本是東周一個鄙陋的人，先前沒有立下半點功績，但是大王您親自在廟堂上為我封官職，並在朝廷上以禮相待。現在我替您說退了齊國的軍隊，並收回了十座城池，您不但沒有獎賞我，卻將我貶職為民，這裡面定有原因！」

燕王看了看蘇秦，沒有說話。

蘇秦又說：「像曾參一樣孝順，連離開他的父母在外面住宿一夜也不肯，您又怎麼能夠讓他步行千里，而替弱小並處在危困中的燕國君主效勞呢？像伯夷一樣廉潔、堅守信義、不願做孤君的繼承人，也不肯做武王的臣子而餓死在首陽山上，廉潔到這種地步，您又怎麼能指望他到齊國去做一番有所進取的事業呢？像尾生一樣堅守信義，和女子約好在橋下相會，由於女子不來，哪怕洪水來了也不肯離開，終於抱著柱子讓水淹死，守信到這種程度，您又怎麼能讓他去用假話說退齊國的強兵呢？我正是因為沒有像他們那樣死板，所以才得罪了大王。」

燕王聽後，終於明白了其中的道理，馬上將蘇秦官復原職，重新予

以重用。

　　燕王還可以說是知過能改。作為一個明智的管理者,一方面必須在無害於大局的情況下,瞭解來自不同方面的資訊,並滿足不同人的不同欲求:對於重物質利益的,給他收入較豐厚的差事;對於重精神獎勵的,多給他衝鋒陷陣的機會;對於有隱私的,要替他隱瞞;對於喜歡玩心計的,則讓他把所有的心計拿出來用在工作中。另一方面,也必須注意到,任何組織中都會有一些喜歡無事生非、散播謠言,並且利用自己與管理者的關係來讒言害人,唯恐天下不亂的小人。對這種人,必須要有清醒的認知。

貪人之有必遭敗亡

【原文】

能有其有者,安。貪人之有者,殘。

【譯文】

能夠擁有他應該擁有的,就會心安理得;貪圖人家所擁有的,就會殘暴掠民。

【名家注解】

張商英注:有吾之有,則心逸而身安。

王氏注:若能謹守,必無疏失之患;巧計狂徒,後有敗壞之殃。如智伯不仁,內起貪饕、奪地之志生,奸絞侮韓魏之君,卻被韓魏與趙襄子暗合,反攻殺智伯,各分其地。此是貪人之有,反招敗亡之禍。

【經典解讀】

俗話說:「君子愛財取之以道。」能珍惜自己有的,則心安理得,朝夕泰然;貪求別人所有的,始而寢食不安,繼而不擇手段,最後就要鋌而走險。最終的結果輕則身心交瘁,眾叛親離;重則鋃鐺入獄,災禍相追。

【處世活用】

為人處世，當忌貪財之心。隨著社會物質財富的不斷豐富，人們對於財富的佔有欲越來越強。貪財之心一起，對於個人來說，就會不滿足於自身透過正當光明的手段或能力所取得的財富，而是對於財富的佔有欲望，超過自身創造財富的能力，這種不合實際的佔有欲望，就是典型的貪財之心。對於貪財之人，人們常給以無盡的嘲諷批判，下面講述的貪財鬼就是一個例子。

貪財鬼

紹興人王某，讀書人出身，多年來靠教書為生。村中一位富豪請他去做私塾老師。王某所居之室，屋子漏雨且又狹窄，恰好相距不到一里之處，有一套新房出售，富豪便買下來給他居住。富豪問他：「學徒明晨進館，先生先自己獨眠一夜。是否害怕？」

王某自負膽壯，又是新房，遂覺無甚可畏。於是讓童僕把行李、茶具、文房四寶等送過來，布置書齋。

王某在屋裡屋外看了看，略覺適意，便在門前逍遙散步。這時已是夜間，月色皎潔，卻見不遠處山上燐火熒熒。於是，王某邁步往光亮的方向走去，發現光亮是從一口白木棺材中發出的。王某想：「這大概便是鬼之磷火吧？但磷火應該是綠色，而這片火光卻微帶赤色，難道是金銀之氣嗎？」

他想到《智囊》有這樣的記載，有幾個胡人偷竊作案後為了藏匿贓物而裝成出殯，穿著喪服抬著棺材假裝下葬，後來捕役追查跟蹤，發現棺裡都是金銀。王某想，眼前的這口棺材大概也是此類吧？倘若如此，該我發財了。幸好四周無人，正可以搜而取之。

於是，他找了一塊石頭，打去棺木上的釘子，推開棺蓋，裡面橫臥一屍，面色青紫而腹部膨脹。王某慌忙中摸到一錠銀子便往後跑，沒想到他退一步，那屍體便也躍一下，再往後退，屍體便跳了起來。王某嚇得拚命狂奔，屍體在後面緊追不捨。王某入戶登樓，把門閂上，喘息才定，以為屍體已經走了，於是開窗來看，屍體在樓下看到窗開而大喜，從外面躍入樓內。屍體連連叩門，王某自然不開，屍體不得入，忽然大聲悲呼，三聲大呼過後，諸門依次洞開，好像有人為之開門一樣。

　　屍體見門開便急忙登樓。王某遍身冷汗，無可奈何，拿了一根木棍在門後等著。屍體脖子上還掛著銀錠，剛剛上樓，王某在背後猛擊一棍，正中其肩，屍體脖上所掛銀錠散落於地。屍體俯身去拾，王某趁屍體拾銀之際，盡全力猛推屍體，屍體滾落樓下。只聽一聲怪叫，就再沒有聲息了。待到天明一看，屍體跌傷腿骨，橫臥於地，於是王某召來眾人，把屍體扛走焚化了。王某慚愧地慨嘆：「我因為貪財而招屍上樓；屍體因為貪財而被人燒毀。鬼尚不可貪，何況是人呢！」

　　這個故事刻畫出人與鬼爭財的醜態。對於這類醜事，多數人會嗤之以鼻，付之一笑，但真正面對財物的誘惑時，也並非人人都能苟免。為人處世，要端正心態，獲得財富的心態正了，就不會為了蠅頭小利與人一較長短，不會為獲得暴利去做非法的事。故事中王某的自嘆，正是為貪財者所戒。

【職場活用】

　　職場之中，因貪圖名位而受其累者，比比皆是。貪者，往往是殫精竭慮，過分營求，輾轉於「求不得」的煩惱之中，還會做出許多沽名釣譽、結怨成仇的傻事。與此同時，往往折損掉難以彌補的雙親孝養、子女教育、家庭幸福、上級信任、同事友情，還會賠上自己的健康。即

使饒倖得到名位，假如自己德不配位，德能不足以堪任，顯然是禍不是福。此後貪求者必陷入力保其位，唯恐失之的新一輪憂懼之中。但此場戲必有落幕之時，真是心勞身苦一場空。

倉鼠與廁鼠

《史記‧李斯列傳》載有李斯有次觀倉鼠與廁鼠的軼事。

據說有一次，李斯像往常一樣去上廁所，一群瘦小老鼠被驚得四散逃跑，他也沒在意。然後他又去糧倉巡查，卻發現一群老鼠肥肥的，看見自己既不跑，也不叫，竟還在安然地吃著倉中的糧食。此時，李斯突然想到了廁所中的老鼠。一樣都是老鼠，為何有這樣的差別呢？聯想到自己的狀況，李斯不由陷入了沉思。過了半天，終於發了一聲感慨：「人之不賢不肖，譬如鼠矣，在所自處耳！」意思是說，人有能與無能，就好像老鼠一樣，全靠自己想辦法，有能耐就能做官倉裡的老鼠，無能就只能做廁所裡的老鼠。這個小故事形象地揭示了李斯貪婪的性格特徵，也預示了他未來的結局。

為了能做官倉裡的老鼠，求得榮華富貴，李斯開始行動起來。首先，李斯辭掉了那個小官職，帶上學費和盤纏走上了求學之路。他來到了荀子住的地方，並跟隨荀子學習帝王之術。荀子雖是繼承了孔子的儒學，也打著孔子的旗號講學，但他對儒學進行了較大的改造，少了很多傳統儒學的「仁政」主張，多了些「法治」的思想，這很適合李斯的胃口。李斯十分勤奮，與荀子一起研究「帝王之術」，即怎樣治理國家、怎樣當官的學問，學習有成以後，便踏上了事業的征程。

臨走時，他對老師說了這樣一番話：「我聽說一個人如果能碰到機會，千萬不可輕易放棄。如今各諸侯國都爭取時機，遊說之士掌握實權。現在秦王想統一天下，稱帝治理天下，這正是平民出身的政治活動

家和遊說之士去各處巡遊、施展抱負的好時機。身份低微，而不想成就一番事業，就如同禽獸一般，只等看到現成的肉才想去吃，白白長了一副人的面孔勉強直立行走。所以最大的恥辱莫過於卑賤，最大悲哀莫過於處境窘困。長期處於卑賤的地位和貧困的環境之中，卻還要非難社會、厭惡功名利祿，標榜自己與世無爭，這不是遊說之士的本願。所以我就要到西方去遊說秦王了。」

由此可見，李斯是一個急功近利、貪婪心極重的人。接下來的日子裡，李斯就開始運用他在荀子那裡學到的「帝王之術」來一步步地靠近秦王，最終取得了秦王的信任。從以上兩個方面來看，李斯確實是中國歷史上一個政治奇才、大學問家。然而他貪婪的性格特點，也為其走向毀滅埋下了禍根。

【管理活用】

我們觀察「貪」字，與「貧」字很近似。物極必反，對財物的貪心越重，則自我的感受越近於貧乏。古人云：「心足則物常有餘，心貪則物常不足。」貪財者，眼中見的，心中想的都是如何得到財物，至於是否應得往往無心考量，貪求背後的隱患也無法辨識。貪取非義之財，縱令一時富貴，而後旋即破散，身敗名裂甚或亡死者，不計其數。管理者最忌諱的就是「貪」。因為貪欲可以侵蝕你的原則和本心。而一旦失去原則，那麼團隊的利益，個人的前途都可以不顧。這樣的管理者是很難得到屬下的擁護的。

安禮章第六
禮為立身之本

　　無論是順天而行、招攬英雄、加強道德修養、文明建設，都必須要有一個良好的社會環境。安定的社會環境，是政體之建設，君臣之大義，政策法規之完善的關鍵。此章共分兩部分。第一部分以排比的方法，對仗的文體，闡發了明辨盛衰、通曉成敗、審察治亂、追本溯源、揆度未來的「韜略」；第二部分總括全書的中心思想和主旨。

常懷寬容之心

【原文】

怨在不捨小過。

【譯文】

怨恨產生於不肯赦免小的過失。

【名家注解】

王氏注：君不念舊惡。人有小怨，不能忘捨，常懷恨心；人生疑懼，豈有報效之心？事不從寬，必招怪怨之過。

【經典解讀】

此句與上章說的「小怨不赦，則大怨必生」，雖然語言略異，但意思相同，都是指對待部下不宜斤斤計較。若小的過錯不赦免，日積月累，必然愈結愈深，釀成深不可解的大怨。俗話說：「人非聖賢，孰能無過？」如果當上級的對別人無關緊要的過失百般挑剔，吹毛求疵，擺出一副自己永遠正確的面孔，那麼，別人就會覺得這個人心胸狹窄，不可理喻。

【處世活用】

　　法國大作家雨果曾說：「世界上最寬闊的是海洋，比海洋更寬闊的是天空，比天空更寬闊的是人的胸懷。」為人處世，當學會寬容。寬容是一種修養，一種處變不驚的氣度，一種坦蕩，一種豁達。寬容是人類的美德。荷蘭哲學家斯賓諾沙說過：「人心不是靠武力征服而是靠愛和寬容大度征服的。」寬容一如陽光，親切、明亮，確實讓人難忘。

邱吉爾的風度

　　第二次世界大戰結束後不久，在英國的全民大選中，邱吉爾落選了。他是個名揚世界的政治家，又是第二次世界大戰中領導英國人民取得反法西斯勝利的英雄。對於他來說，落選當然是件極狼狽的事，但他坦然對待。當時他正在自家的游泳池裡游泳，這時祕書氣喘吁吁地跑來告訴他：「不好啦！邱吉爾先生，您落選了！」不料邱吉爾卻爽然一笑說：「好極了！這說明：我們勝利了！我們追求的就是民主，民主勝利了，難道不值得祝賀？勞駕，把毛巾遞給我，我該上來了！」真佩服邱吉爾，那麼從容、理智，只一句話，就成功地再現了一種極豁達大度寬容的大政治家風範！

　　還有一次在酒會上，一個女政敵高舉酒杯走向邱吉爾，並指了指邱吉爾的酒杯，說：「我恨您，如果我是您的夫人，我一定會在您的酒裡投毒！」顯然，這是一句滿懷仇恨的挑釁。但邱吉爾笑笑，挺友好地說：「您放心，如果我是您的先生，我一定把它一飲而盡！」妙！果然是從容不迫，不是嗎？既然你的那句話是假定，我也就不妨再來個假定。

　　是的，這就是寬容！一種大智慧！一種大聰明！

寬容，即原諒他人一時的過錯，不錙銖必較，不耿耿於懷，和和氣氣地做個大方的人。寬容如水的溫柔，在遇到衝突時往往比過激的報復更有效。它似一捧清泉，款款地抹去彼此一時的敵視，使人們冷靜下來，從而看清事情的緣由，同時也看清了自己。試想一下，倘若邱吉爾針鋒相對，以同樣的方法還擊對方，那麼除了針鋒相對的激烈爭吵，甚至拳腳相加，還能帶來什麼呢？

【職場活用】

在競爭激烈的現代社會，人們之間發生衝突是在所難免的。我們在社會交往中，吃虧、被誤解、受委屈一類的事也經常發生。作為個人來說，沒有人願意這樣的事情發生在自己身上，但一旦發生了，最明智的選擇就是寬容。寬容不僅僅包含著理解和原諒，更顯示出氣度和胸襟。寬容的是別人，帶給自己的卻是快樂。往往有時候因為你的寬容能改變別人的一生。

人非聖賢，孰能無過。很多時候，我們都需要寬容，寬容不僅是給別人機會，更是為自己創造機會。你的下屬犯了較小的過失，應該給予指導，講清錯在哪裡，下次應該如何做。你可以寬容他一次，並且善意地規勸他，在沒有得到悔改的情況下，就不能夠一直對他所犯的錯誤寬容下去。所以，工作中，我們一定要學會寬容別人，有時候，因為寬容，會讓你更加富有人情味。

【管理活用】

管理中必須講寬容。尤其是領導人，如果心胸狹窄，那就絕不可能成為十分優秀的管理者。「宰相肚裡能撐船」是對領導人必須具有寬容品質的經驗總結。一個人如果心胸狹小，不會妨礙他成為一名出色的技

術人員，但是，對管理者尤其是領導人來說，心胸狹小就是致命缺陷。

宋太宗忘事

要治理好天下，必須要有雅量。比如宋太宗，在這方面表現得就很突出。《宋史》記載，有一天，宋太宗在北陪園與兩個重臣一起喝酒，邊喝邊聊，兩位大臣都喝醉了，竟在皇帝面前相互比起功勞來，他們越比越來勁，乾脆鬥起嘴來，完全忘了在皇帝面前應有的君臣禮節。侍衛在旁看著實在不像話，便奏請宋太宗，要將這兩人抓起來送吏部治罪。宋太宗沒有同意，只是草草撤了酒宴，派人分別把他倆送回了家。第二天上午他倆都從沉睡中醒來，想起昨天的事，惶恐萬分，連忙進宮請罪。宋太宗看著他們戰戰兢兢的樣子，便輕描淡寫地說：「昨天我也喝醉了，記不起這件事了。」

寬容是一種美德。現代的領導者，難免會遇到下屬衝撞自己、對自己不尊的時候，學學宋太宗，既不處罰，也不表態，裝裝糊塗，行行寬容。這樣做，既體現了領導者的仁厚，更展現了睿智，不失尊嚴而又保全了下屬的面子。以後，上下相處也不會尷尬，你的部署更會為你效犬馬之勞。對於一個企業，領導者的心胸寬廣能容納百川。但寬容並不等於是做「好好先生」，不得罪人，而是設身處地地為下屬著想，這樣的老闆不是父母官，也稱得上是一個修養頗高的領導者。

凡事預則立

【原文】

患在不豫定謀。

【譯文】

禍患產生於事前未作仔細的謀劃。

【名家注解】

王氏注：人無遠見之明，必有近憂之事。凡事必先計較、謀算必勝，然後可行。若不料量，臨時無備，倉卒難成。不見利害，事不先謀，返招禍患。

【經典解讀】

《老子》上說：「為之於未有，治之於未亂。」意思是說，做事情要在它尚未發生以前就處理妥當；治理國政，要在禍亂沒有產生以前就早做準備。但凡眼前遭受的禍患，都在事前沒有料到，沒有預見和預防。恕小過，防未患，這是治理天下必須掌握的一個要則。

【處世活用】

如果生活和工作缺乏計畫的話，會使我們感到緊張、焦慮和慌亂。其實，這些情形都是可以避免的。《禮記‧中庸》上說：「凡事預則

立，不預則廢。」意思是凡事要有計劃、有安排，無計畫的生活帶給我們的往往是焦慮、不安，尤其在生活節奏大大加快的今天，如果生活無規律，往往有應接不暇之感。我們的生活也是低效率的，大量的時間和精力被浪費，在重壓之下，哪有不緊張的道理？歷史上不乏目光長遠之人，值得我們借鑑，張詠就是一例。

張詠種桑

北宋時期，崇陽（今屬湖北）縣內，老百姓們都靠種茶維持生計，那裡茶園滿坡，每年春夏時節，大量的茶葉被運往各地。

張詠擔任崇陽縣令後不久，在各鄉村張貼了一張告示，下令老百姓務必拔掉茶樹，改種桑樹。

告示貼出，全縣譁然。老百姓叫苦不已，有的上衙門要求張詠取消告示，不要拔掉茶樹改種桑樹，有的則大罵張詠，說他是個昏官。

張詠見後仍不改變初衷，他說道：「種茶獲利很高，朝廷肯定要徵稅的，而且稅賦一定很高，到時候大家很難承受得了，不如現在早做準備，另選他業。」

在他的催促下，全縣許多茶樹被拔掉，種上了桑樹。

兩年後，朝廷果然向茶業徵稅，而且稅額很重，鄰近幾個種茶的縣裡的百姓陷入了困境。繼續種茶葉，入不敷出，別說賺錢，說不一定還要虧本呢；不種茶吧，又無事可做，實在是左右為難。

而這時崇陽縣種的桑樹都已經成長。老百姓養蠶織絹，一年便賣了上百萬匹絹，掙了許多錢，解決了生活問題。崇陽縣的百姓這時才體會到縣令的一番苦心，同時也非常敬佩他有先見之明。為感謝張詠，崇陽的百姓們為他立了座廟，讓子孫後代都記住他為當地百姓帶來的好處。

沒有規劃的人生最終會失去方向。人生理想的實現，必須有明確的

計畫，而計畫則來自事先的設定。無論什麼事，事先沒有心理準備而突然來臨，就會心慌意亂，倉促應付就不能周密計畫，這是失敗的徵兆。

【職場活用】

隨著社會的發展，社會所需的人才已經到了供大於求的地步，越來越多的求職者為了工作而四處奔波，但往往是敗興而歸。大多數人在求職時，經常犯的錯誤就是不知道自己能做什麼，也不知道自己真正想做什麼，面對未來更是一片茫然。在職場中的人們，也往往因其枯燥單一的工作而喪失工作的熱情和動力，只是得過且過地過著每一天。人們之所以出現這種現象，其中很大的原因就在於他們沒有找到自己的職業目標，沒有對自己的職業生涯進行認真的規劃。

身處職場，想要找到一展雄才的工作，想要在工作中充滿激情，想要得到良好的職業歸宿，就要在工作前後做好規劃，根據外界職業環境、個人素質條件，設計規劃自己的職業生涯，明確自己的發展目標，並朝著自己的目標步步邁進，就會發現成功其實近在咫尺。

【管理活用】

一位優秀的企業家必須具有超時空經營，「面向未來」的經營策略，善於對市場進行深入的研究，縝密的推斷和科學的分析，實行「超前」經營，形成「人無我有，人有我新」的市場優勢，永遠走在時代潮流和同行的前面，成為時代潮流的引領者或開路先鋒。造船鉅子坪內壽夫就是實行「超前」經營的成功例子。

坪內壽夫的眼光

1952年，日本四島漁民很窮，他們渴望能補更多的魚，但需要更換

更好的漁船。

坪內壽夫看準了這一形勢，購下了已經荒廢三年、一片破敗的來島造船廠。他要在三井、三菱這些大企業無暇顧及的夾縫中打出去，生產小型漁船。

為了避開日本政府對500噸級以上船隻的種種苛求，坪內壽夫把漁船的噸位定在499噸。僅一噸之差，既免去了漁民們諸多的繁雜手續，又使漁船具備了足夠的噸位。這正是漁民們想要的那種船。因此，船造出來後，深受漁民們的歡迎。

漁民很窮，一下子沒有足夠的錢款購買漁船。坪內壽夫大膽地採取分期付款的方式賣船。為了擴大宣傳，坪內壽夫動員全體員工，趁新年漁民在家過年的時機，上門宣傳來島漁船的優越性。這種推銷方式使不少漁民欣然買船，僅僅8年，來島造船廠異軍突起。一躍成為日本第五大造船廠，躋身世界造船業第22位。

當別的造船廠見到坪內壽夫製造的漁船有利可圖，紛紛轉向生產漁船時，坪內壽夫決定生產油輪。

20世紀60年代是日本經濟迅速發展的年代。世界能源的主要支柱石油，裝在日本的油船上駛向世界各地。一股油船熱的颶風席捲著日本的造船業。坪內壽夫由於超前思維，捷足先登，獲得令人垂涎的利潤。

但坪內壽夫卻敏銳地看到了產油業和油輪製造業勢必出現供求失衡，他提出要求，放棄油輪製造，生產汽車專用運輸船。

坪內壽夫的建議在董事會提出時，許多人都表示反對：現在造油輪的利潤十分可觀，放著的錢不賺，卻偏要去造沒有多大效益、造出來不一定有人購買的汽車專用運輸船。

但坪內壽夫卻不顧大家的反對，斷然決定全力生產汽車專用運輸船。因為他預測到汽車產業將是日本未來的貿易主力，汽車專用運輸船

將會暢銷。

日本汽車具有省油便宜的特點，因而在能源緊張的20世紀70年代備受青睞，大量的日本產汽車遠銷到世界各地。由於日本汽車大量出口，使來島造船廠生產的汽車專用運輸船深受歡迎，坪內壽夫的生產扶搖直上，幾年佔據了日本汽車專用運輸船生產的三分之一，並大盈其利。而油船製造業卻在1977年的石油危機中一蹶不振，許多造油輪的船廠損失慘重，有的甚至倒閉。坪內壽夫此時的名望也已震驚日本。

對於管理者來講，每一個目標規劃模式都有特定的針對性和適應性。企業在具體活動中，需要根據其自身的任務、條件和發展要求，結合物件的不同類型去調查分析、具體設計和選擇目標規劃模式。當然，企業既不可能同時採用所有模式，也不局限於採用某一種模式，在許多情況下往往是突出重點、交叉並行採用數種模式。作為管理者要綜合考慮，做到「凡事預則立」。

積善者福，積惡者禍

【原文】

福在積善，禍在積惡。

【譯文】

幸福在於積善累德；災難在於多行不義。

【名家注解】

張商英注：善積則致於福，惡積則致於禍；無善無惡，則亦無禍無福矣。

王氏注：人行善政，增長福德；若為惡事，必招禍患。

【經典解讀】

《周易》中說：「善不積不足以成名，惡不積不足以滅身。」一個人行善還是作惡，並不是即時就可遭到報應，災禍或福壽都是由一件件一樁樁的惡行或善舉逐漸積累而成的。天理昭彰，毫髮不爽。常解人之難，救人之急，濟人之困，則必能種下福因。若常行妨國害民的惡事，也必種下禍根。

【處世活用】

為人處世，要懂得行善，不可作惡，俗話說：「多行不義必自斃。」作惡之人，即使能得一時的好處，但終究難逃來自社會、良心的懲罰。佛教中有一則故事，頗值得我們深思。

業障

從前有一個有錢人，當他賣米時，他把米摻水，分量重了，顆粒也飽滿了，用斗量也就多了，用秤稱也重，所以一百斤的米，他加上十斤、二十斤的水，就可以賺很多錢。賣酒時，他想：「人們若要喝酒，我應該賺他的錢，有錢才喝酒，沒有錢喝不起酒。」所以他在酒裡摻水，也因為這樣他發財了。

他有三個兒子，大兒子叫金子，二兒子叫銀子，三兒子叫業障。在他年老的時候，患上重病，醫生也束手無策。他想：「我有這麼多錢，可惜就要死了。唉！真沒意思。」於是他想要他的大兒子跟他一起死，他的大兒子不肯。於是他就問二兒子：「肯不肯跟我一起死？」

他二兒子也不願意，說：「我現在還年輕，哪能這麼快就告別這個世界？您真是糊塗啦，我都還沒有享受夠呢！」這兩個兒子不但不肯跟著去死，還罵他一頓。

於是他就找小兒子，他說：「業障，我就快死了，你肯不肯跟我一起死呀！」業障說：「可以！你到哪裡，我都跟你一起去！我來侍候你。」有錢人聽後很高興，總算有個兒子願意陪他死。業障陪他見閻羅王去了，閻羅王問他：「你一生賣米、賣酒都摻水，是不是？」這個人說：「沒有，我沒有做過這麼缺德的事。」但他兒子業障說：「有呀！我看你賣米、賣酒都摻過水呀！」閻王呵斥道：「他說得沒錯，你怎麼

不承認呢？」這個兒子居然做證，證明他有做壞事，這個父親沒話說，於是要墮地獄。他說：「原來你跟我來，是來見證我遭罪的，早知道不要你跟來了！我自己沒講，閻王爺也許不知道，你居然做起見證人了。」他很失望，所以說：「萬般帶不去，金銀不肯去，只有業隨身。閻王審問時，業云真又真。」

故事看似荒唐，但所說的道理是真實的。英國著名女詩人羅・勃朗寧說：「行善比作惡明智；溫和比暴戾安全；理智比瘋狂適宜。」作惡之人終會自食惡果，自己做了的事，自己終究要負責的，不要以為暗地裡做的事情很祕密，別人不知道。俗話說：「善有喜報，惡有惡報，不是不報，時候未到。」每個人都要為自己做過的每一件事情負責。

【職場活用】

身處職場之上，要懂得「福在積善，禍在積惡」，與同事真誠相待，不可玩弄花招，巧施詭計。俗話說「多的沒有餘，少的沒有缺」，有的時候擁有的越多，缺的就越多，尤其是那些心眼多、詭計多的人，總以為自己很聰明，能言善辯。殊不知，那些依靠詭計和卑劣手段強取豪奪來的財富、地位只能暫時擁有，過後將因此失去更多，以致得不償失，那些愛占小便宜的人往往總會吃大虧。

千方百計地算計別人，處處怕吃虧，結果卻是每每讓自己蒙受巨大損失。相反地，詭計少一點、老老實實、坦誠正直的人，他們的謙讓與真誠讓他們更被重用，一切榮譽、財富、地位也都會「不請自來」。少一點詭計和奸詐，你不但不會因為比別人少了心眼而貧困，更不會因為把方便讓給別人自己工作生活艱難。你會因為你的真誠與謙讓而越來越富有，你會擁有更多的幸福與快樂！

勤勞是富強的根本

【原文】

飢在賤農，寒在惰織。

【譯文】

輕視農業，必招致飢饉；惰於蠶桑，必挨冷受凍。

【名家注解】

王氏注：懶惰耕種之家，必受其飢；不勤養織之人，必有其寒。種田、養蠶，皆在於春；春不種養，秋無所收，必有飢寒之患。

【經典解讀】

懶於勞作，必受飢寒。勞動是財富的來源，想要創造出更多的財富，就必須付出辛勤的勞動。勤奮和懶惰這兩種行為，對人生的進程有著截然不同的作用。

【處世活用】

這個世界上，日夜夢想成為富翁的人數不勝數。有的人談到成功者總是歸之於「運氣」，但事實並非如此。李嘉誠認為，事業的成果有運氣的成分，但主要還是靠勤勞。特別是在一個人尚未成功之前，事業成

果百分百靠勤勞換來。

李嘉誠的勤勞觀

有人曾專門探討過李嘉誠的「幸運」，頗令人折服。《巨富與世家》一書寫道：「1979年10月29日的《時代週刊》說李氏是『天之驕子』，這含有說李氏有今天的成就多蒙幸運之神眷顧的意思。從李氏的體驗，究竟幸運（或機會）與智慧（及眼光）對一個人的成就孰輕孰重呢？我們回顧李嘉誠創業的歷史就不難發現，所謂幸運的出現總是以智慧和勞動作基礎的。如果光有幸運而沒有智慧，那麼成果也會是無根之源，無本之木。」

針對人們的這些問題。1981年，李嘉誠對這個問題發表看法，他說：「在20歲前，事業上的成果百分之百靠雙手勤勞換來；20歲至30歲之前，事業已有些小基礎，那10年的成功，10％靠運氣好，90％仍是由勤奮得來；之後，機會的比例也漸漸提高；到現在，運氣已差不多要占三至四成了。」

1986年，李嘉誠繼續闡述他的觀點：「對成功的看法，一般人大多會自謙那是幸運，絕少有人說那是由勤奮及有計劃地工作得來。我覺得成功有三個階段。第一個階段完全是靠勤奮工作，不斷奮鬥而得成果；第二個階段，雖然有少許幸運存在，但也不會很多；現在呢，當然也要靠運氣，但如果沒有個人條件，運氣來了也會跑去的。」

李嘉誠認為早期的勤奮，正是他儲蓄資本的階段，這也就是西方人士稱為「資本積累」的觀念。不過，勤勞而未獲成功的也大有人在。這其中必有幸運和智慧的成分。從李氏成功的過程看，他有眼光判別機會，然後持之以恆，而他看到的機會就是一般人認為的「幸運」，而這個「持之以恆」就是勤奮。

宋濂好學

明朝著名散文家、學者宋濂自幼好學,不僅學識淵博,而且寫得一手好文章,被明太祖朱元璋讚譽為「開國文臣之首」。宋濂很愛讀書,遇到不明白的地方總要刨根問底。

有一次,宋濂為了搞清楚一個問題,冒雪行走數十里,去請教已經不收學生的夢吉老師,但老師並不在家。宋濂並不灰心,而是在幾天後再次拜訪老師,但老師並沒有接見他。因為天冷,宋濂和同伴都被凍得夠戧,宋濂的腳趾都被凍傷了。當宋濂第三次獨自拜訪的時候,掉入了雪坑中,幸虧被人救起。當宋濂幾乎暈倒在老師家門口的時候,老師被他的誠心所感動,耐心解答了宋濂的問題。

後來,宋濂為了求得更多的學問,不畏艱辛困苦,拜訪了很多名師,這使他最終成為了聞名遐邇的散文家。

孟子曾說:「天將降大任於斯人也,必先苦其心志,勞其筋骨,餓其體膚,空乏其身,行拂亂其所為,所以動心忍性,增益其所不能。」他是說,一個人在成功以前,必定先讓他經受許多困難,使他在克服困難進而戰勝困難的過程中,養成堅強的意志品質。具有了這種意志品質,就能夠戰勝一切挫折和失敗,就能夠在遭遇失敗的時候不悲觀,無論何時何地都會保持樂觀的態度,對未來充滿自信和希望,直至成功。

【職場活用】

職場上,想要獲得成功,勤勞和堅韌是必不可少的條件。勤勞是人的可貴品質,也是一個人成功的必要條件。勤勞的品質還有一個重要的心理支點,那就是堅韌不拔的意志力。身性脆弱的人沒有堅定的信念,沒有堅定信念的人就難以經受現實的種種打擊與考驗。遇到一點挫折就灰心喪氣的人,其勤勞也就無從談起。

所謂「勤奮」，就是對工作或學習不懈地努力，每個人都有機會獲得成功，但如果只有才華，沒有高度責任心，缺乏敬業精神，那麼成功就不會向他招手。在社會的各個角落裡，有相當一部分人，平時工作推諉搪塞，懶懶散散，馬馬虎虎，還整天怨天尤人，唉聲嘆氣，以頻繁跳槽為能事，以善於投機取巧為榮耀，孰不知他們缺少的正是一種敬業和勤奮的精神。敬業和勤奮精神的缺乏，必然不能獲得成功的職業生涯。我們在規劃職業生涯之時，更要深明此中道理。

人才是成功的關鍵

【原文】

安在得人，危在失士。

【譯文】

得到人才就會安全，失去人才則很危險。

【名家注解】

王氏注：國有善人，則安；朝失賢士，則危。韓信、英布、彭越三人，皆有智謀，霸王不用，皆歸漢王；拜韓信為將，英布、彭越為王；運智施謀，滅強秦，而誅暴楚；討逆招降，以安天下。漢得人，成大功；楚失賢，而喪國。

【經典解讀】

大到國家的富強，小到企業的發展，人才都有著至關重要的作用。人才流失必然會產生危機。人才的合理利用，會促進新生產技術與新管理方法的開發與運用，將大大提高生產效率、企業效益、促進社會和諧發展。在現代社會，國家、地區、企業之間的競爭，雖說是綜合實力的競爭，但其核心是人才的競爭，誰在人才爭奪戰中佔優勢，誰就會在競爭中脫穎而出，領先於他人。

【管理活用】

　　任何企業的發展總要經歷進入市場、適應市場、開拓市場的過程，這是市場經濟永恆不變的規律。企業，如何在激烈的市場競爭中立於不敗之地？作為企業領導者，必須樹立「以人為本」的觀念，積極吸引、利用和開發人才，充分發揮企業全體員工的積極性和創造性。中國歷代王朝的興衰史，可以證明人才的重要性，人才興則國家興。企業亦是如此。企業內部聚集著各式各樣的人，他們的性格、專長與知識結構各不相同，企業領導者如何做好「人才」這篇大文章至關重要。「人才」文章做好了，就可以使各類人才優勢互補，揚長避短，從而形成合力，使企業在競爭中處於優勢。艾科卡的用人藝術值得管理者學習。

艾科卡的用人藝術

　　「主管者是任何企業最根本、最寶貴的財富。」艾科卡就任克萊斯勒公司總經理時，發現公司處於無政府狀態，各自為政，缺少互相支持和配合，猶如「一盤散沙」；公司內部資訊閉塞，企業管理者素質偏低。面臨這種種致命問題，艾科卡首先進行了企業幹部隊伍的精減，在他任職期間，解雇35名副總經理之中不稱職的33人，幾乎每月辭去1名。

　　艾科卡不僅善於發現人才，而且不惜代價網羅能人。他在福特公司任總經理時，熟悉該公司許多優秀企業管理者，利用這個條件，他從那裡挖掘第一流高級經理人員。同時，重金聘用福特公司已退休但有經驗、有能力的經理。他在克萊斯勒公司的下層不拘一格選拔了大批被埋沒、富於創新的年輕人，同時排除了一批平庸之輩。企業領導團隊的改革，為克萊斯勒公司的復興帶來了蓬勃生機。

　　「管理既是一種溫和特權，又是一種科學的決策。」擔任福特公司

總裁時，艾科卡對手下的關鍵人物建立了嚴格的定期（一季一查）詢查制度，並要求依此類推層層詢查。詢查的基本問題是：「今後90天裡我們的目標是什麼？你們的計畫，你們首先要做的事以及你們的希望是什麼？你們打算怎樣實現它們？」這一套制度很奏效。

為了避免決策遲緩，艾科卡還主張重大決策由個人做主。「一旦決定作出後，我又變成了一位無情的發號施令者。我會說：『行了，你們每個人的意見我都聽到了。現在，我們就這樣做。』」

「不能正確使用、尊重和同情人，他就不是一位稱職的管理者。」艾科卡認為：經營管理人員的全部職責就是動員員工來振興公司。為此，就必須首先尊重人，樂於聽取同級和下級的正面或反面意見，並且要富有同情心，以情感人，還要有自我犧牲的奮鬥精神。在克萊斯勒公司最艱難的日子裡，他把自己的年薪帶頭降低到1000美元，而他在福特公司的年薪卻高達100多萬美元。正是這1000美元與100多萬美元的差距，使艾科卡超乎常人的犧牲精神在員工面前閃閃發光。

對於人才的正確應用，艾科卡也有許多獨到見解。他認為，用人要看他的能力對公司、對社會的適應性，即一個人的能力應是多方面的；提拔一個人，就應該給他權力和責任，給他壓擔子，如果一個人做得不好，不要棄之不用，而應趁機去激勵他的積極性。作為管理者，愛才、用才、容才、養才、造才是必不可少，只有愛才，才會良好地用才，用才時要注意容才，而想要留住人才，還必須給予物質利益上的傾斜，使人人成為人才，從而開發出新人才。

節儉才能真正富有

【原文】

富在迎來，貧在棄時。

【譯文】

國家富有在於增產節約、生聚有方。國家貧困在於放棄農業生產違背農時。

【名家注解】

張商英注：唐堯之節儉，李悝之盡地力，越王勾踐之十年生聚，漢之平準，皆所以迎來之術也。

王氏注：富起於勤儉，時未至，而可預辦。謹身節用，營運生財之道，其家必富，不失其所。貧生於怠惰，好奢縱欲，不務其本，家道必貧，失其時也。

【經典解讀】

唐代詩人李商隱在《詠史》詩中說：「歷覽前賢國與家，成由勤儉敗由奢。」意思是講，看一看前面的朝代國家，都是因為勤儉而成功，因為奢華而失敗。這句詩總結了歷史上各個朝代興衰成敗的經驗教訓，可謂是真知灼見。勤儉節約是中華民族的優良傳統，它不僅是一種習慣，也是一種品德、一種修養。歷史和現實都告訴我們：一個

沒有勤儉節約、艱苦奮鬥精神作支撐的國家是難以繁榮昌盛的；一個沒有勤儉節約、艱苦奮鬥精神作支撐的社會是難以長治久安的；一個沒有勤儉節約、艱苦奮鬥精神作支撐的民族是難以自立自強的，難以持續發展的。同樣，一個沒有勤儉節約、艱苦奮鬥觀念的人是無法在這個社會上生存的。

【處世活用】

儉樸的意義遠遠超過了儉樸本身，它更代表了一種人生態度、一種處世原則。古往今來，大凡成功的人，凡事均能做到自我約束。他們雖然富有萬金卻仍然注意節儉，可說是智慧經營，「糊塗」生活。在中國古代，帝王們雖然富甲天下，但他們也懂得節儉的道理，不少聖德的君王也都能做到以身作則。

趙匡胤的節儉

趙匡胤登基後，十分關注國計民生，特別是在贖買收取兵權、財權之後。再加上不斷對南方用兵耗資巨大，使得趙匡胤更加注重節儉。平日的開銷降到最低，所用的車馬都很樸素。寢宮中的帷簾都是用青布包邊，宮中帷幕也與普通百姓家的無兩樣。趙匡胤經常把布衣等物賜給左右近侍，說：「朕過去當兵時就穿這些。」

趙匡胤不僅以身作則，厲行節儉，而且還嚴格要求家人，教導子女不能貪求奢華。有一次，趙匡胤的女兒魏國長公主穿了一件由翠鳥羽毛作裝飾的短上衣入宮見父皇，趙匡胤見到後，很不高興。他對公主說：「回去把它收起來，別再穿了，從今以後，不要用翠鳥羽毛作裝飾了。」公主笑著說：「這有什麼了不起，一件衣服能用去幾根翠鳥羽毛？」

趙匡胤正色說道：「你穿這樣的衣服，宮中其他人必會爭相效仿，這樣一來京城翠鳥羽毛價格便會上漲了。商人見有利可圖，就會從各個地方販運來，那要危害多少翠鳥呀。你難道不覺得自己有錯嗎？」

在一旁的皇后對趙匡胤說：「陛下貴為天子，就不能用黃金把乘坐的車馬裝飾一下，出行也顯得氣派一點？」

趙匡胤說：「我大宋富甲天下，即使宮殿全用金銀來裝飾，也不難辦到。但朕身為一國之君，就要為天下百姓著想，國家的錢財怎可以亂用呢？古人說，以一人治天下，怎可以天下奉一人呢？如果全為自己考慮，奢侈無度，那麼天下人又該怎麼做呢？他們又怎麼想我這個皇帝呢？以後你們不要再提這類事了。」

歷史上凡是有所成就的偉人、名人無一不是「艱苦樸素，厲行節儉」的人。著名物理學家皮埃爾‧居里也說過：「我們不得不飲食、睡眠、遊戲、戀愛，也就是說，我們不得不接觸生活中最甜蜜的事情，不過我們必須不屈服於這些事情。」放棄生活中的奢華，追求更高的目標才能擁有更好的生活，也才能實現自我超越。

【職場活用】

猶太人有一句話：「節約一分就是贏利一分。」我們多數人都知道猶太民族是一個富有經商頭腦的民族，提起他們，人們常會認為他們是小氣、貪婪、狡猾的商人，但他們卻是世界上最懂得節約的民族。因為節約，猶太人成為世界上最富有、最會做生意的人。市場經濟的發展要求公司節約成本。因此，作為企業的一員，應當樹立成本意識，在工作中有一種成本觀，養成為公司節約的習慣，這對於維護企業利益具有非常重要的意義。

沃爾頓的節約

　　第一家沃爾瑪百貨公司開業前三年，沃爾頓夫婦在本頓維爾郊區買下一塊20畝的土地，請著名建築師興建一座跨越小溪的住宅。房屋造價10萬美元。這是沃爾頓夫婦購買的最後一棟房子。

　　也許，折扣商店的老闆有必要做一個極節省的人。坐擁巨額財富的葵斯吉曾把紙板塞進鞋子，以遮掩破洞；他也因第一次打高爾夫球就在草地上弄丟一粒球而放棄該項運動。

　　沃爾頓雖然沒有如此小氣，但以一個富翁而言，他也是出了名的節儉。他一生只坐過一次頭等艙（南美到非洲的漫長飛行）；與員工一起出差時，也遵守公司二人一房的住宿規定；公司用車甚至還稱不上是豪華轎車。有一次，家庭倉庫公司的董事長馬克斯到本頓維爾開會，會後與沃爾頓一起外出用餐。馬克斯回憶當時情況說：「我跳進沃爾頓的紅色小貨車，車上沒有冷氣，座椅上還留有咖啡漬跡。抵達餐廳時，我的襯衫早就濕透了。這就是沃爾頓，沒架子，沒排場。」

　　「我穿的鞋子，比沃爾頓今天身上穿的任何東西都貴。」一位朋友在商業活動中遇見沃爾頓後說。沃爾頓對這一類開玩笑的話處之泰然。在小岩城的一次會議中，他站起來展示縫在外衣內裡的商標給眾人看，然後宣布：「沃爾瑪百貨公司有賣，15美元。長褲呢？沃爾瑪百貨公司也有賣，16美元。」

　　沃爾頓卻以個人或公司名義捐數額眾多的錢給醫學研究、獎學金基金、基督教及保護藝術品的慈善團體。在家裡，沃爾頓全家人靠沃爾頓擔任總裁的薪水過活。沃爾頓夫婦分別在不同的時候說過，沒有多花錢的唯一原因是：他們實在想不出來還需要些什麼。

　　節約歷來都被人們認為是一種很可貴的品質，它是一筆重要的財

富,在成功的道路上佔據了重要角色。在現實生活中,一些人難以安於現狀,安於平淡,安於簡單生活,甚至因此而使他們失去了低調做人的本色。從這一意義上說,想要做到姿態上的低調,必須首先做到心態上的低調,而後降低過高的期望。身處職場之上,要懂得節約的重要性。

【管理活用】

作為管理者,要懂得降低管理成本。所謂「管理成本」,是指企業行政管理部門為組織和管理生產經營活動而發生的各項費用支出,例如工資和福利費、折舊費、辦公費、郵電費和保險費等。節約成本開支,降低產品售價,這是提高企業競爭力、改善經營效益的重要因素。正如早年福特公司總經理李‧艾柯卡在他的自傳中曾說的:「多掙錢的方法只有兩個:不是多賣,就是降低管理費。」

艾柯卡的降低管理成本

艾科卡在福特公司和克萊斯勒公司期間都非常重視降低成本,這正是他經營成功的祕訣之一。艾科卡剛擔任福特公司的總經理時,第一件要辦的事就是召開高級經理會議,確定降低成本計畫。他提出了「4個5000萬」和「不賠錢」計畫。「4個5000萬」就是「抓住時機,減少生產混亂,降低設計成本,改革舊式經營方式」這四個方面,爭取各減5000萬管理費。

以前每年工廠準備轉產時,要花兩個星期的時間,而這期間大多數的員工和生產設備都閒置著。這使一部分人力和物力資源閒置,長期積累,這也是一筆可觀的數目。

艾科卡想,如果更好地利用電腦制訂更周密的計畫,就可使過渡期從兩星期減為一星期。3年過後,福特公司已經能利用一個週末的時間做

好轉產準備，這一速度在汽車行業是從未有過的，每年能夠為公司減少幾百萬的成本開支。

3年後，艾科卡實現了「4個5000萬」的目標，公司利潤增加了2億元，也就是，在不多賣一輛車的情況下，增加了40%的利潤。

一般的大公司，都有幾十項業務是賠錢的，或者說是賺錢很少的，福特公司也不例外。艾科卡對汽車公司的每項業務都是用利潤來衡量的。他認為每個廠的經理都應該心中有數，他的廠是在為公司賺錢？還是他造的部件成本比外購的還貴？所以，他宣布：給每個經理3年時間，要是他的部門還不能賺錢，那就只好把它賣出去算了。

到了20世紀70年代初，艾科卡取消了將近4個賠錢部門，其中有一個是生產洗衣機設備的，開工廠幾年，沒有賺過一分錢。這就是艾科卡的「不賠錢」計畫，他透過這種辦法儘量減少公司負擔，節約原材料、勞動力和機器設備，使公司的相對利潤急劇上升。艾科卡也因此得到了眾多員工的一致好評。

艾科卡還從多方面強化成本核算管理力度，這一切都有效地降低了成本，使企業在市場的競爭中增強核心競爭力。

在現實經營活動中，成本管理是令管理者們困擾不已的一大問題。針對不同的組織模式、行業性質、產品生命週期、競爭戰略、企業價值觀等，成本管理的需要及內容和形式都不相同，它不可能程式化。成本各因素也不可能孤立地運轉。如果缺乏系統整體的視角，在現實經營中激起衝突重重，難以奏效。對於理想的成本管理來說，需要尋求一種「既見樹木，又見森林」的綜合視角，使成本的支出降到最低。

為上者忌反覆無常

【原文】

上無常躁,下多疑心。

【譯文】

上位者反覆無常,言行不一,部屬必生猜疑之心,以求自保。

【名家注解】

張商英注:躁靜無常,喜怒不節;群情猜疑,莫能自安。

王氏注:喜怒不常,言無誠信;心不忠正,賞罰不明。所行無定準之法,語言無忠信之誠。人生疑怨,事業難成。

【經典解讀】

權力可以將主觀意志立即變成具體而有效的行動。所以掌握權力的人應有一貫的操守,不可輕浮躁動,其所制定的政令法度、規章條例,宜於穩定。如果在上者喜怒無常、朝令夕改,在下者疑慮重重、無所適從,混亂往往由此而生。

【處世活用】

所謂「為上者忌反覆無常」,是講身處高位之人不可言行不一。其

實，我們為人處世，也不可反覆無常。對於我們答應別人的事情，事先一定要仔細考慮。如果能做到就答應，不能做到，千萬不可答應。否則就會失信於人，讓人留下反覆無常的印象。歷史上不乏言行一致之人，值得我們學習。

齊桓公歸還土地

齊桓公之所以能獲得「春秋五霸」之一，主要是由於他的種種行動使天下人信服他，各國的諸侯都願意推他為盟主。這其中就與他信守諾言、言出必行的做人風格分不開。

齊國與魯國曾經是世仇，兩國交戰多年，互有勝負。齊桓公即位之後重用宰相管仲，實行了一些改革措施，經濟得以快速發展，國力迅速增長，軍事實力遠遠超過了魯國，於是齊桓公決定攻伐魯國。

由於實力懸殊，齊國一戰就打敗了魯國，於是雙方決定在「柯」這個地方會集天下諸侯，召開一個和會。

會議當天，天下諸侯聚集在柯地，魯莊王同意簽署投降文書。正當魯莊王提筆要簽字時，魯國將軍曹沫突然衝到臺上，從懷中掏出一把匕首劫持了齊桓公。

大家一陣慌張，齊桓公心中也十分緊張，他問曹沫：「你想做什麼？」

曹沫說：「你趕快把從魯國奪去的土地還給魯國，否則我要你的命！」說著就把匕首移到齊桓公的脖子前。迫於情況危急，齊桓公說：「可以，我答應歸還！」

曹沫聽了齊桓公這句話，立即鬆開了他，一甩手把匕首丟在地上，後退三步，深深地向齊桓公鞠了躬，轉身便退回到他原來的位置上去了。一場風波就此平息了。

從柯地回來後，齊桓公越想越有氣：「魯國人太卑鄙了，居然敢在和會上安排刺客，讓我當著天下諸侯的面出醜。我勞師動眾費盡千辛萬苦才奪得一點土地，他們派個刺客就又要了回去，這不是侮辱我齊國人沒有本事嗎？說什麼我也不能履行這個屈辱的諾言，天下哪有這麼便宜的事情？我一定想要辦法不退地。」

於是，齊桓公找來管仲，商量如何對待和會上的約定。齊桓公說他是在受到脅迫的情況下被逼無奈才答應退地的，魯國使用了不光彩的手段，所以不能履行協定。要派殺手除掉曹沫，讓這事死無對證，不了了之。

管仲不同意，他說：「您雖說是被逼無奈答應了對方的條件，但是當時您所面對的是天下眾諸侯，既然您已經許下諾言，那就應當嚴格履行，讓天下人知道您是講信用的。如果您殺掉對方毀約，那就違背了信義。雖然能暫時發洩心裡的怨恨，但會毀壞您在諸侯心中的聲譽，會讓天下人唾棄您背信棄義，不守信用！這個損失可比退還土地大多了。沒有信用的君主，土地再多也沒有資格成為眾諸侯的盟主！」

聽了管仲的分析，齊恆公改變了主意，履行了與曹沫的約定，返還了奪取魯國的土地。消息傳開以後，天下人都對齊桓公讚不絕口：「齊桓公是一個重信義、守諾言的君主，在被逼無奈情況下許下的諾言他也兌現，這種人值得信賴，與齊國結交沒有錯。」

齊桓公守約退地之後，天下人都把他當成重信義的人，有什麼事情都請他出面解決，許多國家都爭著和齊國結盟。在短短一年之後，齊桓公就成為春秋第一個霸主。

誠信做人，不失信於人是一條不可兒戲的原則。華盛頓曾說過：「一定要信守諾言，不要去做力所不及的事情。」這位先賢告誡人們，因承擔一些力所不及的工作或為譁眾取寵而輕諾別人，結果卻不能如約

履行，是很容易失去信賴的。諾言是必須信守的，不管在何種情況下許下的諾言都一定要兌現。即使在迫不得已的情況下許下的諾言，也不能當做權宜之計，因為人們只看重是否履行諾言這個原則。不重視、不遵循這一原則，不僅做事會失敗，做人也不會獲得真正的成功。

【管理活用】

作為領導者，行使手中權力的時候，不要由著自己的性情行事。正如韓非子所說：「國君不能因為自己一時高興就隨便施加賞賜，也不能因為自己一時生氣就擅自處死別人。」領導者如果反覆無常，下屬自然因為沒有一定的標準而無所適從。這樣，必定會影響企業的整體凝聚力，以致影響企業的發展。身為領導者，一定要綜合考慮，從大局出發，不可喜怒無常。漢代的張釋之可以說是深明此中之道理。

漢文帝任上林令

張釋之是漢朝南陽郡人，漢文帝時的廷尉（最高司法官）。他執行法律非常嚴格，對於漢文帝一些不合法規的行為，也敢於直言相諫。

有一次，張釋之隨從漢文帝到上林苑遊覽。上林苑是專門供皇帝遊玩和打獵的地方，裡面有許多亭臺樓閣、奇花異草，還有各種各樣的飛禽走獸。漢文帝玩得很高興，不知不覺來到了養老虎的地方。老虎是百獸之王，漢文帝很想知道上林苑中有多少隻老虎，就問隨從的上林令。上林令支支吾吾，東張西望，急得滿頭大汗，就是回答不上來。漢文帝很不高興，又問整個上林苑登記在冊的禽獸有多少，上林令還是回答不出來。正在這個時候，負責管理老虎的小官代替上林令回答了漢文帝的詢問。他不僅把老虎的數目說得一清二楚，而且還給漢文帝講了一些老虎和其他禽獸的生活習性。

漢文帝聽了非常高興，覺得這個小官很有水準，一個朝廷的官吏應當這樣應對如流。上林令對自己管理下的上林苑有多少禽獸都不知道，是不稱職的。於是就命令張釋之去任命那位小官做上林令。

　　隨便就讓小人物做上林令，這樣做顯然不合理。如果皇帝一時興起，喜歡誰就提拔誰，不喜歡誰就撤誰的官，那可就亂套了。張釋之想到這些，就決定勸漢文帝改變主張。

　　他上前對漢文帝說：「皇上覺得繹侯周勃是怎樣的人？」

　　漢文帝說：「是一位忠厚長者。」

　　張釋之又問：「東陽侯張相如是怎樣的人？」

　　漢文帝又說：「也是一位忠厚長者。」

　　於是，張釋之說道：「繹侯、東陽侯是忠厚長者，在朝廷中有很高的威望，連皇上您也稱讚他們。但這兩個人都不善於應對回答，在朝廷上討論政事的時候，經常說不出話來。這個管理老虎的小官倒是對答如流，但這只是表面現象，這個人到底能力有多大、品德如何，皇上您現在並不瞭解。如果僅僅由於他能說會道，博得您的歡心，您就越級提拔他，那麼天下的官吏就會爭著誇誇其談，不務實際了。秦朝的時候，大家都以辦事急切、會找小事爭能顯勝，他們的毛病就是只會做表面文章，絲毫沒有同情百姓的實際狀況，所以皇帝聽不見自己的過失，國事一天天敗壞下去，到了秦二世，天下就土崩瓦解了。任免官吏這樣的事一定要詳細考察、慎重考慮才行。」

　　漢文帝聽後，覺得張釋之說得很有道理，自己的確不應該一時高興就隨便提拔一個人，就收回了他的命令。

　　權力是領導者的祕器，不能輕易實施，更不能假手於人。同理，在現代社會中，領導者的行為必須有章可循、有法可依，不能憑個人的喜

怒行事。賞罰不當，該賞不賞，該罰不罰，或者不該賞的賞了，不該罰的亂罰，都會極大地挫傷下屬的工作積極性，使一個組織離心離德、紀律渙散，從而走向失敗的深淵。身為領導者，應當以此為戒。

上下級之間的相互尊重

【原文】

輕上生罪,侮下無親。近臣不重,遠臣輕之。

【譯文】

對上官輕視怠慢,必定獲罪;對下屬侮辱傲慢,必定失去親附。近幸左右之臣不受尊重,關係疏遠之臣必不安其位。

【名家注解】

張商英注:輕上無禮,侮下無恩。淮南王言:去平津侯如發蒙耳。

王氏注:承應君王,當志誠恭敬;若生輕慢,必受其責。安撫士民,可施深恩、厚惠;侵慢於人,必招其怨。輕蔑於上,自得其罪;欺罔於人,必不相親。君不聖明,禮衰、法亂;臣不匡政,其國危亡。君王不能修德行政,大臣無謹懼之心;公卿失尊敬之禮,邊起輕慢之心。近不奉王命,遠不尊朝廷;君上者,須要知之。

【經典解讀】

在社會分工的過程中,所謂「上下級」只是一種職務上的區分,無人格尊嚴的區別。上下級之間需要適當的尊重,如此能形成一種融洽的工作氛圍,更有利於工作的開展。

【處世活用】

上下級之間需要尊重，為人處世，當然也需要懂得尊重他人。尊重他人，是待人的第一準則。所謂尊重他人，包括尊重他人的價值，尊重他人的勞動及勞動成果，尊重他人的習慣、愛好和正當願望，尊重他人的生活方式等等。誰都渴望得到別人尊重。而一個人只有在尊重他人的尊嚴中，才能獲得和保持自己的尊嚴，受到別人的尊重。

人際交往就是有這種「報償性吸引」的關係。報償是一種自覺或不自覺的社會動機。在交往中，雙方若都能滿足對方的需要，則吸引力增強。交往的頻率往往受預期中的報償所支配。當然，報償不僅是物質的追求，也包括精神上的期望。如企圖得到人的尊重、鼓勵，也是一種期望。

【管理活用】

「人有臉，樹有皮」，即使是社會上才能平庸的人，也常常以自己微小的優點引為自豪；即使是後進的同志，內心也蘊藏著追求信任的自尊心；更不要說那些本身已擔任領導職務的人了。一般來說，人們尊重上級比較容易做到，尊重同級也不是很難，但尊重下級卻不是人人都能做到的。這個往往被人忽視的尊重下級的問題，恰恰最不容忽視。凡是能打開局面、有所作為的上級領導者，對自己的下級一定很尊重，尊重他們的人格，尊重他們的意見，謙虛有禮、平等相待。

齊桓公禮賢下士

齊桓公禮賢下士的事頗多，在此略舉一二。據《新序‧雜事》記載，齊桓公聽說小臣稷是個賢士，渴望見他一面，與他交談一番。一天，齊桓公接連三次去見他，稷都託故不見，跟隨桓公的人就說：「主

公，您貴為萬民之主，稷不過是一介布衣，一天中您來了三次，既然未見他，也就算了吧。」齊桓公卻頗有耐心地說：「不能這樣，賢士傲視爵祿富貴，才能輕視君主，如果其君主傲視霸業也就會輕視賢士。縱有賢士傲視爵祿，我哪裡又敢傲視霸業呢？」這一天，齊桓公接連五次前去拜見，才得以見到稷。

又據《管子‧小問》載，一天，桓公與管仲在宮內商討要征伐莒國的事，還沒行動，已在外面傳開。

桓公氣憤地對管仲說：「我與仲父閉門謀劃伐莒，沒有行動就傳聞於外，這是什麼原因？」管仲曰：「宮中必有聖人。」桓公尋思了一下，說：「是的，白天雇來做事的人中，有一個拿杵舂米，眼睛向上看的，一定是他吧？」

那人叫東郭郵，等他來到齊桓公跟前，桓公把他請到上位坐下，詢問他說：「是你說出我要伐莒的嗎？」東郭郵果敢地說：「是的，是我。」桓公說：「我密謀欲伐莒，而您卻洩露出去，是什麼原因？」東郭郵回答：「我聽說過，君子善於謀劃，而小人善於推測。這是我推測出來的。」桓公又問：「你是如何推測出的？」東郭郵說：「我聽說君子有三種表情，悠悠欣喜是慶典的表情，憂鬱清冷是服喪的表情，紅光滿面是打仗的表情。白天我看見君主在臺上坐著紅光滿面，精神煥發，是打仗的表示，君王唏噓長出氣卻沒有聲，看口型應是言莒國，君主舉起手遠指，也是指向莒國的方向，我私下認為小諸侯國中不服君主的只有莒國，因此，我斷定您是在謀劃伐莒。」桓公聽言欣喜地說：「好！你從細微的表情和動作上斷定大事，了不起！我要與你謀事。」

不久，齊桓公就提拔了東郭郵，委以重任。

從上面故事我們可以看到，正是齊桓公禮賢下士，選賢任能，才為其霸業儲備了大量的有用人才。

自信信人，自疑疑人

【原文】

自疑不信人。自信不疑人。

【譯文】

自己懷疑自己，則不會信任別人；自己相信自己，則不會懷疑別人。

【名家注解】

張商英注：暗也。明也。

王氏注：自起疑心，不信忠直良言，是為昏暗；己若誠信，必不疑於賢人，是為聰明。

【經典解讀】

對自己都疑神疑鬼的人，絕不會相信別人；對自己充滿自信的人，絕不會輕易懷疑別人。自疑疑人，是由於對局勢不清，情況不明；自信信人，是由於全域在胸，掌握先機。

【處世活用】

現實生活中，有些人受到委屈，或看到別人取得成績的時候，往

往會產生種種猜疑。其實，猜疑是一種不健康的心理表現，既不利於學習、工作，更不利於自己的成長進步。許多情況下，人的猜疑心往往先從主觀上預設別人，然後把生活中與其無關的事扯在一起，以證明自己的看法沒錯。實際上，有的想法是無中生有的。這樣人為地設置心理屏障，加劇了彼此之間的隔閡。有很多事，別人本無心，自己偏往壞處想，結果引出許多不必要的問題來。並且它會延伸到生活的各個方面，使自己失去歡樂和友情，增加煩惱和痛苦，既影響朋友間的友誼，又影響自己的情緒和身心健康。

奧賽羅的猜疑

奧賽羅是莎士比亞的著名悲劇《奧賽羅》中的主人公，他是一個在威尼斯軍隊裡服役的黑人，驍勇善戰，在和土耳其的作戰中屢立戰功，因此，他被提拔為將軍。

奧賽羅性情耿直，粗獷豪放，元老勃拉班修的女兒苔絲德夢娜對他頗有好感，很快就愛上了他。溫柔美貌的苔絲德夢娜不顧父親和社會輿論的反對，和出身低微的奧賽羅結婚，婚後生活美滿，非常幸福。

但是好景不長，奧賽羅部下有一位軍官名叫伊阿古，陰險的伊阿古一心想除掉奧賽羅，先前就曾經向元老告密，不料卻促成了兩人的婚事。現在奧賽羅結婚了，他又心生一計，開始挑撥奧賽羅與苔絲德夢娜之間的感情。

這個陰險的小人想方設法偽造了一些假象，然後告訴奧賽羅，另一名副將凱西奧與苔絲德夢娜關係非比尋常，並出示了所謂的「定情信物」。奧賽羅開始了猜疑，最後他也覺得似乎真的有那麼一回事。最後，奧賽羅信以為真，認為妻子背叛了自己，他越想越氣憤，在憤怒中掐死了自己的妻子。

可是，等到他弄清楚事情的真相後，一切都已經晚了。奧賽羅後悔莫及，傷痛不已，最終他拔劍自刎，倒在了苔絲德夢娜的身邊。

猜疑足以釀造讓世人捶胸頓足的悲劇，傷害自己原本應該最信任、最親近的人。等到人們翻然醒悟，意識到猜疑的危害時，一切都已經晚了。伊阿古是個卑鄙奸詐的人，這種人並不只是出現於書本當中，在我們的生活中，也有他們潛藏的痕跡。只要有這樣的人存在，就會有類似的悲劇發生，或者是友誼的傷害，或者是愛情和婚姻的破裂。人與人之間最可貴的是信任，最有害的東西是猜疑。也許是因為可貴，信任似乎很難做到，而猜疑的心理不僅容易產生，而且其殺傷力也非常大。

【職場活用】

英國哲學家培根說：「心中的猜疑就像鳥中的蝙蝠一樣，總是在昏暗中起飛。當然，猜疑應該加以抑制，至少應得到良好的引導，因為這種心理使人陷入迷惘，混淆敵友，而且也擾亂事務，使之不能順利進行。」當今社會，良好的人際關係終究是建立在彼此信任、彼此尊重的基礎之上的，如果事事猜疑別人，那麼，將很難和別人建立良好的友誼，自己也會變成一個不被別人信任的人。

蕭穎士猜疑遭唾罵

唐天寶初年，蕭穎士出遊靈昌。遠離河南胙縣南二十里，有個胡店。胡店的人多姓胡。穎士從縣城出發很晚，因為縣裡官吏設宴餞行的時間長了一點，迫近日暮才上路。走到縣南三五里處，天都快黑了。遇一婦人年二十四五，穿紅衫綠裙，騎著驢子，驢背上放有衣服。婦人對穎士說：「我家在南面二十里，今天回去遇上夜晚，我一個人有些害怕，願意跟隨蕭君鞍馬同行。」穎士問那婦女姓什麼，那婦女說：「姓

胡。」穎士常聽世間說有野狐，或扮男，或扮女，在黃昏之際取媚行人。穎士懷疑這個婦女就是野狐，便唾罵道：「死野狐，膽敢取媚我蕭穎士！」於是便策馬南奔，跑到主人店，歇息解衣。過了許久，蕭穎士所見到的那個婦女，從門口牽驢進屋。那個店的老人問道：「為何在夜裡趕路？」婦女答道：「剛才被一個發瘋的窮書生，罵為野狐，合該被唾棄。」那婦人便是店主的女兒。聽罷，蕭穎士慚愧不已。

這是一則頗為有意思的故事，但告訴我們的是，為人不可猜疑心過重。尤其在同一個工作崗位的人際往來，互相信賴、互相幫助，是工作順利的基本條件。因為缺少了信賴，團體就沒有凝聚力了，當然更談不上所謂「苦幹」的敬業表現。而那些有猜忌心理的人，往往愛用不信任的眼光去審視對方和看待外界事物，每每看到別人議論什麼，就認為人家是在講自己的壞話。猜忌成癖的人，往往捕風捉影，節外生枝，說三道四，挑起事端，其結果只能是自尋煩惱，害人害己。

【管理活用】

上司和下屬的關係應該建立在彼此信任的基礎之上，如果彼此互相猜疑，那麼二者之間將很難建立信任的關係，工作就很難開展。成為一個好上司，最基本的條件就是要信任下屬，做到瞭解下屬的性格與特點，尊重下屬的個性，欣賞下屬的創意。這種尊重和欣賞可以使上司的工作無往不利。不能信賴下屬的上司，會在工作中充滿猜疑，做事也不會順利，並使受猜疑的下屬自暴自棄。

一個人能被他人信任也是一種幸福。如果他人在絕望時能想起你，相信你會令他得到拯救，更是一種幸福。管理者代表著企業的核心形象，在潛移默化中影響著他的下屬，所以更應該以誠信來要求自己。

管理者會因為猜疑而迷失方向，混淆是非界限，分不清敵友，使領

導者的活動陷入混亂境地。在領導活動中，有猜疑心理的人對別人總是抱有不信任的態度，認為人都是自私的，人生帶有很大的虛偽性，因而很難有什麼信任度可言。於是在這種心理的作用下，總以一種懷疑的眼光看人，對人存有戒心，自己不肯講真話，也不相信別人的話，這樣就很難有團結合作的局面，具有極大的危害性。

邪僻之人無正直朋友

【原文】

枉士無正友。

【譯文】

邪僻之人便無正直的朋友。

【名家注解】

張商英注：李逢吉之友，則「八關」、「十六子」之徒是也。
王氏注：諂曲、奸邪之人，必無志誠之友。

【經典解讀】

常言說：「欲知其人，先觀其友。」想要瞭解一個人，先觀察他交的朋友是什麼樣子就可以了。《周易》中說：「人以類聚，物以群分。」邪僻之人和正人君子絕不可能成為真正的朋友，亦難共事。為人欲擇良友，首需自身正直。

【處世活用】

為人處世，不可諂媚，應當培養自己的正直品格。一個展現出完美正直品格的人，能取得他人的信任和尊重，從而對我們的生活、工作都

會帶來諸多有利的影響。邱吉爾曾說：「我們絕不屈從！絕不，絕不，絕不，絕不。無論事物的大小巨細，永遠不要屈從，唯有屈從於對榮譽和良知的信念。」

正直的趙綽

隋文帝晚年時喜怒無常，處理事情多不依照法律，朝中有一些陰險小人趁機推波助瀾，求名逐利。但是身為大理少卿而又守法公正的趙綽，看不慣這些官員們趨炎附勢的嘴臉。自然，他成為這些奸佞小人的眼中釘。

當時的大理掌記，名叫來曠，雖說只是一個小小的雜役，但卻對政治風向非常敏感，很會迎合文帝用法苛嚴的心理。有一次，來曠寫了一封「言大理官司恩寬」的奏疏給文帝。文帝非常高興，認為他是一個忠直體國的臣子，於是恩准他在早朝時列於五品大臣的行列中參見。

剛嘗到一點甜頭的來曠，當然不會因此滿足。為了謀求高官厚祿，他還奏大理少卿趙綽私放囚徒。文帝看了奏章後十分氣憤，指派親信使臣調查此事。調查後發現根本沒有這回事，而是來曠為了謀求官職使用欺詐的手段來朦騙皇上。文帝大怒，要將來曠立即斬首。

可是這時候，趙綽卻勸阻文帝不要殺來曠，因為來曠雖然有罪，但罪不至死。文帝不悅，拂袖而去。趙綽為此事幾次三番地要覲見皇上，但都遭拒見。於是，趙綽謊稱自己不再理會來曠的事，而是有其他的事要上奏，文帝這才肯見。

趙綽見文帝仍然怒氣未消，就拜了又拜，口稱：「臣罪該萬死。」文帝見狀覺得莫名其妙，問趙綽到底怎麼回事。趙綽繼續說道：「臣身為大理少卿，卻連自己的屬下都沒有教育好，才使他觸犯了陛下。還有，臣根本就沒有別的事情求見皇上，卻假稱有事，這種種罪過加起來

還不夠罪該萬死嗎？」

文帝聽了趙綽一再自責的陳奏後，不但沒有生氣，臉色也溫和了許多。獨孤皇后當時恰巧也在座，見狀趁機對文帝說道：「難得你有如此忠貞坦蕩的臣子。」文帝點頭，不但沒有治趙綽的罪，還賜酒給他。來曠因此也被免除了死刑，按律法流放到廣州。趙綽的正直，贏得了文帝的敬重。此後，他經常被「引入閣中，或遇上與皇后同榻，即呼綽坐，評論得失，前後賞賜萬計」。

正直的人，實際上是一些有信念、懂原則的人。做一個堂堂正正、受人尊敬的人，也往往能獲取長久的成功；反之，就會顯得卑瑣、渺小，縱然能夠得計於一時，但終歸長久不了。

【職場活用】

如今的職場競爭越來越激烈。年復一年，人們不知疲倦地為企業尋找理想的人才，然而，他們把目光都放在什麼地方了呢？是關注被選對象的智商、體魄和實際能力嗎？顯然，這些都是理想人才必備的條件，但除此之外，如果一個人想獲取大的成功，還需要一個更重要的因素，那就是正直。

正直的護士

西蒙·福格是美國《泰晤士報》的總編。每年五六月份，他都要接到一些大學的請帖，要他去做擇業、就業方面的演講，因為他曾在尋找職業方面創造過神話。那是他剛從伯明罕大學畢業的第二天，他在《泰晤士報》不需招人的情況下仍憑自己敏銳的頭腦而獲得了一個職位。然而，每次演講，他總是避而不談他的求職經歷。他講得最多的是一位護士的故事。

這位護士剛從學校畢業，在一家醫院做實習生，實習期為一個月。在這一個月內，如果能讓院方滿意，她就可以正式獲得這份工作，否則，就得離開。

一天，交通部門送來一位因遭遇車禍而生命垂危的人，實習護士被安排做外科手術專家——該院院長亨利教授的助手。複雜艱苦的手術從清晨進行到黃昏，眼看患者的傷口即將縫合，這位實習護士突然嚴肅地盯著院長說：「亨利教授，我們用的是12塊紗布，可是你只取出了11塊。」

「我已經全部取出來了，一切順利，立即縫合。」院長頭也不抬，不屑一顧地回答。

「不，不行！」這位實習護士高聲抗議道，「我記得清清楚楚，手術中我們用了12塊紗布！」

院長沒有理睬她，命令道：「聽我的，準備縫合。」

這位實習護士毫不示弱，她幾乎大聲叫起來：「你是醫生，你不能這樣做！」直到這時，院長冷漠的臉上才露出欣慰的笑容。他舉起左手裡握著的第12塊紗布，向所有的人宣布：「她是我最合格的助手。」這位實習護士理所當然地獲得了這份工作。

西蒙真是既聰明又用心良苦，他之所以不講自己的經歷，而說那位實習護士，是因為他明白，在尋找工作方面，僅有敏銳的頭腦是不夠的，更重要的是還要有正直的品性。小到一個單位，大到一個國家，它們真正需要的往往是後者。所以，正直的品性總是為真正的智者和成功者所推崇。

【管理活用】

作為公司的人力資源管理者，首先必須是一名正直的人。讓員工認

為你是公司最有正義感的人，想起公正就想起你。管理者應該注意自己的個人行為舉止，任何場合都不能隨便講話，不可言而無信，糊弄欺騙員工；不能酗酒，記住很多人會酒後無德；不能出入聲色場所，尤其不能和同事一同前往；做事專業，尊重員工，不暴露他人隱私；這樣他們才會相信你，才會在遇到工作不愉快的時候，他們認為受到不公正待遇的時候，當他們發現有人做出違反公司制度或違反法律的事情的時候想起你，才敢於向你傾訴或反映。

元褒的正直

隋代，元褒是原州這個地方的父母官。一天，有一個商人來報案，說他在旅館住宿，醒來發現隨身攜帶的財物被盜，他懷疑是同住一室的另一個旅客偷的。元褒馬上派人把那個客人抓來。

經過詢問，結果由於證據不足，元褒當堂把那個人放了。

商人很氣憤，於是不斷上告，控告元褒有受賄嫌疑，最後這件案子傳到了隋文帝那裡。隋文帝為了整肅風氣，馬上派了相關的官員去原州查證此事。

負責調查這件事的官員瞭解真相後，對元褒說，因為是皇帝交代的事，他們必須要帶一個人回去交差。

元褒為了不讓自己管轄內的其他人遭受到不該有的責罰，自己承擔了罪過。結果朝廷上下都一致認為他是一個貪官，皇帝還以此為戒，把這件事一直通報到下面各個地方官衙，全國一片譁然，大家都認為元褒是一個貪污受賄之人。

可是，事情發生了變化，偷竊商人財物的真正罪犯在其他州縣被抓到了，這個案件也水落石出，全國上下才知道元褒是個正直、清廉、為民的好官。

隋文帝對於元褒的做法很吃驚，他問道：「你本來就是一個清廉的好臣子，為什麼要為了一件小事就不顧自己的職位和聲譽呢？」

元褒說：「誰都不喜歡自己遭受不白之冤，可是我作為原州的父母官，有人在我管轄的地方偷竊是我沒有管理好，而且雖然我的判斷是對的，但我沒有抓到真正的罪犯，還讓當地的百姓遭受了不必要的損失，這些都是我管理不力造成的。」

一個好的企業管理者也是如此，不要因為自己的失誤，讓下屬替你去承擔責任；不要因為自己的管理不當，出現漏洞而去責怪別人；不要因為不是你直接造成的就在一邊幸災樂禍，要知道只要在你的管理下，出現的所有問題都是由於你做得不好，應該加以改進，同時你也應該擔起相關的失職之罪。

上梁不正下梁歪

【原文】

曲上無直下,危國無賢人,亂政無善人。

【譯文】

邪僻的上司必沒有公正剛直的部下;行將滅亡的國家,絕不會有賢人輔政;陷於混亂的政治,絕不會有善人參與。

【名家注解】

張商英注:元帝之臣則弘恭、石顯是也。非無賢人、善人,不能用故也。

王氏注:不仁無道之君,下無直諫之士。士無良友,不能立身;君無賢相,必遭危亡。讒人當權,恃奸邪欺害忠良,其國必危。君子在野,無名位,不能行政;若得賢明之士,輔君行政,豈有危亡之患?縱仁善之人,不在其位,難以匡政、直言。君不聖明,其政必亂。

【經典解讀】

常言說:「上有所好,下有所效。」居高位者品德不規,無所事事,身邊總會聚集一些投其所好的奸佞之徒。君主昏暗,則國家傾危;輕信讒言、阻絕忠諫,則賢人自避;奸臣橫行,則政治紊亂;惡黨逞能,則善良自隱。為上者,應時時自我警戒。

【處世活用】

　　品行不端的上級會導致下級的放縱，這就是所謂的「上行下效」。其實人際環境的影響往往是潛移默化的，不僅僅是上行下效而已。在社會生活中，人與人相處，言談舉止不知不覺地互相感染，整體人際環境的好與壞，會影響一個人的性格行為。俗話說「近朱者赤，近墨者黑」，為人處世，除了自身的品行要端正外，更要慎重地對待自己所處的環境。多與有益的人相結交。會見成功立業的前輩，能轉換一個人的機運。

　　一位名人曾說過這樣的話：「如果要求我說一些對青年有益的話，那麼，我就要求你時常與比你優秀的人一起行動。就學問而言或就人生而言，這是最有益的。學習正當地尊敬他人，這是人生最大的樂趣。」結交一流人物能讓自己更強，經常與有價值的人保持來往，迴避沒有價值的人際關係，這不是庸俗，而是你向上的力量。

　　西班牙作家賽凡提斯說：「說出你和什麼樣的人交往，就能看出你是什麼樣的人。」如果你自甘墮落，就找一些失敗者瞎混；如果你甘於平庸，就與一批平凡者為伍；如果你想頂天立地，就和一群正在改造生活的成功者交往。

厚待賢能之士

【原文】

愛人深者求賢急,樂得賢者養人厚。

【譯文】

深深地愛護人才的,一定急於求取賢才;樂於得到賢才的人,待人一定豐厚。

【名家註解】

張商英註:人不能自愛,待賢而愛之;人不能自養,待賢而養之。

王氏註:若要治國安民,必得賢臣良相。如周公攝政輔佐成王,或梳頭、吃飯其間,聞有賓至,三遍握髮,三番吐哺,以待迎之。欲要成就國家大事,如周公憂國、愛賢,好名至今傳說。聚人必須恩義,養賢必以重祿;恩義聚人,遇危難捨命相報。重祿養賢,輒國事必行中正。如孟嘗君養三千客,內有雞鳴狗盜者,皆恭養、敬重。於他後遇患難,狗盜秦國孤裘,雞鳴函谷關下,身得免難,還於本國。孟嘗君能養賢,至今傳說。

【經典解讀】

凡成大事者,必知人才是事業第一要務。真誠深切地愛惜人才,是急於求賢的表現;誠心愛才的人,不但求賢若渴,而且一旦得到治世之

才，就不吝錢財，給予豐厚的待遇。戰國時齊國的孟嘗君食客三千，寧肯捨棄家業，也給他們豐厚的待遇，後來雖遇重重難關，皆所養之士幫其渡過，這就是厚待人才的回報。

【管理活用】

管理者不僅要能識別人才，更要能厚待人才。知識經濟條件下，人才是企業主要價值創造的源泉，事業成敗，關鍵在人。一個成功的企業，不僅要真誠請來人才，更要厚待人才，給員工施展才華的舞臺，只有這樣，企業才會得以發展壯大。

人類在勞動中經過不斷地總結和提煉產生了科學技術，人類又把科學技術應用於生產實踐中，使社會生產力得到了迅速發展。無論從社會發展史上或從當今經濟發達的國家來看，科學技術的優勢日益顯示出無可比擬的強大威力。而科學技術要發展，關鍵在於人才。

孫權厚待呂蒙

呂蒙是三國時期東吳著名的謀士和大將，他年輕的時候在孫策部將鄧當的手下為將領，後來鄧當死了，呂蒙就為別部司馬，代替鄧當。後來隨著孫權征伐丹陽、江夏，都是身先士卒，屢立戰功，就被提升為橫野中將。

建安十三年，呂蒙曾隨著周瑜在赤壁大破曹軍，把曹軍圍在南郡，又回來撫定荊州，被拜為偏將軍，任潯陽令。此後他多次為孫權出謀劃策並取得成功，地位也越來越高，等到魯肅死了以後，他就被任命為都督，駐兵在江口。接著他又用計攻取了荊州，因為功勳卓著，被封為南郡太守，進爵孱陵侯。

不幸的是正當呂蒙大展雄才之際卻得了重病，孫權知道以後，非

常不安，立即派人將他從荊州接回建業，並把他安置在自己隔壁的住宅中，還親自派人為他醫治護理，經常在旁看著醫生為他號脈、針灸、開藥方，隨時觀察著他的病情。

但是，他每次去看望呂蒙的時候，呂蒙都要欠身致意，孫權對此非常不忍心。他擔心呂蒙會因此受累消耗體力，這樣是不利於治病的，就讓人在呂蒙臥室的牆上挖了一個小洞，以便在不驚動呂蒙的情況下看到呂蒙。

孫權每次發現呂蒙病情好轉就格外高興，看到病情惡化就寢食難安。有一次，孫權竟然把呂蒙死前的「迴光返照」誤認為是即將康復，特地發布大赦令，並且請文武大臣一起為此事設宴祝賀。但是，呂蒙終於沒有擺脫病魔的糾纏，在42歲就一命歸西了，孫權萬分悲痛，一連幾天都不吃飯，急得文武百官都勸他節哀。之後，他又特地安置了300戶人家專門看守呂蒙的墳墓，定期向呂蒙祭奠。

孫權厚待呂蒙的事蹟深深打動了東吳士民的心。大家為答謝明主慰賢之恩，一個個置個人榮辱生死於不顧，竭盡心力地為東吳效勞。

凡是優秀的領導者都非常愛護人才，孫權對呂蒙的愛真是感人至深，這一舉動不僅使呂蒙及家人對孫權感恩戴德，也使東吳上下都心悅誠服地接受其領導。真可謂愛惜、厚待人才。企業要在激烈的市場競爭環境中求生存、謀發展，沒有一批掌握高科技的人才作支柱是不行的，作為領導者，不僅要會用人才，還要懂得厚待人才。

吸引人才需要良好的環境

【原文】

國將霸者士皆歸。邦將亡者賢先避。地薄者，大物不產；水淺者，大魚不遊；樹禿者，大禽不棲；林疏者，大獸不居。

【譯文】

國家將要成就霸業，士人階層必定都返回故土。國家將要走向滅亡，德才兼備的賢人必定先避走他方。土地貧瘠，不會有大的物產；水淺之處，不會有大魚遊動；禿樹之上，不會有大的禽鳥棲息；林木稀疏，不會有大的獸類居住。

【名家注解】

張商英注：趙殺鳴犢，故夫子臨河而返。若微子去商，仲尼去魯是也。此四者，以明人之淺則無道德；國之淺則無忠賢也。

王氏注：地不肥厚，不能生長萬物；溝渠淺窄，難以游於鯨鼇。君王量窄，不容正直忠良；不遇明主，豈肯盡心於朝。高鳥相林而棲，避害求安；賢臣擇主而佐，立事成名。樹無枝葉，大鳥難巢；林若稀疏，虎狼不居。君王心志不寬，仁義不廣，智謀之人，必不相助。

【經典解讀】

這裡用客觀現實和自然現象來類比吸引人才需要有良好的環境。假如朝廷有權勢者，不具備振興國家的品德和謀略，就必然不會吸引、凝聚大批人才，正像貧瘠的土地不產瑰偉的寶物，一窪淺水養不住大魚，無枝之木大禽不依，疏落之林猛獸不棲一樣。

【管理活用】

綜觀世界各國的發展史，無不說明，經濟的競爭就是科技的競爭，歸根到底是人才的競爭，人才優勢是真正的優勢。而人才的競爭從現實意義上講就是人才環境的競爭。近年來，從世界範圍內的經濟理論研究看，都表明這樣一個事實，經濟系統的知識水準和人才素質已經納入到生產的內在部分，也就是說，已經成為提高勞動生產率和經濟增長的內在動力之一。經濟越是高度發展，科技水準和勞動者的素質在其中的比值就越大。人才既是一個經濟、科技問題，也是一個政治問題。所以，國以才立，政以才治，業以才興，民以才富。怎樣創新環境，開發實用人才、造就頂尖人才、引進急需人才、啟動各類人才，是當前企業要亟需解決的問題。

一個地方的人才環境、人才狀況、人才觀念及人才發展趨勢，影響甚至決定一個地方的經濟和社會的發展。人才生活在客觀世界，無時無刻不與周圍環境發生密切關聯，由此形成了人才與環境之間互相依賴、互相排斥的對立統一關係，正確認知和處理好人才與環境的關係，對於提高人才的使用率，提高整個生產力水準，實現企業做大、做強有著重大的意義。

想要留住人才沒有別的技巧，關鍵是要營造一個良好的環境，具體的要求是：一要營造人才制度環境。二要營造人才創業環境。使人才

的能力得到充分發揮，業績得到社會承認，個人價值得到實現。三要營造人才人文環境。既要為人盡其才、才盡其用，又要以極大的寬容性允許失敗，創造一個有利於人才發展的社會環境，給人才創造施展才華的舞臺。四要營造人才生活環境。要強化人性化管理，最大限度地滿足各類人才身心健康的需求和交流、學習、娛樂等社會需求，為人才創造安全、舒適的社會環境。

功成之後切勿自滿

【原文】

山峭者崩，澤滿者溢。

【譯文】

山勢過於陡峭，則容易崩塌；沼澤蓄水過滿，則會漫溢出來。

【名家注解】

張商英注：此二者，明過高、過滿之戒也。

王氏注：山峰高嶮，根不堅固，必然崩倒。君王身居高位，掌立天下，不能修仁行政，無賢相助，後有敗國、亡身之患。池塘淺小，必無江海之量；溝渠窄狹，不能容於眾流。君王治國心量不寬，恩德不廣，難以成立大事。

【經典解讀】

山峭崩，澤滿溢，是自然常理。以此來警戒為人切勿得意忘形，以免到手了的權勢、財富、功名轉眼成空。當人處在危難困苦之時，大多數人會警策奮發、勵精圖治；一旦如願，便放逸驕橫。因此古今英雄，善始者多，克終者少；創業者眾，守成者鮮。作為人性這一弱點，不可不警醒。

【處世活用】

古語說：「海納百川，有容乃大；壁立千仞，無欲則剛。」為人處世，要懂得人外有人，天外有天，切不可驕傲自滿。如果過於在別人面前顯示自己，到時候會無地自容。下面故事中的青蛙就是一例。

井底之蛙

有一天，一隻海龜到陸地上玩，由於玩得太入迷了，不知不覺迷了路。眼看著天就要黑了，小海龜非常著急，不停地走，可是越往前走，見到的景物越陌生。他知道自己離家越來越遠了，一想到回不了家，小海龜就哭了起來。

這時，哭聲把一隻住在廢棄井裡的青蛙吸引過來了，牠聽見哭聲就蹦出來，對小海龜說道：「怎麼了？回不了家了嗎？」

「喂，」小海龜回答：「天快要黑了，我害怕。」

「你啊，真可憐。這樣吧，乾脆到我家去，和我一起享受美好的生活。」

小海龜同意了，在小青蛙的帶領下，來到廢井邊。牠伸出長長的脖子一看，見井裡面只有淺淺的一灘死水。

小青蛙得意地說：「我住在這裡，非常快樂。你沒見過這麼好的地方吧！白天，我就跳出井玩，可以蹲在井邊欣賞周圍的田園風光和遠處秀美的山色。到傍晚，我就回到井裡，在井壁的洞裡休息。這種自由自在的生活，那些小蝌蚪、魚兒都很羨慕我呢。這口井是我一人的領地，他們都沾不了光。不過，我見你很可憐，所以歡迎你來作客。」

青蛙的盛情令小海龜激動不已。牠抬起前右腳向井口邁去，可是那隻腳還沒邁進，後面的腳就被井欄絆住了，只好退了回來。

這時候，海龜想起了大海，就對小青蛙說，「你見過大海嗎？」

「沒有，大海是什麼，大海好玩嗎？」小青蛙迷惑地搖搖頭。

「不，大海是不能玩的，大海是一個地方。我住在那裡。大海很廣闊，即使千里平原，也不能和它相比，萬丈高山放進海裡也不見影子。在大禹皇帝時，十年有九年漲洪水，後來，因為大禹讓洪水都流進大海裡，才消除了洪水，而海水並沒有因此而增加一寸。商湯皇帝時，八年中有七年乾旱，海水也不減少一分。任何因素都不能改變大海。我在大海裡自由自在，無覊無絆，那才是真正的快樂。」

青蛙聽了海龜的話，鼓著眼睛，張開嘴巴半天也合不攏，牠發現自己實在太渺小了。

青蛙自以為很偉大，過著了不起的生活，一聽到海龜的話就使自己陷入了尷尬的境地。

事實上，這種尷尬是可以避免的，那就是保持謙虛的心態，凡事多聽聽別人的意見，綜合各家的言論，再下結論。驕傲自滿很容易使自己失去上進的動力，使自己面臨無地自容的境遇，人們常說，謙虛使人進步、驕傲使人落後不是沒有道理的。所以凡事不可驕傲。

【職場活用】

身處職場，不可驕傲。有傲氣的人以為自己的地位、學識、年齡都處於優勢地位，便蔑視他人，或者隨意地攻擊他人。這種人的行為勢必對別人帶來不愉快或者嚴重地影響他人的情緒。同時，它也很容易引起別人對自己的不滿和反擊。職場人士要注意隨時反省，檢視自己是否有驕傲的傾向，要知道，以謙虛謹慎的態度對待同事在任何時候都是必要的。

對於每個人來說，驕傲是最大的致命傷。其實我們每個人在日常生

活當中，也經常會有類似的心態，如果我們不懂得謙虛，不懂得隨時反省，那麼那顆驕傲的心便會浮現，想想看，我們是否常會表現出自己的能力比他人強，或者常有瞧不起他人的心態？如果有，那麼這就是一個危險的信號。《聖經》上有這樣一句話說：「驕傲在敗壞之先，狂心在跌倒之前。」可見驕傲的心會導致自己進入萬劫不復的深淵。自信與自負往往只是一線之隔，身處職場，要明白其中的區別。

【管理活用】

培根曾經說過這樣一句話：「一個人好比是一個分數，他的實際能力是分子，他對自己的評價是分母，分母越大，他本身的價值就越小。」作為一個管理者、領導者，你或許已經在事業上取得了一定的成績，你的周圍充滿了鮮花和掌聲，你的耳朵不時聽到熱情洋溢的讚美或別有用心的阿諛之詞。或許，一開始你還會頭腦清醒，做到謙虛謹慎，但時間一長，你可能就會飄飄然了，逐步走入一個自大自滿的世界。

松下幸之助的驚訝

一位公司的會長來看松下幸之助，他問松下一個問題：「我10年前創立這個事業，一直很順利，業績也不斷增長，說來非常幸運，應該感謝老天爺的幫忙。可是，說實在的，太順利了，使我有點惶恐害怕，覺得將來非集思廣益、小心謹慎經營不可。松下先生，從前就聽說您提倡『集思廣益』，今天特地來請教您，應該怎麼樣去做？」

松下聽了很驚訝，如果說經營不順利，想請教經營方法還有話說；可是因為太順利了，覺得可怕，所以要請教，卻使人有一點不敢相信。而且時機也有一點特別，經濟界遇到空前的不景氣，每一家公司都在掙扎苦撐，業績能維持不下跌已經不錯了，但是他卻能在這惡劣環境中創

造佳績,松下還想請教他的祕訣呢。

　　他的謙虛態度更使松下欽佩。一般人如果有那樣的成就,很容易露出自滿的態度,可是他沒有。從他斯文的談吐及誠懇的態度,可以看出他的真誠。於是松下說:「你那種謙虛的態度就是集思廣益不可缺少的。為了集思廣益而請教所有公司的會長,是不太可能的。但我想能深切認識集思廣益的重要性,已經成功了一半了。你不但『集了思』而且『廣了益』,你目前的好業績就是最好的證明。」

　　所謂人無完人,任何人都有自己的缺陷,有自己相對較弱的地方。也許我們在某個行業已經駕輕就熟,但是對於新的企業,對於新的經銷商,對於新的客戶,我們仍然是原來的自己,沒有任何特別之處。我們需要用謙虛的心態重新去整理自己的智慧,去吸收現在的、別人的正確的、優秀的東西。

鑑別人才需要慧眼

【原文】

棄玉取石者,盲。羊質虎皮者,柔。

【譯文】

棄玉抱石者,目光如盲,羊質虎皮者,虛於矯飾。

【名家注解】

張商英注:有目與無目同;有表無裡,與無表同。

王氏注:雖有重寶之心,不能分揀玉石;然有用人之志,無智別辨賢愚。商人探寶,棄美玉而取頑石,空廢其力,不富於家。君王求士,遠賢良而用讒佞;枉費其祿,不利於國。賢愚不辨,玉石不分;雖然有眼,則如盲暗。羊披大蟲之皮,假做虎的威勢,遇草卻食;然似虎之形,不改羊之性。人倚官府之勢,施威於民;見利卻貪,雖妝君子模樣,不改小人非為。羊食其草,忘披虎皮之威。人貪其利,廢亂官府之法,識破所行譎詐,返受其殃,必招損己、辱身之禍。

【經典解讀】

拋棄美玉,懷抱頑石的,實在是有眼無珠的盲人;羊披上一張虎皮看上去是虎,但不能改變羊的本性。對於人才的鑑別,需要獨具慧眼。

歷史上因重用偽才而亡國亡家的例子不勝枚舉。如戰國時的楚懷王放逐屈原，任用靳尚；宋高宗罷免李綱，重用秦檜等，這些都是我們的反面教材。

【處世活用】

我們在日常生活中，不可避免地要與各種各樣的人打交道，那麼，會識人正是我們處世的大前提。但生活中的很多表面現象卻很容易迷惑人。比如，目空一切的人看樣子很聰明其實並不聰明；魯莽的人好像是很勇敢其實不然。我們需要一雙能鑑別人才的慧眼。

識人的蘇格拉底

一次，柏拉圖對老師蘇格拉底說：「東格拉底這人很不怎麼樣！」
蘇格拉底問：「這話怎麼說？」
柏拉圖說：「他老是挑剔您的學說，並且不喜歡您的扁鼻子。」
蘇格拉底笑了笑，緩緩地說：「但我倒覺得，他這人很不錯。」
柏拉圖問：「你怎麼會這樣認為呢？」
蘇格拉底說：「他對他的母親很孝順，每天都照顧得非常周到；他對他的老師十分尊敬，從來沒有對老師有過不恭的行為；他對朋友們很真誠，常常當面指出別人的弱點，幫助他們改正；他對孩子很友善，經常和孩子們在一起做遊戲；他對窮人富有同情心和憐憫心，有一次，我親眼看見他搜出身上最後一個銅板，丟進了乞丐的帽子裡⋯⋯」

「但是，他對您卻不那麼尊敬啊。」柏拉圖說。

「孩子，問題就在這裡，」蘇格拉底站起身來，慈愛地撫摸著柏拉圖的肩頭說：「一個人如果站在自己的立場上來看待別人，常常會把人看錯。所以，我看人從來不看他對我如何，而看他對待別人如何。」

生活中，我們也常常像柏拉圖一樣，根據自己的喜好去判斷一個人，而這正犯了識人的大忌。古人說：人心比山川還要險惡，知人比登天還要艱難。這話固然有些偏頗，但它從側面說明了人心的隱蔽性。每個人的內心世界常常是複雜的，甚至是矛盾的綜合體。因此，要真正識人的內心，必須要有敏銳的洞察力，只有把似是而非的現象辨別清楚後，才可以說知人不難的話。

【管理活用】

　　古人云：「立政之要，首在用人；成事之機，亦在用人；爭天下者先爭人才，得人才者得天下。」現代的人也講，當今社會的競爭是人才的競爭。由此可見，用人之舉何其重要。有一句老話「知人善任」，知人是善任的前提。由於人的心靈世界極為複雜，所以自知很難，識人亦難。

　　識人不僅是用人的要點，而且也是用人的難點。古人云：「事之至大，莫若識人；事之至難，莫如以人；相人容易，識人至艱。」因為人性複雜，性情各異，動機多變，導致人心難測。何況，芸芸眾生，智有高低，勢有不同，心有所想，情有所生，意有所憑，利有所趨，情有所屬，導致人們雖然熟知識人方法，但是常常產生錯誤判斷，說起來容易做起來難。現實生活中的男男女女，若是識人有誤，情非所託，雖然會萬般悔恨，痛苦不堪，但那只不過是個人悲劇而已；若是領導者識人有誤，用人不當，則會影響整個組織。領導者識別人才，需要在混沌現實環境和混沌思維狀態下作出準確判斷，需要具有很高的識人能力。領導者識別人才的能力，是其綜合能力的呈現，它與領導者的性格、學識、經驗、修養、理想、情操，具有內在的聯繫。領導者在各種因素造成的混沌心理結構制約下，如果能夠作出正確判斷，那就意味著其識人之

舉，已經臻於藝術境界。

隋文帝誤識人

隋文帝楊堅，可以算是中國歷史上少見節儉樸實的君主。南北朝時期，戰亂不斷，人性醜惡不堪。無休無止的戰亂，走馬燈似的緊緊纏住一個個短命的小王朝。荼毒生靈，殺父弒君，窮奢極欲的現象屢見不鮮。楊堅統一了中國，實屬一大功績。

楊堅的皇后獨孤氏，以簡樸守志著稱，極為厭惡沉溺聲色的人。楊堅似乎也很為自己的生活作風自豪。他曾經說過，從前的皇帝姬妾成群，宮中美女如雲，所生的兒子血統不同，往往相互殘殺，而他的五個兒子都是一奶同胞，絕不會出現自相殘殺的現象。他們夫妻二人都有點不喜歡浮華豪闊而又頗有文人雅趣的太子楊勇，卻看不透偽裝不喜聲色和貌似謙恭有德的兒子楊廣的陰險奸詐，反而認為楊廣是一個忠孝兩全的好孩子。

楊廣表面上看起來，似乎集人類所有美德於一身。他整整偽裝了14年，他的父皇母后竟然毫無覺察。楊廣和其他奸佞小人的不同，是他的所有惡行都以莊嚴崇高、情真意切、寬厚大度、冠冕堂皇的言語和形象表現出來。父皇母后不喜歡奢侈，楊廣的衣食住行絲毫也不鋪張，一切都如百姓一般。母后獨孤氏厭惡男人親近女人，楊廣就不要姬妾，只有妻子蕭氏相伴。母后討厭音樂、歌舞，楊廣家裡就從來聽不到絲竹琴瑟之聲，就連琴架和其他樂器上都落滿厚厚的灰塵。父皇母后討厭兄長楊勇什麼，楊廣就絕不沾邊。父皇母后特重孝道，楊廣的孝心就能表現得超過天下所有人孝心的總和。他每次外出執行公務，都在父皇母后面前哭跪不起，哭得父母也跟著傷心落淚。母后喜歡謙虛厚道、重情重義的孩子，楊廣就能超水準發揮出這方面的美德。他的哥哥楊勇對於父皇

母后派來的太監和宮女，不知道曲意逢迎。楊廣卻持之以恆地對父母派來的人高接遠迎，異常謙恭。於是，大臣、太監、宮女、家僕的頌揚之聲，始終不絕於父皇母后的耳朵。

楊廣等到時機成熟，就誣陷太子楊勇謀反，並於西元600年奪嫡成功。604年7月，文帝病重臥床，楊廣認為登位的時機已到，迫不及待地寫信給楊素，請教怎樣處理將要到來的文帝後事。不料送信人誤將楊素的回信送給了文帝。文帝讀後大怒，馬上宣召楊廣入宮，要當面責問他。此時，宣華夫人衣衫不整地跑進來，哭訴楊廣乘她換衣時無恥地調戲她，使文帝更醒悟到受了楊廣的矇騙，拍床大罵：「這個畜生如此無禮，怎能擔當治國的大任，皇后誤了我的大事！」急忙命在旁的大臣柳述、元巖草擬詔書，廢黜楊廣，重立楊勇為太子。楊廣得到安插在文帝周圍的爪牙密報，忙與大臣楊素商量後，帶兵包圍了皇宮，趕散宮人，逮捕了柳述、元巖，謀殺了文帝。楊廣又派人假傳文帝遺囑，要楊勇自盡，楊勇還沒有作出回答，派去的人就將楊勇拖出殺死，就這樣，楊廣以弒父殺兄的手段奪位，史稱煬帝。第二年改年號為「大業」。

楊廣弒父之後，荒淫無度，窮兵黷武。據說，楊廣每次巡遊揚州，總有皇家龍舟千艘，縴夫8萬餘人。他每次出遊賞月，總有數千名宮女騎馬隨行。楊廣在揚州的行宮有百處，號稱「迷宮」。就是這樣一個荒淫無恥的人，在稱帝之前極力偽裝，騙得信任。

德國哲學家黑格爾曾說：「假如一個人能看出當前顯而易見的差別，比如，能區別一支筆與一頭駱駝，我們不會說這個人有什麼了不起的聰明。同樣地，一個人能比較兩個近似的東西，如橡樹和槐樹，或寺院和教堂，而知其相似，我們也不能說他有很高的比較能力。我們所要求的，是能看出同中之異和異中之同。」領導者在識別人才時，之所以感到良莠難分，恰恰是因為很難洞見他人的同中之異、異中之同。

有規則有法度才會秩序井然

【原文】

衣不舉領者,倒。走不視地者,顛。

【譯文】

衣服不提起衣領,那麼襟袖倒置無序;行走時只看天上、不看地面,則必有失足之險。

【名家注解】

張商英注:當上而下。

王氏注:衣無領袖,舉不能齊;國無紀綱,法不能正。衣服不提領袖,倒亂難穿;君王不任大臣,紀綱不立,法度不行,何以治國安民?舉步先觀其地,為事先詳其理。行走之時,不看田地高低,必然難行;處事不料理上順與不順,事之合與不合;逞自恃之性而為,必有差錯之過。

【經典解讀】

這句採用比喻的說法,暗含的意思是凡事須有主次、先後,合理安排,才能成功。例如就政府的領導人而言,倘若顛三倒四,章法混亂,整個國家也就亂了套;人民大眾如果不能安居樂業,整個社會也就動盪不安。事有千頭萬緒,然而只要提綱挈領,腳踏實地,必然會有理想的

結果。

【處世活用】

　　人生必須樹立明確的人生目標，這是邁向成功之路的第一步。不知何去何從的人就像茫茫大海中的一艘小船，看不到目標，隨時都會迷失方向。有了生活目標，你的生活才可能有意義，否則你可能勞碌了一輩子，到頭來仍是一無所得。有了生活目標，你就會隨時隨地為將來著想，你才知道現在該做什麼和該怎麼做。

　　懶惰是事業成功的天敵。很多人不懈奮鬥一輩子都沒有能夠完美地實現自己的人生目標，更不用說懶惰者了。想要有一個無悔的人生，除了認準目標外，還要集中精力全力以赴。在實現人生終極目標的過程中，難免會受到各種阻礙或各種誘惑，任何閃失或偏差都會使你遠離自己的既定目標。然而，人非聖賢，孰能無過？在通往理想的艱難跋涉途中，只有盡可能地少犯錯誤，才會盡可能地快速實現目標。

【職場活用】

　　身處職場，我們必須對自己的職業生涯有明確的規劃，目標會引導你走向成功的人生。沒有目標的人生，如一葉無人駕駛的小舟漫無目的隨風漂蕩。為什麼貧困的人常能白手起家，而繼承父母萬貫家財的人卻常常沒落？這就是因為貧困的人有更堅定的人生目標，他們積極實現自己人生的理想；而那些家庭優越的人，因為從小就過著優裕的生活，從而養成了懶惰與奢侈的習性，很容易一事無成。

　　漫無目的者是不能成功的，他們總是茫然地找個工作，茫然地結婚、生子，然後進了墳墓。他們浪費時間，期望總有一天天上會有餡餅掉下來，心裡卻沒有明確的理想和追求，不知道自己對生命渴求的是什

麼，許多人一輩子糊裡糊塗，沒有真正的目標，得過且過。

【管理活用】

俗話說：「無規矩不成方圓。」在現代化的企業經營中，有效管理是必備的基礎。無論是一間小公司，還是一個世界級的大企業，最高管理者一定要把統一的管理權緊緊抓在手裡，做到全公司管理圍繞一個中心，經營圍繞一個思路，上上下下同一盤棋。而管理混亂導致經營失敗的例子也是屢見不鮮的。

依照程序處理事務，是遵循企業發展的必然要求，是提高工作效率的最佳手段，是提高工作品質的有效方法，是加強管理正規化建設的重要途徑。

人才好比棟梁

【原文】

柱弱者屋壞,輔弱者國傾。

【譯文】

房屋梁柱軟弱,屋子會倒塌;才力不足的人掌政,國家會傾覆。

【名家注解】

張商英注:才不勝任謂之弱。

王氏注:屋無堅柱,房宇歪斜;朝無賢相,其國危亡。梁柱朽爛,房屋崩倒;賢臣疏遠,家國頃亂。

【經典解讀】

這句是以柱弱房倒來比喻輔佐朝政的大臣如果軟弱無能,國家必將傾覆。春秋五霸之一的齊桓公並非何等賢明,只是由於管仲的才幹和謀略才使他得以稱霸,管仲一死,齊國即亂;伍子胥輔吳,吳國滅越敗楚,威震中原,子胥一死,吳國亦亡。這又從反面證明將相乃君王之左膀右臂,將相強則國亦強,將相無能,國何以強?

【處世活用】

為人處世，我們要努力使自己成為人才。功成名就幾乎是所有人的夢想，但是，並不是所有人都能實現自己的夢想，只有那些善於把握機遇，又具備扎實功底和完善人格的人，才能在芸芸眾生中脫穎而出，成就一番偉業，成為國家、社會所敬仰的出類拔萃人才。

我們今天所處的時代是一個人才輩出的時代。社會、經濟的發展，使各行各業都湧現出了一大批優秀的人才，他們的成功，都有一些共同的特徵，這就是具備遠大的理想和目標、勤奮敬業的精神、深厚的功底和才華、堅定的信念和毅力。

【管理活用】

宋代王安石在《材論》中說：「天下之患，不患材之不眾，患上之人不欲其眾；不患士之不欲為，患上之人不使其為也。夫材之用，國之棟梁也，得之則安以榮，失之則亡以辱。」意思是說：天下的憂慮，不是怕人才不夠眾多，而是怕上層領導者不希望人才多；不是怕有才能的人不願為國家出力，而是怕上層領導者不讓他們出力。人才是國家的棟梁，得到他們，國家就會安定而繁榮；失去他們，國家就要滅亡而受辱。人才的作用毋需贅言，作為管理者，應該懂得人才的重要性——愛才、用才。

正如松下幸之助所言：「人才是企業之本，人才是利潤之源。」問題就在於企業領導者如何根據工作的需要去發現、去選拔，進而使用人才。如果企業領導者既能依靠群眾，又注重人的一技之長，使其各司其職，盡其責，企業的發展，就會取得更好的前景。

民心是根本

【原文】

足寒傷心,人怨傷國。山將崩者,下先隳;國將衰者,民先弊。根枯枝朽,民困國殘。

【譯文】

腳下受寒,心肺受損;人心怨恨,傷害國家政權。大山將要崩塌,根基會先毀壞;國家將要衰亡,人民先受貧困。樹根乾枯,枝條就會腐朽;人民困窘,國家將受傷害。

【名家注解】

張商英注:夫沖和之氣,生於足,而流於四肢,而心為之君,氣和則天君樂,氣乖則天君傷矣。自古及今,生齒富庶、人民康樂而國衰者,未之有也。長城之役興,而秦國殘矣!汴渠之役興,而隋國殘矣!

王氏注:寒食之災皆起於下。若人足冷,必傷於心;心傷於寒,後有喪身之患。民為邦本,本固邦寧;百姓安樂,各居本業,國無危困之難。差役頻繁,民失其所;人生怨離之心,必傷其國。山將崩倒,根不堅固;國將衰敗,民必先弊,國隨以亡。樹榮枝茂,其根必深。民安家業,其國必正。土淺根爛,枝葉必枯。民役頻繁,百姓生怨。種養失時,經營失利,不問收與不收,威勢相逼徵;要似如此行,必損百姓,定有凋殘之患。

【經典解讀】

足在人體的底部,但是足下的湧泉穴可通四肢八脈,若腳受寒,必傷元陽之氣。腳之於人,猶民之於君。人無腳不立,國無民不成。足為人之根,民為國之本。但是人們往往尊貴其頭,輕慢其足,就像昏君尊貴其權勢,怠慢其臣民一樣。鑑於此,才有「得人心者得天下」的古訓。山陵崩塌是因根基毀壞,國家衰亡是因民生凋敝。如同根枯樹死一樣,廣大民眾如果困苦不堪,朝不保夕,國家這棵大樹也必將枝枯葉殘。秦、隋王朝之所以被推翻,與築長城、開運河榨盡了全國的民力、財力是分不開的。鑑古知今,人民生活富裕,康樂安居,國家自然繁榮富強。

【管理活用】

在《管子》中有這樣一句話:「政之所行,在順民心;政之所廢,在逆民心。」意思是說:政府的政策能夠得到貫徹實行,原因就在於政策是順乎人心民意的;政策不能貫徹難以實行,原因就在於這種政策是違背民意、為百姓們所反對的。作為一個管理者,要懂得傾聽下屬的聲音,懂得抓住「民心」。俗話說,群眾的力量是無窮的。只有全體員工齊心協力、團結一致,企業才能獲得更好的發展。

選擇正確的道路

【原文】

與覆車同軌者,傾。與亡國同事者,滅。

【譯文】

與傾覆的車子走同一軌道的車,就會傾覆;與滅亡的國家做相同的事,就會滅亡。

【名家注解】

張商英注:漢武欲為秦皇之事,幾至於傾;而能有終者,末年哀痛自悔也。桀紂以女色亡,而幽王之褒姒同之。漢以閹宦亡,而唐之中尉同之。

王氏注:前車傾倒,後車改轍;若不擇路而行,亦有傾覆之患。如吳王夫差寵西施、子胥諫不聽,自刎於姑蘇臺下。子胥死後,越王興兵破吳,自平吳之後,迷於聲色,不治國事;范蠡歸湖,文種見殺。越國無賢,卻被齊國所滅。與覆車同往,與亡國同事,必有傾覆之患。

【經典解讀】

跟隨前面翻了的車走同一條道,也要翻車;做與前代亡國之君同樣的事,也要亡國。

漢武帝不汲取秦始皇因求仙而死於途中的教訓,幾乎使國家遭殃,

幸虧他在晚年有所悔悟；唐昭宗不以漢末宦官專權為鑑，同樣導致了唐王朝的滅亡和「五代十國」的混亂局面。

【處世活用】

生活中我們常常面臨選擇。一次選擇有時對我們一生的命運會產生重要的影響。作出正確的選擇無疑是每一個人都希望的。但是每個人的人生之路是不一樣的。所以要作出對自己有利的選擇，一條重要的原則就是永遠不要以別人的選擇來衡量自己。別人的選擇只能是一種參考或者借鑑，他永遠不能作為你選擇的標準。所以正確的選擇就是要瞭解自己、相信自己。

肯德基創始人桑德斯上校的故事

肯德基創始人桑德斯上校65歲開始創業，他成功創業給我們很多啟示：成功的祕訣，就在於確認什麼對你是最重要的，然後行動；並且在作出選擇後，要抱定不達目的誓不甘休的態度。

桑德斯上校於年齡高達65歲時才開始從事速食業，那麼又是什麼原因使他終於行動起來呢？因為他身無分文且孑然一身，當他拿到生平第一張救濟金支票時，金額只有105美元，內心實在是極度沮喪。隨之，他便思量起自己的所有，試圖找出可為之處。頭一個浮上他心頭的答案是：「很好，我擁有一份人人都會喜歡的炸雞祕方，不知道餐館要不要？我這麼做是否划算？」好點子固然人人都會有，但桑德斯上校就跟大多數人不一樣，他不但會想，而且知道怎樣付諸行動。隨之他便開始挨家挨戶敲門，把想法告訴每家餐館：「我有一份上好的炸雞祕方，如果你能採用，相信生意一定能夠提升，而我希望能從增加的營業額裡抽成。」很多人都當面嘲笑他：「得了吧，若是有這麼好的祕方，你幹嘛

還要出售？」

這些話是否讓桑德斯上校打退堂鼓呢？絲毫沒有，因為他還擁有天字第一號的成功祕方，即「能力法則」（Personal Power），意思是指「不懈地拿出行動」：在你每當做什麼事時，必得從其中好好學習，找出下次能做得更好的方法。桑德斯上校確實奉行了這條法則，從不為前一家餐館的拒絕而懊惱，反倒用心修正說辭，以更有效的方法去說服下一家餐館。就是這樣的努力才有了後來的肯德基。

人生就是如此變化多端。為人處世並不是每次選擇都能夠獲得成功，但是一次正確的選擇會對你的人生產生重要的意義。也許因為一次正確的選擇，你的人生會多了一重意義。

【職場活用】

在應聘某個職位的時候，我們常常會被要求做自我介紹。在申請某個專案的時候，我們也常常被要求寫一份計畫書。那一份薄薄的檔是我們與面試官溝通的工具。如果它能夠獲得面試官的青睞，那麼我們的理想的成功就多了一份保障。但是如何才能寫出一份優秀的介紹性文字呢？一個重要的原則就是要有創新性，即不能重蹈別人的路。因為別人的路並非都是坦途。如果它是有缺陷的，那麼我們就輸在起點上了。

【管理活用】

身為管理者一定要有獨立的思考和判斷能力。一個企業可以有很多智者，但是企業更需要一個有判斷力的領導者。如果管理者缺乏主見只是墨守成規，一味地抄襲別人經驗，那麼企業是缺乏創造力的。如果稍有不慎，對前人的經驗、教訓不加分析地全盤吸收，那麼必然會導致整個企業的虧損。

居安思危，有備無患

【原文】

見已生者，慎將生；惡其跡者，須避之。畏危者安，畏亡者存。

【譯文】

見到已發生的事情，應警惕還將發生類似的事情；預見險惡的人事，應事先迴避。畏懼自己發生危險，反而能得到平安；畏懼國家會滅亡，反而能夠使國家生存下去。

【名家注解】

張商英注：已生者，見而去之也；將生者，慎而消之也。惡其跡者，急履而惡滂，不若廢履而無行。妄動而惡知，不若紬動而無為。

王氏注：聖德明君，賢能之相，治國有道，天下安寧。昏亂之主，不修王道，便可尋思平日所行之事，善惡誠恐敗了家國，速即宜先慎避。得寵思辱，必無傷身之患；居安慮危，豈有累己之災。恐家國危亡，重用忠良之士；疏遠邪惡之徒，正法治亂，其國必存。

【經典解讀】

古今中外的成功人士都注意從歷史中汲取經驗教訓，「讀史可以知興替，可以明得失」。前人所走的錯路和彎路，給後人以警示和提醒。

知道已經發生過了的不幸事故，發現類似情況有重演的可能，就應當慎重地防止它，使之消滅在萌芽狀態；厭惡前人的劣跡，就應當盡力避免重蹈覆轍。最徹底的辦法不是又要那樣做，又想不犯前人的過失，這是不可能的；而是應該不起心動念，根本就不去做。

同時人也應當有憂患意識，孟子曾說：「生於憂患，死於安樂。」憂患意識，敬畏危險和滅亡是保全自己和獲取成功的必備條件。人們生活在安逸的環境裡，忘記了奮鬥的艱辛和危機，災難就不遠了。人們只有時時保持警惕，居安思危，才能長勝不敗，存身立命。

【處世活用】

古語說得好：「生於憂患，死於安樂。」過分的安逸反而會使得人的創造力減弱，會讓人在不知不覺中墮落。所以我們享受安逸的生活，但是也要做到「有備無患」。生活中有一些憂患意識往往讓我們更加仔細和謹慎。只有如此，才能保證真正的安逸。

思則有備，有備無患

春秋時期，有一次宋、齊、晉、衛等十二國聯合出兵攻打鄭國。鄭國國君慌了，急忙向十二國中實力最強的晉國求和，得到了晉國的同意，其餘十一國也就停止了進攻。鄭國為了表示感謝，給晉國送去了大批禮物，其中有：著名樂師三人，配齊甲兵的成套兵車共一百輛，歌女十六人，還有許多鐘磬之類的樂器。晉國的國君晉悼公見了這麼多的禮物，非常高興，將八個歌女分贈給他的功臣魏絳，說：「你這幾年為我出謀劃策，事情辦得都很順利，我們好比奏樂一樣的和諧合拍，真是太好了。現在讓我們一同來享受吧！」可是，魏絳謝絕了晉悼公的分贈，並且勸告晉悼公說：「我們國家的事情之所以辦得順利，首先應歸功於

您的才能，其次是靠同僚們齊心協力，我個人有什麼貢獻可言呢？但願您在享受安樂的同時，能想到國家還有許多事情要辦。《書經》上有句話說得好：『居安思危，思則有備，有備無患。』現謹以此話規勸主公！」魏絳這番語重心長的話，使晉悼公聽了很受感動，高興地接受了魏絳的意見。

【職場活用】

今日社會，職場競爭壓力特別大。作為職場中的一員，在年輕的時候也許可以靠激情和活力來應付，但是一旦工作超過一定的年限，激情便會減退，工作效率也會隨之下降。而現代職場的高速運轉需要的是不斷有創造力的員工。所以當一個人滿足於「安樂死」的時候，那麼他的事業也將走向沒落。所以，在工作中要時刻有危機意識。

居危思安的任文公與陳灌

據《後漢書·任文公》載：王莽（西元8～23年在位）篡位以後，朝政腐敗，民心不收。巴郡人任文公預知天下即將大亂，督促家人背著100多斤的東西，繞著房屋四周奔跑，每天達數十次，當地人都感到莫名其妙。後來，天下果然大亂，百姓紛紛逃亡，大部分人都被亂兵抓獲，只有任文公家人無論老幼都能背著糧食，迅速奔跑，終於躲進山中，得以活命。

據《明史·陳灌傳》載：元朝末年，朝廷政治腐敗，已經到了崩潰瓦解的邊緣。當時，有一位叫陳灌的人，料想天下將亂，便在自己居室周圍，修築很大的場地，並在上面種植很多樹木，當時沒有人知道陳灌的意圖。10年以後，果然天下大亂，盜賊蜂起。陳灌率領家丁駐守在樹木叢中，阻擊盜賊，當地百姓也藉此避難。後來，明太祖朱元璋平定武

昌，陳灌急忙趕到那裡拜見，兩人談得很投機。陳灌分析天下形勢很有見地，主動請命朱元璋修築州城，太祖認為他是一個奇才，提拔他為湖廣行省員外郎，累遷至大都督府。

　　任文公、陳灌所以能亂中逃生，主要得益於「居安思危」。居安思危是一種明智的憂患意識、預見意識和防範意識。古往今來，「安危相易，禍福相生」，多有哀兵勝利之師，也不乏驕兵慘敗之旅；多有負重奮起之邦，也不乏逸豫覆亡之國。從辯證的角度看，任何事物都存在著相反相成、相克相生的規律性。安與危、福與禍、治與亂、靜與變、生與死等等，都是相互依存，在一定條件下可以相互轉化。因此，人們在安居的時候，要隨時想到可能發生的危難。適時的危機感，往往會使危機本身得以避免。居安思危，也是一種前瞻性思維。居安要思危，思危才能安居。

有道則吉、無道則凶

【原文】

夫人之所行：有道則吉，無道則凶。吉者，百福所歸；凶者，百禍所攻；非其神聖，自然所鍾。務善策者，無惡事；無遠慮者，有近憂。

【譯文】

害怕危險，常能得安全；害怕滅亡，反而能生存。人的所作所為，符合行事之道則吉，不符合行事之道則凶。吉祥的人，各種各樣的好處都到他那裡去；不吉祥的人，各種各樣的惡運災禍都向他襲來。這並不是什麼奧妙的事，而是自然之理。時時想著行善助人，此生必無厄運；做事情時不能長遠計畫，必然會有當下的憂患。

【名家注解】

張商英注：有道者，非己求福，而福自歸之；無道者，畏禍愈甚，而禍愈攻之。豈有神聖為之主宰？乃自然之理也。

王氏注：行善者，無行於己；為惡者，必傷其身。正心修身，誠信養德，謂之有道，萬事吉昌。心無善政，身行其惡；不近忠良，親讒喜佞，謂之無道，必有凶危之患。為善從政，自然吉慶；為非行惡，必有危亡。禍福無門，人自所召；非為神聖所降，皆在人之善惡。行善從政，必無惡事所侵；遠慮深謀，豈有憂心之患。為善之人，肯行公正，不遭凶險之患。凡百事務思慮、遠行，無惡親

近於身。心意契合，然與共謀；志氣相同，方能成名立事。如劉先主與關羽、張飛；心契相同，拒吳、敵魏，有定天下之心；漢滅三分，後為蜀川之主。

【經典解讀】

人類雖然有榮辱貴賤之分，吉凶禍福之別，成敗盛衰之異，但追根溯源，都是因為得道、失道所至。立身行事，要順天理、合人情。一個人的行為只要合乎道義，就會吉祥喜慶，否則凶險莫測。有道德的人，無心求福，福報自來；多行不義的人，有心避禍，禍從天降。只要所作所為上合天道，下合人道，自然百福眷顧，吉祥長隨。反之，則為不祥。做事要長遠計畫，只圖眼前利益，沒有長遠謀略的人，就連眼前的憂患也無法避免。俗語云：「人無遠慮，必有近憂；但行好事，莫問前程。」說的也正是這個意思。

【處世活用】

所謂符合天道就是要有一顆仁愛之心。人生下來既是平等的又充滿了不平等。有些人天生聰慧，有些人天生家境優越。所以在這樣的環境中生活更需要我們有一顆仁愛之心。如果能夠推己及人地尊重和愛護別人，那麼自然就會順應天道、合乎人心。

祖父的教誨

全球最大的網上書店亞馬遜公司的總裁傑夫・貝佐斯小時候，經常在暑假隨祖父母一起開車外出旅遊。10歲那年，貝佐斯又隨祖父母外出旅遊。旅遊途中，他看到一條反對吸菸的廣告上說，吸菸者每吸一口菸，他的壽命便縮短兩分鐘。正好貝佐斯的祖母也吸菸，而且有著30年的菸齡。於是，貝佐斯便自作聰明地開始計算祖母吸菸的次數。計算的

結果是：祖母的壽命將因吸菸而縮短16年。當他得意地把這個結果告訴祖母時，祖母傷心地放聲大哭起來。祖父見狀，便把貝佐斯叫下車，然後拍著他的肩膀說：「孩子，總有一天你會明白，仁愛比聰明更難做到。」祖父的這句話雖然只有短短的19個字，卻令貝佐斯終生難忘。從那以後，他一直都按照祖父的教誨做人。

順應自然，按照自然發展的規律來行事，不隨意觸犯規律。這也是師法天道的行為。生活中處處充滿了道，如果參透這些道的玄機，那麼會減少很多的彎路。

【管理活用】

管理者在企業的規範制定中，應當考慮如何營造一個人性的氛圍。人性的氛圍是天道自然的表現，也有利於激發員工的工作積極性。在職場中雖然有員工和老闆之分，但是在情感上，大家都是平等的人。所以尊敬員工的人格，這是對他們最好的鼓勵。

洛克菲勒的啟示

洛克菲勒早年同兩個朋友共同創辦了一個小煉油廠。當時他的股份只占25％。所以廠裡面的事情都是兩個朋友說了算。後來煉油廠生意興隆，很快就成為當地最大的煉油廠。這時洛克菲勒的朋友們有意採取手段排擠掉他。洛克菲勒是個聰明人，他知道兩個朋友的意圖。但是他沒有採取相同的辦法來對付，他總是按照一個小管理者的身份與工人們相處。由於謙虛、有責任心，他很快就在工人中間獲得了極高的威信。此時，他的兩個朋友由於長期與工人隔絕，且高傲蠻橫，很不受工人們的尊重。當煉油廠再次面臨管理者的選擇的時候，工人們以罷工的方式來支援洛克菲勒。而洛克菲勒的兩位朋友最終因為工人的反對不得不撤資

離去。洛克菲勒後來就是依靠這家小煉油廠一步步發展成了當今世界最大的美孚石油公司。

　　如果當時洛克菲勒也像他的朋友一樣採取相同的方式來應戰，那麼公司將不可避免地走向分裂。而成功人士的成功之處就在於一切順其自然，用實際行為來回應那些陰謀手段，這樣縱然自己處於劣勢也能夠轉危為安。

同志相得，同仁而憂

【原文】

同志相得，同仁相憂。

【譯文】

志同道合的人，會互相促進；都有仁愛之心的人，會為彼此分解憂愁。

【名家注解】

張商英注：舜有八元、八凱。湯則伊尹。孔子則顏回是也。文王之閎、散，微子之父師、少師，周旦之召公，管仲之鮑叔也。

王氏注：君子未進，賢相懷憂，讒佞當權，忠臣死諫。如衛靈公失政，其國昏亂，不納蘧伯玉苦諫，聽信彌子瑕讒言，伯玉退隱閒居。子瑕得寵於朝上大夫，史魚見子瑕讒佞而不能退，知伯玉忠良而不能進。君不從其諫，事不行其政，氣病歸家，遺子有言：「吾死之後，可將尸於偏舍，靈公若至，必問其故，你可拜奏其言。」靈公果至，問何故停尸於此？其子奏曰：「先人遺言：見賢而不能進，如讒而不能退，何為人臣？生不能正其君，死不成其喪禮！」靈公聞言悔省，退子瑕，而用伯玉。此是同仁相憂，舉善薦賢，匡君正國之道。

【經典解讀】

理想志趣相同，自然會覺得情投意合，如魚得水。都有仁善情懷、俠義心腸的人，必定能患難與共、肝膽相照。歷史上不乏此類美談：成湯見伊尹而拜之為相；顏回仁而固窮，孔子引為得意門生；文王因有閎夭、散宜生，才日見強盛；當紂王的太師與少師見紂王無道，國將滅亡時，微子便與之結伴而去；周公、召公同心同德輔佐周室，才使周王朝得享八百年天下。這些，都可證明「同志相得，同仁相憂」。

【處世活用】

生活中最需要的就是朋友，而且是志同道合的朋友。這些朋友不但可以在你危難的時候幫助你，更可以提升你的修養水準。

管鮑分金

管仲和鮑叔牙一起做生意，鮑叔牙出了很多的銀兩，而管仲只出了很少的銀兩。在之後的日子裡，管仲常常從櫃上拿錢，然大家知道，做生意用的本金是不能亂動的，但是管仲卻屢次動用，讓鮑叔牙的手下很是惱火。到了分紅的時候，鮑叔牙說：「我們兩個將銀子一人一半分了吧。」管仲同意了。鮑叔牙的手下看不過去，就對鮑叔牙說：「他天天不做事，而且經常動用櫃上的錢，您為什麼要這樣禮讓他呢？」鮑叔牙說：「我當初做生意就是想幫助管仲，他家裡貧窮，上有老母，如果我直接給他錢，他一定不會要，我就和他做生意，讓他能正大光明地拿錢來用。」

管仲和鮑叔牙的情誼一直延續到齊桓公時。經鮑叔牙推薦，管仲最終成為齊桓公的得力助手，並輔助齊桓公稱霸春秋。生活中遇到這樣的朋友，要待之以誠，處之以心。這樣的朋友是一生最大的財富，是任何

時候用金錢都無法購買的。

【職場活用】

在工作中，同事之間要相互學習，取長補短。作為新人如此，對於一個在公司中工作了很多年的人來說，更應如此。每個人與生俱來就有自己的弱點和優點。作為一個公司的新人來講，毋庸置疑，前輩們就是我們的榜樣；而對於一個老手，一般在公司中已經或多或少取得了一些業績，最起碼也有比較豐富的工作經驗，此時，切不可沾沾自喜，那些公司的「新鮮血液」同樣值得去學習他們的工作態度、他們「初生牛犢不畏虎」的工作精神等等。只有保持一顆謙虛好學的心，才能不斷進步，業務水準才能不斷提高。所以，要注重同事間的相互學習。

二人一心

越國人甲父史和公石師各有所長。甲父史善於計謀，但處事很不果斷；公石師處事果斷，卻缺少心計，常犯疏忽大意的錯誤。因為這兩個人交情很好，所以他們經常取長補短，合謀共事。他們雖然是兩個人，但好像長的是一顆心。這兩個人無論做什麼決定，總是能意見一致。

後來，他們在一些小事上發生了衝突，吵完架後就各奔東西了。當他們各自行事的時候，都在自己的政務中屢遭敗績。一個叫密須奮的人對此感到十分痛心。他哭著規勸兩人說：「你們聽說過海裡的水母沒有？它沒有眼睛，靠蝦來帶路，而蝦則分享著水母的食物。這二者互相依存、缺一不可。恐怕你們還沒有見過雙方不能分開的另一典型例子，那就是西域的二頭鳥。這種鳥有兩個頭共長在一個身子上，但是彼此妒忌、互不相容。兩個鳥頭飢餓起來互相啄咬，其中的一個睡著了，另一個就往牠嘴裡塞毒草。如果睡夢中的鳥頭嚥下了毒草，兩個鳥頭就會

一起死去。牠們不可分離。下面我再舉一個人類的例子。北方有一種肩並肩長在一起的『比肩人』。他們輪流著吃喝、交替著看東西。死一個則全死，同樣是二者不可分離。現在你們兩人與這種『比肩人』非常相似。你們和『比肩人』的區別僅僅在於，『比肩人』是透過形體，而你們是透過事業結合在一起的。既然你們獨自行事時連連失敗，為什麼還不和好呢？」

甲父史和公石師聽了密須奮的勸解，對視著會意地說：「要不是密須奮這番講解，我們還會單打獨鬥受更多的挫折！」於是，兩人言歸於好，重新在一起合作共事。

在工作中，我們要講求配合。正如上文所說，人總是各有所長。我們只有協作起來，向著同一個目標，共同提高，當然最後受益的肯定是我們這個團隊中的每一個成員。【管理活用】

單打獨鬥、個人英雄的閉門造車工作方式在現今社會是越來越不可取了，反而團隊的分工合作方式正逐漸被各企業認同。管理中打破各級各部門之間無形的隔閡，促進相互之間融洽、協作的工作氛圍是提高工作效率的良方。

臭味相投

【原文】

同惡相黨,同愛相求。

【譯文】

為非作歹,陰謀不軌的小人,會在一起勾結;有相同愛好的人,會互相訪求。

【名家注解】

張商英注:商紂之臣億萬,盜蹠之徒九千是也。愛利,則聚斂之臣求之;愛武,則談兵之士求之。愛勇,則樂傷之士求之;愛仙,則方術之士求之;愛符瑞,則矯誣之士求之。凡有愛者,皆情之偏、性之蔽也。

王氏注:如漢獻帝昏懦,十常侍弄權,閉塞上下,以奸邪為心腹,用凶惡為朋黨。不用賢臣,謀害良相;天下凶荒,英雄並起。曹操奸雄董卓謀亂,後終敗亡。此是同惡為黨,昏亂家國,喪亡天下。如燕王好賢,築黃金臺,招聚英豪,用樂毅保全其國;隋煬帝愛色,建摘星樓寵蕭妃,而喪其身。上有所好,下必從之;信用忠良,國必有治;親近讒佞,敗國亡身。此是同愛相求,行善為惡,成敗必然之道。

【經典解讀】

所謂「物以類聚，人以群分」，性情、癖好相同的人，自然會彼此吸引。秦武王好武，身邊的大力士任鄙、孟賁個個加官晉爵；明神宗愛財，身邊的宦官全是一幫巧取豪奪之徒，從此礦監四出，國勢不振。大凡有所癡愛的人，性情一般來說都比較偏激怪誕，這種人往往會情被物牽，智為欲迷。

【處世活用】

生活中有一種群類現象，那就是臭味相投。這不是個褒義詞，所以我們最好不要讓這個詞沾染上自己。與這個詞相連的是同愛相求，指的是有共同愛好的人在一起探討未來，這是一件很美好的事情。狼和狽原本是兩個配合十分默契的動物，如果不是因為它們幹壞事，那麼它們的配合完全可以稱得上同愛相求。

狼狽為奸

狼狽為奸的原意是說，狼和狽時常合夥傷害牲畜。後來，逐漸發展為用於比喻兩個或幾個人聚集在一塊，相互勾結做壞事。

其實狼是一種比較凶殘的動物，狽是一種大腦非常機靈的動物。

狽前腿短後腿長，自己不能行走，只能靠爬在狼的身後，借助狼來行動。一般狽是不行動的，牠只給狼出謀劃策。如果狼遇到自己不能解決的問題才把狽背出來，讓狽做牠的軍師，狽是靠吃狼打獵來的食物而生存的。

【職場活用】

職場之上，我們需要良好的同事關係，但絕非拉幫結派。拉幫結派

的結果一則使「幫派」之外的人敵視，二則會招致公司上層的顧忌。我們需要一個團結的整體，這個團體必須是一個為了共同的、正確的目標而努力的團體。處在這樣的團體和環境之中會讓我們更提升自己。

【管理活用】

一個團隊僅有良好的願望和熱情是不夠的，要積極引導並靠明確的規則來分工協作，這樣才能形成合力。管理一個專案如此，管理一個部門也是如此。團隊協作需要默契，但這種習慣是靠日積月累來達成的，在協作初創期，還是要靠明確的約束和激勵來養成，作為管理者的重要任務之一，即能營造這種團隊協作的企業文化。

通天塔

《舊約》上說，人類的祖先最初講的是同一種語言。他們在底格里斯河和幼發拉底河之間，發現了一塊異常肥沃的土地，於是就在那裡定居下來，建造起了繁華的巴比倫城。後來，人們的日子越過越好，為自己的業績感到驕傲，他們決定在巴比倫修一座通天的高塔，來傳頌自己的赫赫威名，並作為集合全天下弟兄的標記，以免分散。因為大家語言相通，同心協力，階梯式的通天塔修建得非常順利，很快就高聳入雲。上帝耶和華得知此事，立即從天國下凡視察。上帝一看，又驚又怒，因為上帝不允許凡人達到自己的高度。當看到人們這樣統一強大，心想，人類講同樣的語言，就能建起這樣的巨塔，日後還有什麼辦不成的事情呢？於是，上帝決定讓人世間的語言產生混亂，使人們互相言語不通。

人們各自說著不同的語言，感情無法交流，思想很難統一，就難免出現互相猜疑、各執己見、爭吵鬥毆的情況。這就是人類誤解的開始。修造工程因語言紛爭而停止，人類修築通天塔最終半途而廢。

美女善妒

【原文】

同美相妒。

【譯文】

無論男女,若同愛著一個人,必然互相嫉妒;美人之間,也會互相嫉妒。

【名家注解】

張商英注:女則武后、韋庶人、蕭良娣是也。男則趙高、李斯是也。

【經典解讀】

同為傾城傾國之貌的佳麗,彼此總要爭風吃醋。

【處世活用】

嫉妒是生活中最常見的麻煩事,如何聰明地處理是我們成功生活的一部分。採取狠招反擊對手是生活中常用的手段。但是這樣的手段往往讓我們得不償失,因為惡毒的招數往往會招致更惡毒的報復。古人早就教育我們要以德化怨。這種方式雖然顯得有些窩囊,但是的確是較好的防守武器。生活中的嫉妒太多,不可能每次都反擊。適當的反擊是必須

的，但是更多的時候我們需要防守。

鄭袖之妒

楚懷王的愛妃鄭袖是一個以妒忌出名的人。魏王曾送給楚懷王美女，鄭袖表面上雖然表示不妒忌，但是她一直在尋找機會殘害魏美人。

有一天，鄭袖對魏美人說，「妹妹，你真漂亮，難怪大王那麼喜歡你，但美中不足的是你的鼻子，真叫人惋惜呀。」魏美人不知何意，慌亂用手摸摸鼻子。鄭袖接著說，「妹妹呀，我幫你想個法子吧。以後你再看見大王，應該用什麼東西將鼻子遮住，不要讓大王看見，這樣大王就會更喜歡你了。」魏美人對鄭袖的指教感激不盡。

此後，魏美人每次拜見楚懷王，總是用一束鮮花遮住鼻子，時間久了，楚懷王對魏美人的做法覺得非常奇怪；鄭袖欲言又止，激起了楚王的好奇心，最後鄭袖故意羞羞答答地說：「大王不要生氣，是魏美人不識抬舉，大王對她如此寵愛，她卻說大王身上有股臭味，她討厭聞到。」楚懷王一聽，火冒三丈，立即下令把魏美人的鼻子割掉。果然，鄭袖從此獨佔專寵。

以鄭袖的聰明和心腸之狠，確實贏得了一時的勝利。但是後宮的美女是無盡的，聰明人也是無窮的。她不可能永遠與宮女戰鬥下去，而且別人也不可能都像魏美人那樣輕易中奸計。最終的結果會是鄭袖比魏美人更慘。

【職場活用】

嫉妒是一種再正常不過的情緒，它存在於人的意識裡，一般人們並不會主動覺察到。嫉妒是一種自我防禦，因為不如人，卻又接受不了自己弱於他人的感受，於是對他人進行貶低，目的不是為了傷害他人，而

是為了讓自己處在劣勢中還能快樂。你在各方面都有優勢，也要讓別人在你身邊還能自在自如，所以正確的態度是寬容。寬容的心會把嫉妒變為真正的欣賞和友情，對嫉妒的敵意只會給自己樹敵！

在職場中，在作出別人嫉妒我這種判斷前，先要問問自己，為什麼會在人際關係裡有這樣的感覺，這些感覺是別人的還是自己的，你是否真的能分清。感覺是個很奇怪的東西，你的心理活動只有你才感覺得到，不然你會視而不見，充耳不聞。心理學有個名詞叫做透射性認同，是說人們會無意識把自己的內心活動透射到對方，以為是對方的，進而使自己的人際關係有所改變。這些改變和持續性透射作用，最終讓別人真的出現針對你的情緒。

【管理活用】

管理者如何合理地配置下屬，讓他們既能夠發揮自己的才能，又能夠保持互不嫉妒的關係，這是每一個管理者都在思考的問題。

避雷針與風向標

無論是雷霆萬鈞，還是劍雨風刀，直指雲空的避雷針，總是巋然不動，勇敢地化解危險，使高大的建築物免遭雷擊。風向標卻不同，它時南時北，忽東忽西。風一天調幾次，它的身子就跟著轉動幾次。哪怕是一絲微風，它也靈敏地做出反應，毫無懈怠之意。

於是，避雷針受到讚美立場堅定；風向標受到鄙夷隨風轉移。小燕子把這一評語告訴了它倆。風向標坦然地說：「讓別人評頭論足吧，舌頭長在人家嘴裡。我只有一個信念，實事求是地向人們傳遞資訊。如果我違心地把北風說成南風，把東風說成西風，那我的存在還有什麼意義？」

避雷針高聲地表示贊同：「說得好哇，兄弟！你我分工本來就不同嘛，為何要用我的標準去衡量你？離開動機和效果去評價行動，常常會把一個美好的形象歪曲。」

管理者可以給每個員工灌輸這樣的企業觀念：每個人的工作分工不一樣，所以，不要看輕自己的工作。「避雷針」的堅定與果敢固然值得大家讚賞，而「風向標」正是因為它的「見風使舵」才給大家的生活帶來了方便。我們或許會在工作中遇到同樣的困惑，明明自己的工作為別人帶來了方便，卻遭到了別人的敵視。這時，要堅定自己的信念，如果你的工作確實是有利於別人的，並且自己對工作也很負責，那麼，就不要太介意別人的看法，或者把別人的敵視當做一種促使自己進步的動力，這樣，不僅自己會工作得更好，也是一種對敵視者最好的回擊。相信自己，堅定信念，你必然是最出色的一員。

智者多謀

【原文】

同智相謀。

【譯文】

同等智慧的人，必定會在謀略上互相較量。

【名家注解】

張商英注：劉備、曹操，翟讓、李密是也。

【經典解讀】

　　才智同樣卓絕的人，雙方一定會先是一比高下，進而互相殘殺。各朝各代，智者火拼的悲劇實在是太多了。注中提到的數人，只不過是大家耳熟能詳的幾個罷了。

【處世活用】

　　智慧是一個人驕傲的資本。當一個智者遇到另外一個智者，其首次爆發出來的碰撞絕對是惡性的。英雄惜英雄是在英雄互相瞭解的前提下產生的。當英雄不識英雄的時候，其競爭是不可避免的。在生活中，當我們遇到這樣的情況時，我們可以選擇競爭，但是要將這樣的競爭控制

在理性的範圍之內。如果突破規矩，那麼將是兩敗俱傷。

錙銖必較

《宋稗類鈔》中載有這樣一件事：宋朝有個名叫蘇掖的人，官至州縣監察。他家中十分有錢，但卻非常吝嗇，常常在置辦田地或房產時，不肯付足對方應得的錢。有時候，為了少付一分錢，他會與人爭得面紅耳赤。他還趁別人困窘危急之時，壓低對方急於出售的房產、地產及其他物品的價格，從而牟取暴利。有一次，他準備買下一戶破產人家的別墅。他竭力壓低房價，為此與對方爭執不休。他兒子在旁邊看不下去了，忍不住發話道：「父親，您還是多給人家一點錢吧！說不定將來哪一天，我們兒孫輩會出於無奈而賣掉這座別墅，希望那時也有人給個好價錢。」蘇掖聽兒子這麼一說，又吃驚、又羞愧，從此便有所醒悟了。

范西屏與施襄夏

清代乾隆年間出現了兩位絕代的圍棋大師——范西屏和施襄夏。他們本是同鄉，年齡又相仿，未出名前，兩人就常在一起下棋。後來他們相繼成為國手，便分道揚鑣，各奔前程，相聚便不多了。

據《國弈初刊·序》引胡敬夫的話，范、施雍正末、乾隆初曾在京師對弈十局，可惜這十局棋的記錄現已無處找尋。以後，乾隆四年時，范、施二人受當湖（又名平湖）張永年邀請，前往授弈。張永年請二位名手對局以為示範，范、施二人就此下了著名的「當湖十局」。原本十三局，現存十一局，「當湖十局」下得驚心動魄，是范西屏、施襄夏一生中最精妙的傑作，也是中國古代對局中登峰造極之局。同代棋手對其評價很高。

二人雖然是競爭對手，但是從來沒有進行過你死我活的爭鬥。「當

湖十局」雖然不分勝負，但是二人並沒有就此交惡。相反地，他們倆一直保持著良好的朋友關係。正是他們的善意相爭，推動了乾隆年間圍棋的發展。

尺有所短，寸有所長，競爭對手之所以成為你的競爭對手，肯定有你無可替代的優勢，如果把這種優勢轉化為對自己有利的一股力量，何樂而不為？利弊的權衡是一門高深的學問，也是一門藝術。考慮得失不僅僅只是眼前，還要考慮到以後的生存和發展才是最明智的選擇。留三分餘地給別人，就是留三分餘地給自己。

生活當中如果同智相謀不可避免的時候，我們應當克制自己的求勝欲望。因為這種欲望往往會讓我們進行一場沒有必要的消耗。所以當我們明白同智相謀這個道理後，應當提升自我修養，用自我的人格魅力去化解同智者的輕視和嫉妒。

【職場活用】

一個優秀的領導人總是會為自己的團體爭取福利，這是無可厚非的。但有時候後退一步給對手一個機會對自己未嘗不是一件好事。

既生瑜，何生亮

在《三國演義》中，赤壁之戰後，孫權和劉備爭奪荊州，周瑜與孔明鬥智。孔明智勝一籌，三次氣倒周瑜。第一次，周瑜用計大敗曹軍，正欲乘勝佔領南郡，卻被孔明搶先一步，命趙雲占了南郡，命關羽利用曹軍兵符襲取了襄陽，周瑜氣得舊疾復發，昏倒在地。第二次，周瑜設計讓孫權假意將其妹嫁於劉備，欲騙劉備到東吳，到時逼其交出荊州。孔明讓趙雲帶著三條錦囊妙計，保護劉備過江招親，最終弄假成真，與孫夫人同返荊州。周瑜準備截擊劉備，又被孔明的伏兵所敗。岸上軍士

齊聲大叫：「周郎妙計安天下，陪了夫人又折兵！」周瑜氣得又一次不省人事。第三次，周瑜詐稱願替劉備奪取西川，藉以換回荊州。實際上是想趁路過荊州，劉備勞軍之際殺劉備而奪荊州。這一招又被孔明識破。周瑜到達荊州時，孔明以四路兵馬包抄吳軍，高喊「活捉周瑜」。周瑜氣得箭瘡復裂，墜於馬下。經此三氣，周瑜很快就死了。臨終前仰天長嘆：「既生瑜，何生亮！」

諸葛亮和周瑜的故事誰都熟悉。二人在赤壁之戰中精誠合作，讓曹操丟盔棄甲，八十萬大軍全軍覆沒。但是赤壁之戰之後，二人便陷入了同智相謀。二人雖然是為了各自集團的利益在爭鬥，但是也是二人在爭誰的謀略更高一籌。周瑜因為氣量狹小，最終被諸葛亮逼到絕境。而獲勝一方的諸葛亮也沒能笑到最後。他在與東吳周瑜的爭鬥中耗費大量兵力，以至於後來沒有足夠的經濟實力和兵力來北伐中原、對付司馬懿。如果諸葛亮和周瑜二人當時能聯合對付北方的曹魏和司馬氏集團，那麼歷史或將被改寫，至少東吳和蜀國都可能存在更長的時間。所以今日看來，二人的同智相謀實在有些不值。

同官同利易相殘

【原文】

同貴相害,同利相忌。

【譯文】

處於同一高位的人,唯恐自己失權失勢,必互相謀害;做同一行生意的人,必然暗中競爭而企圖排擠掉對方。

【名家注解】

張商英注:勢相軋也。害相刑也。

王氏注:同居官位,其掌朝綱,心志不和,遞相謀害。

【經典解讀】

具有同等權勢地位的人,互相排擠,彼此傾軋,甚至不擇手段地以死相拼。在艱難困苦的時候,還可相安無事,扶持協作,一旦發了財、得了勢,就開始中傷誹謗。難道權力、財富真的是人性的腐蝕劑?

【處世活用】

生活中有些人是可以共患難的,但在有了發展之後,卻忘了舊時歲月。我們在做事的時候一定要給自己留一條可以退守的後路。否則一旦

遇到意外,便毫無防備。

范蠡急流勇退

西元前496年,吳國和越國發生了戰事,吳王闔閭陣亡,因此兩國結怨,連年戰亂不休。闔閭之子夫差為報父仇與越國決戰,越王勾踐大敗,僅剩五千兵卒逃入會稽山。范蠡向勾踐概述「越必興、吳必敗」之斷言,進諫:「屈身以事吳王,徐圖轉機。」被拜為上大夫後,他陪同勾踐夫婦在吳國為奴三年。

三年後歸國,他與文種擬定興越滅吳九術。在苧蘿山浣紗河訪到德才貌兼備的巾幗奇女西施,在歷史上譜寫了西施深明大義獻身吳王,裡應外合興越滅吳的傳奇篇章。范蠡事越王勾踐二十餘年,苦身努力,成就越王霸業,被尊為上將軍。

范蠡認為越王只可共患難,不可同富貴,所謂「飛鳥盡,良弓藏;狡兔死,走狗烹」。遂與西施一起泛舟齊國,變姓名為鴟夷子皮,帶領兒子和門徒在海邊結廬而居。努力墾荒耕作,兼營副業並經商,沒有幾年,就積累了數千萬家產。他仗義疏財,施善鄉梓。范蠡的賢明能幹被齊人賞識,齊王把他請進國都臨淄,拜為主持政務的相國。他喟然感嘆:「居官致於卿相,治家能致千金;對於一個白手起家的布衣來講,已經到了極點。久受尊名,恐怕不是吉祥的徵兆。」於是,才三年,他再次急流勇退,向齊王歸還了相印,散盡家財。

范蠡如果不是急流勇退,肯定會被勾踐殺掉。聰明的人在與人處事中始終為自己謀劃一條後路,並且在成功的時候能夠認真思考合作夥伴的性格能否容忍自己。如果不容,那麼就趁早離去,這樣一來還能留下美名。

【職場活用】

職場當中，像勾踐這樣做的大有人在。我們既要防備這些人，又要與這些人合作。因為這些失敗者的身體裡蘊涵著無窮的創造力。這些人的品行決定他們可以在逆境中爆發。所以與這些人合作，可以創造一個有前途的未來。但是這些人也是我們最需要防備的人。因為這些人不容許別人與他爭奪勝利的成果。所以當我們獲得了一定的成功，得到了自己想要的經驗時，最好的方式便是尋找退路。這既沒有損害合作者的自尊心，也沒有犧牲自己應得的利益。

假託神道明哲保身

自從漢高祖入都關中，天下初定，張良便託辭多病，閉門不出。隨著劉邦皇位的漸次穩固，張良逐步從「帝者師」退居「帝者賓」的地位，遵循著可有可無、時進時止的處世原則。在漢初劉邦翦滅異姓王的殘酷鬥爭中，張良極少參與謀劃。在西漢皇室的明爭暗鬥中，張良也恪守「疏不間親」的遺訓。

漢高祖劉邦令張良自擇齊國三萬戶為食邑，張良辭讓，請封始與劉邦相遇的留地，劉邦同意了。張良辭封的理由是，布衣得封萬戶、位列侯，應該滿足。看到漢朝政權日益鞏固，國家大事有人籌畫，自己「為韓報仇強秦」的政治目的和「封萬戶、位列侯」的個人目標亦已達到，一生的夙願基本滿足。再加上體弱多疾，又目睹彭越、韓信等有功之臣的悲慘結局，聯想范蠡、文種興越後的或逃或死，深悟「狡兔死，走狗烹；飛鳥盡，良弓藏；敵國破，謀臣亡」的哲理，懼怕既得利益的復失，更害怕韓信等人的命運落到自己身上，張良乃自請告退，摒棄人間萬事，專心修道養神，崇信黃老之學，靜居行氣，欲輕身成仙。而同樣

功勞巨大的韓信總是看不透劉邦的真實用意。他放不下權力，最終被呂后殺害。

職場中如果我們都學習張良，那麼就不會有那麼多的劉邦出現。因為自我放棄，明哲保身是最好的回擊方式。當別人擔心你的功勞將讓他的地位受威脅的時候，你不妨放棄目前的權利。這樣你可以避開無謂的爭鬥和犧牲。同樣你也可以獲得美名，而這樣的美名也將成為你將來求職的資本。

【管理活用】

身為管理者，當然更需要明白這裡面的道理。只有克制自己的嫉妒心，才能維持一個團隊的運轉。否則單靠自己的打拚是很難獲得成功的。獲得成功後，一定要保持一顆謙虛的心，不能因為員工對自己的指責便暴跳如雷，也不能因為員工的驕傲就心生恨意。現實逼迫企業向高層次轉換，高層次的企業需要高層次的人才相匹配。企業若想要繼續馳騁「商場」，靠單打獨鬥顯然不行了。企業家首先要戰勝自我、超越自我，從知識結構到經營理念進行全面更新。戰勝自我很重要的一個方面就是摒棄以自我為中心，察納雅言，博採眾長。

物以類聚，人以群分

【原文】

同聲相應，同氣相感。同類相依，同義相親。同難相濟。

【譯文】

相同的聲音會產生共鳴；相同的氣韻會相互感應；同一類人相互依存；人品相近的人相互親近；處於同樣困難下的人會相互幫助。

【名家注解】

張商英注：五行、五氣、五聲散於萬物，自然相感應。六國合縱而拒秦，諸葛通吳以敵魏。非有仁義存焉，時同難耳。

王氏注：聖德明君，必用賢能良相；無道之主，親近諂佞讒臣；楚平王無道，信聽費無忌，家國危亂。唐太宗聖明，喜聞魏徵直諫，國治民安，君臣相和，其國無危，上下同心，其邦必正。強秦恃其威勇而吞六國；六國合兵，以拒強秦；暴魏仗其奸雄而併吳蜀，吳蜀同謀，以敵暴魏。此是同難相濟，遞互相應之道。

【經典解讀】

有共同語言的自然易於溝通，願意彼此唱和。氣韻之旋律相同的就

會相互感應，發生共鳴。金、木、水、火、土五種自然元素和宮、商、角、徵、羽五種韻律，融合在自然界的各種物質中。人情世故，治國經要，當然也背離不了這些自然規律。

【處世活用】

選擇一個好的生活環境對一個人的成長很關鍵，所謂物以類聚，人以群分，說的就是這個道理。當我們置身於良好的生活環境當中時，我們的品行會不自覺地獲得昇華，古代孟子母親三次為孟子選擇鄰居的故事就說明了這個道理。

孟母三遷

孟子小的時候，父親早早地死去了，母親守節沒有改嫁。一開始，他們住在墓地旁邊。孟子就和鄰居的小孩一起學著大人跪拜、哭嚎的樣子，玩起辦理喪事的遊戲。孟子的媽媽看到了，就皺起眉頭：「不行！我不能讓我的孩子住在這裡了！」孟子的媽媽就帶著孟子搬到市集，靠近殺豬宰羊的地方去住。到了市集，孟子又和鄰居的小孩，學起商人做生意和屠宰豬羊的事。孟子的媽媽知道了，又皺皺眉頭：「這個地方也不適合我的孩子居住！」於是，他們又搬家了。這一次，他們搬到了學校附近。每月夏曆初一這個時候，官員到文廟，行禮跪拜，互相禮貌相待，孟子見了都一一學習效法。孟子的媽媽很滿意地點著頭說：「這才是我兒子應該住的地方呀！」

孟子的母親如果依舊讓孟子在墓地那樣惡劣的環境下生活，那麼孟子將來也一定是一個不學無術的浪子。而搬到學校旁邊，受到知識的薰陶，孟子喜歡研究學問的天性被激發了出來，於是成了偉大的思想家。

【職場活用】

職場之中，想要獲得成功，就需要選擇一個正確的團隊。一個正確的團隊不但可以讓你發揮自己的才能，而且能夠讓你提升自己的才能。優秀的團隊每一個人都積極發揮智慧。如果我們追隨了一個錯誤的團隊，那麼對自我的發展則是毀滅性的。錯誤的團隊不但打擊了你的自信心，而且對你的才能也是一種浪費。所以在職場打拚的時候，首先就是要選擇一個有利於自己發展的優秀團隊。這和孟子的母親選擇鄰居其實是一個道理。

格林尼亞的成功

維克多‧格林尼亞是法國有機化學家，1871年5月6日出生於法國瑟堡。他的父親是一個造船廠的老闆，他是家中最受寵愛的兒子。由於家境富有，所以年輕時候格林尼亞是個浪蕩公子。他整日和城裡的那些混混在一起混日子。他們不是喝酒就是到處閒逛。在鎮上，他們是誰見了都討厭的一群人。

1892年，在一次上流社會的舞宴中，格林尼亞發現一位初次露面的美人，便邀其做舞伴，不料遭到拒絕。當格林尼亞得知這是一位來自巴黎的女伯爵時，立即上前致歉。女伯爵冷漠以對：「請站離遠一點，我最討厭你這種花花公子擋在我面前！」

從此以後，格林尼亞改過自新。他來到了里昂。在里昂大學旁邊租了一個小屋，每天在大學氛圍中奮發向上，努力學習，並進入里昂大學學習。在大學的學習過程中，他始終將自己鎖在實驗室裡，並且遠離之前的那些紈絝朋友。有導師的悉心指導，有志同道合的同學關心，他終於在1912年發現了格氏試劑，獲得諾貝爾化學獎。

如果格林尼亞繼續待在家鄉，和那些混混相處，那麼一顆天才的化學家之星就將黯淡無光。這不光是他自己的損失，也是人類的損失。幸好女伯爵的刺激使得格林尼亞及早意識到自己的愚蠢，也幸好在里昂大學他遇到一群可以讓他走上正軌的良師益友。

【管理活用】

　　默契配合的團隊，都能互相幫助，能輕鬆地達到目的，因為他們在彼此信任的基礎上，攜手前進。我們應該要具有團隊意識，在隊伍中跟著帶隊者，與團隊一起成長。打造優秀的團隊是管理者必修的功課。如果不能將成員和組織的關係處理好，不能將團隊的優勢發揮出來，那麼團隊則無法發展，成員也將喪失信心。成功的企業領導者無不重視精品團隊的打造。

志同道合則大業可成

【原文】

同道相成。

【譯文】

具有共同信仰、共同目標的人,能互相幫助,相輔相成。

【名家注解】

張商英注:漢承秦後,海內凋敝,蕭何以清靜涵養之。何將亡,念諸將俱喜功好動,不足以知治道。時,曹參在齊,嘗治蓋公、黃老之術,不務生事,故引參以代相。

王氏注:君臣一志,行王道以安天下,上下同心,施仁政以保其國。蕭何相漢鎮國,家給饋餉,使糧道不絕,漢之傑也。臥病將亡,漢帝親至病所,問卿亡之後誰可為相?蕭何曰:「諸將喜功好動俱不可,惟曹參一人而可。」蕭何死後,惠皇拜曹參為相,大治天下。此是同道相成,輔君行政之道。

【經典解讀】

類型相同的互相依存,利益共同體中的各方,容易結為緊密的團體。處在困難中的人們,很容易和衷共濟,互相援救,以期共渡難關。國與國之間或同僚之間,如果體制相同或政見一致就會互相成全,結為

同盟。六國聯合起來抗秦，是因為都感覺到了同一敵人的威脅。劉備和孫權聯手抗曹，並不是吳蜀兩國真的那麼友好，真正的原因是同樣的利害和命運迫使他們不得不這樣做，根本不是出於仁義。

屈從危難的局勢結成的聯盟不會長久，但基於志同道合的真誠團結則必定成功。注解中的蕭何薦相一事，即可生動地證明這一道理。

【處世活用】

生活當中，縱然你才華橫溢，也需要志同道合的朋友。朋友的意義不光在於給予你幫助，更是對你的一種促進。有些才能隱藏於你的體內，你自己沒有發現，而志同道合的朋友會善意提醒你。相反，如果你總是特立獨行，那麼你失去的不光是朋友，更失去了團隊精神。這樣縱然你有過人的才華，誰都不願意和你交往。

合唱隊中的烏鴉

林中百鳥在排練一個大合唱，大合唱的聲調悠揚氣勢雄壯！穿黑衣裳的八哥擔任指揮，高嗓門的百靈鳥擔任領唱。鸚鵡、畫眉、布穀、燕子、黃鶯、夜鶯、白鷺、鴛鴦，烏鴉、喜鵲、鵓鴣、麻雀……全都來參加這個大型合唱。八哥手裡拿著閃光的指揮棒，神氣地站在高高的指揮臺上。他把指揮棒瀟灑地一揮，合唱隊便嘹亮地歌唱。

百靈鳥領唱的歌聲清脆婉轉，高聲部的伴唱聲似金鈴般悠揚！低聲部渾厚深沉如轟鳴的海濤，作為聽眾的林中百獸無不擊節讚賞！突然間，低聲部出現一個不和諧音，聲音十分刺耳，帶著一股淒傷！原來是烏鴉不按規定的音符發聲，而是扯開嗓子拚命地高聲嘶嚷……

八哥用指揮棒做了個「停」的姿勢，整個合唱隊便戛然停止了歌唱。八哥聲色俱厲地向烏鴉提出批評：「你為什麼不按照規定的音符歌

唱?」烏鴉卻並不認為自己有什麼錯誤,甚至揚起脖子覺得自己理直氣壯:「我的歌聲本來也相當高亢嘹亮,為什麼讓我在低聲部壓制我的所長?如果我按照規定的音符歌唱,誰還能聽到多少我歌唱的聲響?那豈不就埋沒了我出色的才華,我這位歌唱家怎能美名遠揚?」八哥說:「合唱隊本是個完美的整體,誰高聲誰低聲均已安排妥當!如果為了突出自己便為所欲為,那還成什麼體統,有什麼規章?」烏鴉還是揚著脖子表示不服:「那就乾脆讓我到高聲部中去唱!」烏鴉蠻橫的態度引起了大家的憤怒,齊聲地批評它無理取鬧、太不像樣……

不講理的烏鴉一賭氣退出了合唱隊,一邊向遠處飛去一邊還在不滿地嘟囔……

合唱隊中沒有了烏鴉那刺耳的嗓音,變得格外和諧動聽,非常美妙悠揚!

烏鴉即便擁有過人的才華,卻不懂得和朋友以及團隊的配合,所以在這個集體中就自然沒有了它的位置。如果它懂得朋友的意義,按照團隊規範行事,那麼它不但可以發揮自己的才能,還能夠獲得朋友的讚賞。

【職場活用】

要達到甚至超出預期的工作成果,必須講求與同伴間的協作。當今社會,靠獨自蠻幹就期望事業進步的工作大多不復存在了;相反,現在想要有所成就,就必須尋求同事間的互相配合。團隊的收益往往意味著個人事業的發展。

隨著科學技術和經濟的不斷發展,社會正在不斷地向一個嶄新的人類文明邁進,一個人從事一項工作,無論從哪方面來說,知識面、體力等,都已顯得「心有餘,而力不足」。只有去尋求同事間的協作,發揮

彼此的長處，才有利於工作的完成，更有利於個人在職場上的馳騁。

【管理活用】

團隊精神，是指企業內部的思想和行為高度一致，充分團結的氛圍，員工遵循企業共同的經營理念和管理理念，為了共同的事業而相互協作，從而使企業產生一種合力。但是團隊精神不僅是員工的要求，而且更要求管理層，從領導團隊做起，從上到下地共同建設一個團結的團隊，從而形成一個公司的團隊精神。所以團隊的建設需要有一定的領導力。

蘋果電腦的創業歷程——團隊力量的見證

1976年史蒂夫・沃茲尼亞克和史蒂夫・賈伯斯設計出個人用的電腦，並於一年之後以蘋果Ⅱ型的商標投放市場。僅僅3年之後的1980年，蘋果電腦公司已迅速發展成為擁有1.18億美元的企業。儘管第二年IBM也推出了自己製造的個人電腦，但當年28歲的董事長史蒂夫・賈伯斯並沒有打算讓路。

他和他的同事親密無間，像一群海盜一樣大膽。賈伯斯在充當教練、一個團隊的領導和栽培人的新型經理方面是一個完美的典型。他是一個既狂熱又明察秋毫的天才，他的工作就是專門出各種新點子，他是傳統觀念的活躍劑，他不會把什麼事情都丟在一邊，也容不得無能與遷就的存在。

這些年輕人也紛紛對董事長賈伯斯表述了自己的看法，他們希望在從事的工作中做出偉大的成績。他們說：「我們不是什麼季節工，而是兢兢業業的技術人員。」他們要對技術有最新的理解，知道如何運用這些技術並用來造福於人。所以最簡便的辦法就是網羅十分出色的人物組成一個核心，讓他們自覺地監督自己。

現在公司人人都願意工作，並不是因為有工作非做不可，而是因為他們滿懷信心，目標一致。員工們一致認為蘋果電腦公司將成為一個大企業。

公司現在正在擴展事業的版圖，四處奔走招聘專業經理人才。許多人多數是外行，只懂管理，不懂技術，但是他們懂得什麼是興趣、誰是最好的經理，他們是最偉大的獻身者，所以他們上任肯定能夠做出好成績來，蘋果電腦公司的決策者一直是這樣認為的。

蘋果電腦公司在1984年1月24日推出麥金塔電腦，在頭100天裡賣掉了75,000部，而且還在持續上升，這種個人用的電腦粗略計算占到公司全年15億美元銷售額的一半。

在蘋果電腦公司中，如今一切都要看麥金塔電腦的經驗，並且加以證明，他們可以得到許多這類概念來應用，在某些方面做些改進，然後形成模式，在所有的工廠中他們都在採用麥金塔市場的模式，每個製造新產品的小組都是按照麥金塔的模式做的。麥金塔的例子表明，當一個發明團隊組成以後，能夠有效地完成任務，辦法是分工負責，各盡其職，在人們意識到要為之作出貢獻時，一個項目能否成功就是一次考驗。在麥金塔外殼中不被顧客所見的部分是全組的簽名，蘋果電腦公司的這一特殊做法的目的，就是為了給每一個最新發明的創造者本人而不是給公司樹碑立傳。

優秀領導者的最主要特性就是，具有洞察市場的慧眼和難以抗拒的感召力，在他周圍團結著與他志同道合的崇拜者。為什麼領導者具有感召力，關鍵是他和他的企業的價值觀，具有無窮的魅力。所以團隊精神不是孤立的，要建立精英團隊，首先是要確定企業的精神或是企業的信仰，確定企業的核心價值觀；然後經由它來吸引志同道合的合作者；最後，這種價值觀，或是體現在企業的制度上，或是體現在領導者身上。

同行是冤家

【原文】

同藝相窺，同巧相勝。

【譯文】

同樣技藝的人會互相輕視，同樣技巧的人會互不相讓。

【名家注解】

張商英注：李醯之賊扁鵲，逢蒙之惡后羿是也。規者，非之也。公輸子九攻，墨子九拒是也。

王氏注：同於藝業者，相觀其好歹；共於巧工者，以爭其高低。巧業相同，彼我不伏，以相爭勝。

【經典解讀】

上古時代，后羿善射，逢蒙把他的技藝學到手後就謀害了他；秦國的太醫令李醯雖然沒本事，卻對扁鵲高明的醫道非常嫉妒，在扁鵲巡診到秦國時，他派人刺殺了扁鵲。自古文人相輕，武夫相譏，這都是因為才能和技藝不相上下就不能相容，且不說墨子用九種守城的方法挫敗了魯班（即公輸子）的九種新式攻城武器的進攻，就連西晉時的王愷和石崇，為了炫耀自家的奇珍異寶，也曾發生過一場令人咋舌的鬥富好戲。

【處世活用】

現代社會競爭十分激烈，不可避免地會出現同行相爭的情況。而在競爭中如何保持一個良好的心態，並且理性、公正地和對手競爭是我們成功的一個重要因素。同行相輕是無法避免的心理，但是這並不意味著我們在競爭中就可以採取任何手段。因為不正當的競爭最終的受害者必然是我們自己。這裡我們可以看看孫臏和龐涓的故事。

孫臏和龐涓

孫臏和龐涓是同學，拜鬼谷子先生為師一起學習兵法。同學期間，兩人情誼甚篤，並結拜為兄弟，孫臏年長為兄，龐涓為弟。有一年，當聽到魏國國君以優厚待遇招求天下賢才到魏國做將相時，龐涓再也耐不住深山學藝的艱苦與寂寞，決定下山，謀求富貴。孫臏則覺得自己學業尚未精熟，還想進一步深造，另外，他也捨不得離開老師，就表示先不出山。於是龐涓一個人先走了。龐涓到了魏國，見到魏王。魏王問他治國安邦、統兵打仗等方面的才能、見識。龐涓傾盡胸中所有，滔滔不絕地講了很長時間，並保證說：「若用我為大將，則六國就可以在我的掌握之中，我可以隨心所欲統兵橫行天下，戰必勝，攻必克，魏國則必成為七國之首，乃至最終兼併其餘六國！」魏王聽了，很興奮，便任命他為元帥，執掌魏國兵權。這期間，孫臏卻仍在山中跟隨先生學習。他原來就比龐涓學得扎實，加上先生見他為人誠摯正派，又把祕不傳人的孫武子兵法十三篇細細地讓他學習、領會，因此，孫臏此刻的才能遠遠超過了龐涓。

有一天，從山下來了魏國大臣，禮節周全、禮物豐厚，代表魏王迎取孫臏下山。孫臏到魏國，先去看望龐涓，並住在他府裡。龐涓表面

表示歡迎，但心裡很是不安，唯恐孫臏搶奪他一人獨尊獨霸的位置；又得知自己下山後，孫臏在先生教誨下，學問才能更高於從前。於是他設計在魏王面前進讒言，將孫臏處以刖刑。孫臏為了生存只能在傷癒後裝瘋。不管白天還是黑夜，孫臏睏了就睡，醒了就又哭又笑、又罵又唱。龐涓最終相信孫臏瘋了。

　　這時，真正知道孫臏是裝瘋避禍的只有一個人，就是當初瞭解孫臏的才能與智謀、向魏王推薦孫臏的人。這個人就是赫赫有名的墨子墨翟。他把孫臏的境遇告訴了齊國大將田忌，又講述了孫臏的傑出才能。田忌把情況報告了齊威王，齊威王要他無論用什麼方法，也要把孫臏救出來，為齊國效力。於是，田忌派人到魏國，趁龐涓的疏忽，在一個夜晚，先用一人扮作瘋了的孫臏把真孫臏換出來，脫離龐涓的監視，然後快馬加鞭迅速載著孫臏逃出了魏國。直到此時，假孫臏才突然失蹤。龐涓發現時，已經晚了。孫臏到了齊國，齊王十分敬重，田忌更是禮遇有加。而在一件小事上孫臏表現出的智謀，尤其令齊國君臣嘆服。

　　齊國君臣間常以賽馬賭輸贏為戲。田忌因自己的馬總不及齊王的馬，經常賽輸。有一次孫臏目睹了齊王與田忌的三場賽馬之後，對田忌說：「君明日再與齊王賽馬，可下大賭注，我保您贏。」

　　田忌一聽，當即與齊王約定賽馬，並一注千金。第二天，觀眾達千人。齊王的駿馬耀武揚威，十分驃悍。田忌有些不安，問孫臏：「先生有什麼辦法，使我一定取勝呢？」

　　孫臏道：「齊國最好的馬，自然都集中在齊王身邊。我昨天看過，賽馬共分三個等級，而每一級的馬，都是您的比齊王稍遜一籌。若按等級比賽，您自然三場皆輸。但我們可以這樣安排：以您第三等的馬與齊王一等的馬比賽，必然大輸。但接下來，以您一等馬與齊王二等馬、以您二等馬與齊王三等馬去賽，就可保證勝利。因此從總結果看，二比

一,您不就獲勝了嗎?」只這一件小事,足以體現孫臏的過人之智。齊國上下無不交口稱讚。

再講龐涓。龐涓在魏國掌軍權,總想靠打仗提高身份與威望。在孫臏逃走不久,他又興兵進攻趙國,打敗了趙國軍隊,並圍住趙的都城邯鄲。趙國派人到齊國求救。田忌起兵,要直奔邯鄲解趙國之圍。孫臏勸止,道:「我遠途解趙國之圍,將士勞累,而魏軍以逸待勞。而且趙將不是龐涓對手,等我們趕到,邯鄲可能已被攻破。不如直襲魏國的襄陵,而且一路有意宣揚讓龐涓得知。他必棄趙而自救。這樣,我則以逸待勞,形勢就大不同了!」田忌覺得有理,便按計行事。結果,不費吹灰之力便使邯鄲脫離了危險;又在龐涓率部回救途中,正疲憊不堪時,大勝魏軍,使之死傷2萬餘人。直到這時,龐涓才知道孫臏果然在齊國與自己為敵。

為此,龐涓日夜不安,終於想出一條離間計:他派人潛入齊國,用重金賄賂齊國相國鄒忌,要他除掉孫臏。鄒忌正因齊王重用孫臏,唯恐有朝一日被取代,便暗中設下圈套,並作假證,告發孫臏幫助田忌,要奪取齊國王位。由於龐涓派人早已在齊國到處散布謠言,說田忌、孫臏陰謀叛亂,齊王已有些疑忌,一聽鄒忌所說,勃然大怒,果然削去田忌兵權,罷免了孫臏的軍師之職。

龐涓大喜:「孫臏不在,我可以橫行天下了!」不久,就又統兵侵略韓國,韓國自知不能取勝,派人到齊國求救。恰恰齊威王逝世,其子齊宣王繼位,知道田忌、孫臏受了冤枉,又恢復他倆的職位,並派二人救韓國。

齊軍按孫臏謀劃:不救韓,而襲魏國都城大梁。龐涓提兵趕到魏國,齊軍已撤離,龐涓發誓要與齊軍決一死戰。再說孫臏,在計算日程、地點後,他在馬陵道設下埋伏。馬陵道,是夾在兩山間的峽谷,進

易出難。孫臏又讓人在道中一棵大樹上刮下大片樹皮，用墨寫上六個大字：「龐涓死此樹下。」然後孫臏在附近安排五千弓弩手，命令：「只看樹下火把點亮，就一齊放箭！」

龐涓趕到馬陵道，已黃昏時分。正快速前進，忽然被一棵大樹擋住去路，隱約見到樹身有字跡。此時天色已黑，無星無月，冷風颼颼，山鳥驚啼。龐涓令人點亮火把，親自上前辨認樹上的字。待看清，立刻大驚失色：「我中計了！！」話音未落，一聲鑼響，萬弩齊發，矢箭如雨，龐涓中箭，「撲通」栽倒在地，嗚呼身亡。

以害人始，以害己終。這就是孫臏與龐涓故事給後人的啟示。所以在競爭中，我們歡迎競爭，因為競爭可以使人進步。但是我們要杜絕這種不正當手段的競爭，因為這種手段的後果必然要我們自己承擔。職場的競爭雖然需要手段，但是也要講一定的職業道德。雖然道德的力量短期之內不會凸顯出來，但是長時間的積累會讓你受用無窮。

【職場活用】

人一生最多不過百年光陰。如何充分利用這有限的時間呢？那就要努力工作，不虛度年華。而合理的克制對同行的嫉妒和怨恨是我們所需要培養的一種心態。同行之間因為技藝的相近，因為職業的相近，肯定會產生一定的妒忌。但是如果我們摒棄這些妒忌的想法將心態放平，那麼我們的生命就會在事業上得到延伸。身處職場之中，你的寬容會為你獲得更多的回報。

同行相嫉的兩兄弟

法國曾經有過這樣一對兄弟。他們倆各開了一家商店，而且商店的店鋪還是門對門。兩家為了生意可以說是拚命打價格戰。一家打出廣

告，我們店裡的服裝大特價，只售10法郎一件。另外一家立刻會打出我們店裡只售8法郎一件的廣告。自然誰的價格低，顧客就去誰家買。就當人們以為這樣的競爭會使得其中一家店鋪關門的時候，10年過去了，兩家都興旺地發展著。直到有一天，其中的一個店鋪的老闆去世了。另外一家也關門轉讓了。新店主在櫃檯後發現了祕密。原來兩家店鋪有地道相連，而且兩位店主是兄弟。正是這樣的「同行」「冤家」的緊密合作使得兩個店鋪都賺了很多錢。

職場競爭雖然激烈，但也沒有必要將對手都當成死敵，如果我們能夠建立良好的關係，那麼對雙方都有利。亞當・斯密在早期的經濟學中宣揚的就是你死我活的生存方式。但是約翰・納什就發現，其實很多時候是可以選擇雙贏的。很多時候我們要學會變通，沒有必要你死我活，相反選擇雙贏，都可以享受到生活的樂趣。

【管理活用】

商業競爭遇到對手是難免的，但選擇什麼樣的對手卻與一個企業家所具有的戰略眼光有密切關係。

同行是競爭對手。但是如果你合理利用你的對手，讓你的對手變成你事業的動力，那麼對手也不妨是朋友。

教人者須先正己

【原文】

釋己而教人者逆，正己而化人者順。

【譯文】

把自己放在一邊，單純去教育別人，別人就不接受他的大道理；如果嚴格要求自己，進而去感化別人，別人就會順服。

【名家注解】

張商英注：教者以言，化者以道。老子曰：「法令滋彰，盜賊多有。」教之逆者也。「我無為，而民自化；我無欲，而民自樸。」化之順者也。

王氏注：心量不寬，見責人之小過；身不能修，不知己之非為，自己不能修政，教人行政，人心不伏，誠心養道，正己修德。然後可以教人為善，自然理順事明，必能成名立事。

【經典解讀】

有個成語叫「推己及人」，意思就是用自己的心意去推想別人的心意，設身處地替別人著想。只有這樣才能獲得別人的信服。而這樣做的前提就是自己要有很強的自律性。因為只有自我形象的完美塑造才能在別人眼中產生耀眼的光芒。如果我們不注意自我修養的提升，而只是一

味指責別人，那麼別人很難接受你。

【處世活用】

生活中，我們常常會抱怨某人、某事不如意之類。在抱怨的同時並沒有想一想，如果這件事是我來做，如果那個人是我，我會怎麼做。我們總是站在旁觀者的角度來思考問題，在批評別人的同時並沒有提高自己的修養。也許這件事我們自己來做也是同樣的不盡如人意。

晏子駁齊王

春秋時，有年冬天，齊國下大雪，連著三天三夜還沒停。齊景公披件狐腋皮袍，坐在廳堂欣賞雪景，覺得景致新奇，心中盼望再多下幾天，則更漂亮。晏子走近，若有所思地望著翩翩而降的白絮。景公說：「下了三天雪，一點都不冷，倒是如春暖的時候啦！」晏子看景公皮袍裹得緊緊的，又在室內，就有意追問：「真的不冷嗎？」景公點點頭。晏子知道景公沒瞭解他的意思，就直爽地說：「我聽聞古之賢君：自己吃飽了要去想想還有沒有人餓著；自己穿暖了還有沒有人凍著；自己安逸了還有人累著。可是，您怎麼都不去想想別人啊！」景公被晏子說得一句話也答不出來。

慈悲為懷的人，總是會設身處地想別人的處境，總是會「推己及人」地為別人著想。因為「推己及人」才能真正讓人信服、順從。

【管理活用】

身為管理者，在管理中推己及人，自我嚴格要求更是必須的。一個公司處在困境中，老闆要挺住，下屬也要挺住，只有這樣，公司才能走出困境。而當公司處於困境時，老闆尤其要身先士卒，嚴格要求，做

好榜樣，帶給下屬自信與保障。如果老闆總是高高在上，對下屬愛理不理，可想而知，下屬能不打退堂鼓嗎？

拿破崙的旗幟

1796年4月，拿破崙率領法軍越過阿爾卑斯山，開始對義大利北部進攻。戰爭一開始，法軍接連取得了幾次戰役的勝利。奧地利哈布斯堡王朝為了阻止法國人繼續前進，組建了一支由阿爾文齊將軍指揮的精銳部隊。1796年11月15日，兩軍在阿爾科勒相遇。面對著人數較多的敵人，法軍在拿破崙的指揮下發起了猛烈的攻勢。在奧軍最重要的據點阿爾科勒橋，法軍3次猛攻都未能奏效，傷亡慘重。顯然，時間再拖下去對法軍極為不利。這時，身為總司令的拿破崙將軍毅然自己高舉起紅旗，沖在隊伍最前面。拿破崙身邊的副官和幾個士兵先後陣亡，但拿破崙卻沒有停下前進的腳步，而是奮勇向前。法國官兵見此情景，人人振奮，官兵們振臂高呼著口號，奮不顧身地衝向敵軍，一舉攻下奧軍的陣地。

其實，不僅是在軍隊裡，領導者應該身先士卒，以身作則，在現代企業裡，每一個管理者更應該如此。因為行為有時比語言更重要，領導者的力量，很多往往不是由語言，而是由行為動作體現出來的，聰明的領導者尤其如此。在企業興旺發達的時候、往往容易忽視人才的能力和本質。居於領導地位的人，必須在平時注意發現那種能夠推己及人，能夠嚴格要求自己，並且感化團結下屬的真正有能力的人才。

順「道」而行則萬事可行

【原文】

逆者難從,順者易行;難從則亂;易行則理。如此,理身、理家、理國可也。

【譯文】

違反常理,部屬則難以順從;合乎常理,則辦事容易。部屬難以順從,則容易產生動亂;辦事容易,則能得到暢通的治理。以上所述的各項事理,用在修身、持家、治國,均會起到很好的效果。

【名家注解】

張商英注:天地之道,簡易而已;聖人之道,簡易而已。順日月,而晝夜之;順陰陽,而生殺之;順山川,而高下之;此天地之簡易也。順夷狄而外之,順中國而內之;順君子而爵之,順小人而役之;順善惡而賞罰之。順九土之宜,而賦斂之;順人倫,而序之;此聖人之簡易也。夫烏獲非不力也,執牛之尾而使之卻行,則終日不能步尋丈;及以環桑之枝貫其鼻,三尺之繩繫其頸,童子服之,風於大澤,無所不至者,蓋其勢順也。小大不同,其理則一。

王氏注:治國安民,理順則易行;掌法從權,事逆則難就。理事順便,處事易行;法度相逆,不能成就。詳明時務得失,當隱則隱;體察事理逆順,可行則行;理明得失,必知去就之道。數審成敗,能識進退之機;從理為政,身無

禍患。體學賢明,保終吉矣。

【經典解讀】

老子說:「一個國家的法令愈是苛暴煩雜,強盜奸賊也越多。」這就是因為逆天道而教導民眾,就要出現天下大亂的局面。老子還說:「做人主的清靜無為,老百姓自然而然會走上文明的軌道。做人主的清心寡欲,老百姓自然而然會馴順安分。」這就是因為順天道而以德化人,國力、民風必將日益改觀,天下大治,富強繁榮的局面也會不求而至。

天道、地道的生成發展和變化,其實是非常簡單易知的。聖人推崇的人道也是一樣。順從太陽的晨起暮落,月亮的盈虧圓缺,才有晝夜四時循環不已的規律;順應宇宙陰陽反正的法則,萬物生死相替,自然界才會有永不止息的無限生機;效法山川的高下,人類就應有等級秩序。這都是大自然的客觀規律。

【處世活用】

根據人的德才,授予相應的官職;依照無德無才者的實際情況,讓他們去做各種服務性的工作;根據業績和功勞的大小給予合理的獎賞;按照各地不同的情況徵收稅賦;根據血緣關係來制定輩份長幼的倫理秩序。這就是聖人法天象地而推崇的社會的客觀規律。

力士烏獲

上古有名的大力士烏獲力大無窮,拉住牛尾,一頭牛一天都走不出一丈遠,可是如果讓一個孩童用桑木做的圓環穿在他的鼻子上,用三尺長的繩子繫在烏獲的脖子上,大力士也只好乖乖任人擺布。這時候小孩

子指揮大力士，就有如風行大澤一樣隨心所欲。這是為什麼呢？因為局勢順利，所向無阻啊！

上述這些道理，雖然體現於大大小小各種不同的事物中，但其根本原理是相同的，只要用心體會並能身體力行，無論是修身、齊家、治國，還是平天下，用到哪裡都沒有不成功的。

【職場活用】

做事嚴謹的人不僅學識淵博，而且十分注意自己的言談舉止。他們不輕易說話做事，對自己的一言一行都很在意。他們要麼不露聲色，要麼雷厲風行，他們的言行舉止總能適得其時，恰到好處。而且在給人忠告時，總能通過詼諧幽默的方式實現自己的目的，效果往往比一本正經的教誨更好。對有的人來說，閒聊中不經意傳達出的智慧比高雅的技藝還要略勝一籌。

說話和做事要因人而異，不能墨守成規。如果對任何人都不加審慎地一味討好，得到的就不是讚譽，恐怕是罵名了。身處職場一定要明白萬事自有其規律，不要逆常理行事。該說什麼話，該做什麼事，不要別人提出就去執行。不該做什麼，縱然誘惑再大也要拒絕。只有這樣方能在職場勝出。